复杂地层油气井射孔完井新技术

毕　刚◎著

中国石化出版社

·北 京·

图书在版编目(CIP)数据

复杂地层油气井射孔完井新技术 / 毕刚著. — 北京:
中国石化出版社, 2024. 7. — ISBN 978-7-5114-7557-2

Ⅰ. TE257

中国国家版本馆 CIP 数据核字第 2024JX6699 号

中国石化出版社出版发行

地址:北京市东城区安定门外大街 58 号
邮编:100011　电话:(010)57512500
发行部电话:(010)57512575
http://www. sinopec-press. com
E-mail:press@ sinopec. com
北京鑫益晖印刷有限公司印刷
全国各地新华书店经销

*

787 毫米×1092 毫米 16 开本 12. 25 印张 220 千字
2024 年 7 月第 1 版　2024 年 7 月第 1 次印刷
定价:68. 00 元

前言 Preface

本书针对当前常规射孔技术在高温高压、低孔低渗等复杂地层射孔完井时所面临的完井效率低、油气井产能不高等问题，通过理论分析、数值模拟及试验等手段，系统阐述了不同储层条件下新型射孔完井技术的评价研究，主要包括射孔技术的发展及应用、不同储层条件下射孔参数适用性评价、不同储层三维定向井产能预测模型、深水高温高压双层套管射孔完井技术、中孔低渗储层自清洁射孔完井技术和低孔低渗储层后效体射孔完井技术等六章，以期为复杂地层的高效完井提供理论参考。

随着时代的进步，射孔技术已从传统的常规聚能射孔演变为如今的自清洁射孔、后效体射孔及复合射孔等新型射孔技术。本书第1章主要从射孔原理、技术特点及应用情况等方面对不同射孔技术进行介绍。

第2章以储层渗流与井筒内流体耦合的稳态渗流产能预测压降模型为理论基础，应用数值模拟结合正交试验研究不同射孔参数对油井产量的影响。综合考虑孔深、孔密、孔径、相位角、污染带深度及污染带污染程度等因素，采用最小二乘法拟合不同储层条件、不同完井方式下的半解析表皮计算模型，进而提出射孔参数的优化设计方案。

第3章考虑了常规射孔完井参数、砾石充填射孔参数、天然裂缝、储层非均质性、油藏尺寸、表皮系数、流体重力、流体压缩性、岩石压缩性等诸多因素的影响，采用有限体积法建立了三维定向井非稳态产能预测模型。该模型的数值模拟求解可预测产能并进行动态分析。

第4章基于理论方法建立了双层套管射孔过程中的井筒应力场理论模型，并在此基础上建立了单枚、多枚射孔弹的双层套管射孔有限元动态模型，基于数值模拟方法，以射孔套管强度折减最小、油气井产能最大为优化目标，对射孔孔径、孔密、穿深、相位角等参数进行了优化设计，确定了双层套管射孔参数适用性的范围。

第5章和第6章考虑到常规聚能射孔产生的压实带及爆炸碎屑堵塞孔眼对射孔效果的损害，探究自清洁射孔技术、后效体射孔技术有效解除射孔污染伤害，提高油气藏产能的机理。以ALE算法为核心，通过建立射孔弹-射孔枪-射孔液-套管-储层模型的仿真技术手段，结合射孔弹在模拟地层条件下的打靶试验、产能核算，最终对自清洁射孔技术、后效体射孔技术的应用效果、适用性做出评价。

本书的内容主要来自笔者及研究小组合作者的研究成果，参考了近年来国内外专家公开出版或发表的相关研究成果，并得到了西安石油大学石油工程学院的大力支持。此外，石油工程学院的各位前辈和同仁也对本书的完善提出了许多宝贵意见，在此一并表示诚挚的感谢。

由于编者水平有限，本书还存在许多疏漏和不足之处，诚邀读者提出宝贵意见和建议。

目录 Contents

第1章　射孔技术的发展及应用

射孔技术是一种在石油勘探开发过程中，通过射孔工具在地下岩石中形成孔眼，以达到释放地层油气流目的的技术。随着石油勘探开发需求的不断增长，射孔技术也在不断发展壮大。从传统的聚能射孔到如今的复合射孔、激光射孔、新型射孔等，射孔技术在提高生产效率、降低成本等方面取得了显著的成果。

第1节　聚能射孔技术发展及应用

聚能射孔是一种利用炸药爆轰的聚能效应产生高温、高压、高速的聚能射流来射穿套管、水泥环及地层，从而完成射孔作业的射孔技术。

聚能射孔最早出现在1945年，Mohaupt 和 R. H. Melemore 等在美国福特沃斯成立油井炸药公司(现今哈里伯顿·威立克斯公司的前身)，利用高能炸药的聚能效应，研制了油气井聚能射孔弹。1946年，首次在裸眼井进行射孔。1948年，美国 We lex 公司在密西西比二口套管井中射孔。聚能射孔技术从此在石油工业得到了迅速发展。1956年，石油工业部将聚能射孔技术引入国内。同年，开始研究苏联和罗马尼亚式聚能射孔器技术。1957年，成功研制出有枪身射孔器和聚能射孔弹，并在四川、玉门等地区的井下射孔试验中获得成功，使得我国的聚能射孔技术迈上了一个新台阶。

20世纪50年代末到70年代，随着大庆、胜利等油田相继被发现，我国石油工业经过艰难的摸索，取得了一些可喜成果，得到了快速发展。初步建立了我国油气射孔技术体系。但整体技术水平较低，与国外先进技术相差较远，不能满足当时我国快速发展的油气田勘探开发的需求。20世纪70~80年代，由美国学者首先提出负压射孔技术并逐渐推广到各大油田。该技术在国内外得到广泛应用与发展。国内在大庆油田首次应用负压射孔技术。1994年，我国射孔器性能达到了国外90年代初的先进水平，且国内射孔器基本形成系列化。90年代中期，大庆油田引进了美国射孔弹全套生产设备，此后我国深穿透射孔弹逐渐形成系列化，性能已接近当时的国际先进水平。20世纪90年代至今，为满足油气田开发的需求，聚能射孔技术不断朝着深穿透、超深穿透、超高温超高压超深井等方向进行研究和发展。同时，随着射孔技术和工艺的不断完善和发展，射孔技术的重心逐渐向复合射孔技术和新型射孔技术靠拢。我国从最开始的技术引进和自我探索，到现在的自主创新研发，射孔器材的制造能力和射孔技术得到空前的发展。

一、深穿透射孔技术

深穿透型射孔弹，其穿透深度长，一般在146~813mm，穿透深度随着弹药量的增加而增大。

以北方斯伦贝谢公司、大庆油田射孔器材有限公司、物华能源科技有限公司、川南航天能源科技有限公司的产品性能为例，对深穿透射孔技术进行介绍。

秦剑-深穿透系列射孔弹是北方斯伦贝谢公司针对中高渗透油气储层设计制造的一种成本较低，穿深及套管孔径满足要求的射孔弹(见图1-1)。可满足51~178mm等多种尺寸射孔器系统，可采用电缆、油管、连续油管、爬行器等多种传输工艺。表1-1所示为该公司深穿透射孔弹的产品性能。

图1-1　秦剑-深穿透射孔弹示意图

表1-1　北方斯伦贝谢-深穿透射孔弹产品性能

枪型(mm)	孔密(孔/m)	相位角(°)	射孔弹型	耐温	45#钢靶	混凝土靶	
					穿深(mm)	穿深(mm)	孔径(mm)
60	16	90	DP30RDX12	常温[①]	>90	300	6.5
73	16	90	DP32RDX18		>110	532	7.5
89	16	90	DP36RDX25		>155	662	8.0
102	16	90	DP41RDX32		>170	700	10.0
114	16	90	DP44RDX42		>220	1000	12.0
127	16	90	DP46RDX45		>220	1100	11.4
60	16	90	DP30RDX12	高温[②]	>95	320	6.5
73	16	90	DP32RDX18		>110	540	7.5
89	16	90	DP36RDX25		>155	681	8.2
102	16	90	DP41RDX32		>170	705	9.8
114	16	90	DP44RDX42		>220	1059	12.0
127	16	90	DP46RDX45		>220	1112	11.4

注：① 系指常温121℃/48h或100℃/100h。

② 系指高温163℃/48h或140℃/100h。

大庆-深穿透射孔弹于1993年研制成功。它采用无杵体粉末药型罩，炸药的有效利用率高，达到国际先进水平，产品性能从1993年至今也在不断提升(见图1-2)。它可用于油管输送式或电缆输送式射孔作业。表1-2所示为大庆油田射孔器材有限公司深穿透射孔弹的产品性能。

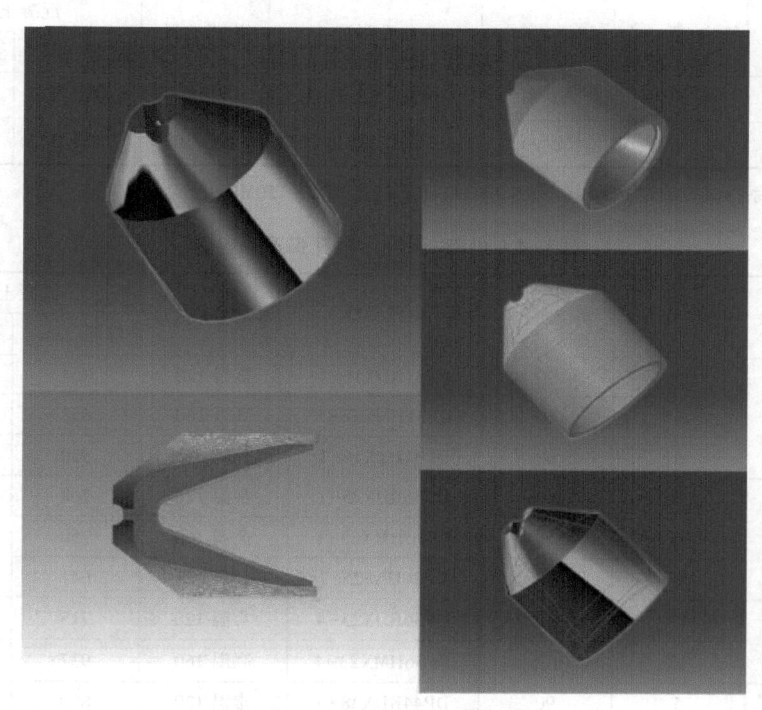

图1-2 大庆-深穿透射孔弹示意图

表1-2 大庆-深穿透射孔弹产品性能

枪型(mm)	孔密(孔/m)	相位角(°)	射孔弹型	2h耐温(℃)	混凝土靶		
					套管外径(mm)	孔径(mm)	穿深(mm)
46	20	45	SDP40RDX5-1	163	114	7.5	198
60	16	90	SDP26RDX10-1	163	114	7.2	321
68	16	90	SDP30HMX12-1	163	114	8.5	458
73	16	90	SDP33RDX16-2	163	114	8	636
89	26	135/45	SDP34MX18-1	163	140	9	419
	16	90	SDP36HMX5-1	163	140	10.2	731
102	32	135/45	SDP40RDX25-1	163	140	8.1	400
	16	90	SDP39RDX30-2	163	140	12.3	887
	16	90	SDP40RDX30-1	163	140	12.2	956

物华、川南公司的深穿透射孔弹广泛应用于中国海油、中国石化、中国石油的多个油田，应用效果颇好。表1-3和表1-4所示为两公司的深穿透射孔弹的产品性能。

表1-3 物华-深穿透射孔弹产品性能①

枪型(mm)	孔密(孔/m)	相位角(°)	射孔弹型	炸药类型	混凝土靶	
					穿深(mm)	孔径(mm)
127	20	60/90	213SD-127R-1C	RDX	210.0	14.7
114	16	60/90	213SD-127LLM-1CRL	LLM-105	151.0	14.9

注：① 系指试验条件为围压：50~70MPa；岩石抗压强度：150MPa。

表1-4 川南-深穿透射孔弹产品性能

枪型(mm)	孔密(孔/m)	相位角(°)	射孔弹型	耐温48h(℃)	混凝土靶	
					穿深(mm)	孔径(mm)
73	6	90	DP31RDX16-1	常温120	764	9.4
	6	60	DP31HMX16-1	高温160	658	9.1
	6	60	DP31PYX16-1	超高温230	550	8.5
89	6	60	DP36RDX25-1	常温120	768	10.1
	6	60	DP36HMX25-1	高温160	750	9.7
	6	60	DP36HNS25-1	超高温230	641	8.0
114	12	135	DP36RDX23-4	常温120	715	9.4
	12	135	DP36HMX23-4	高温160	937	10.2
127	5	90	DP44RDX38-3	常温120	850	11.0
	5	90	DP44HMX38-3	高温160	840	11.0
	9	135	DP36RDX27-1	常温120	819	10.7
178	12	135	DP44RDX38-2	常温120	1120	10.2
	12	135	DP44HMX40-1	高温160	1126	10.9

二、超深穿透射孔技术

超深穿透射孔技术的穿透深度长，一般在813mm以上。随着弹药量的增加，穿透深度也会增大。该技术适用于硬岩层、致密层、污染堵塞地层及一些老井的重复射孔。它可以穿透地层污染带，增加油气产量，显著提高低渗、致密、坚硬、污染堵塞地层的作业效率。

SQJet“锐剑”系列超深穿透系列射孔弹(图1-3和图1-4)是北方斯伦贝谢公司针对低渗致密油气储层设计制造的新一代深穿透聚能射孔弹。表1-5为该公司超深穿透射孔弹的产品性能。

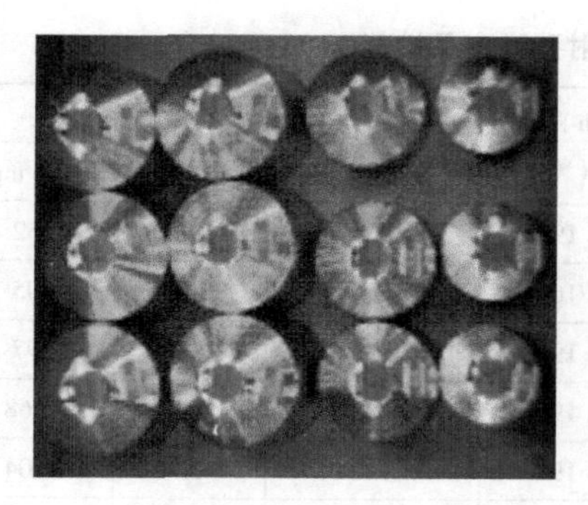

图 1-3　锐剑系列超深穿透射孔弹示意图

图 1-4　现场测量图

表 1-5　北方斯伦贝谢-超深穿透射孔弹产品性能

枪型（mm）	孔密（孔/m）	相位角（°）	射孔弹型	耐温	45#钢靶	混凝土靶	
					穿深（mm）	穿深（mm）	孔径（mm）
89	16	90	SDP36RDX25	常温①	>200	950	8.5
102	16	90	SDP44RDX38		>240	1350	10.2
114	16	72	SDP46RDX39		>270	1513	12.5
127	16	90	SDP46RDX39		>280	>1200	11.0
178	40	135/45	SDP46RDX39		>280	>1200	10.4
89	16	90	SDP36RDX25	高温②	>200	937	8.7
102	16	90	SDP44RDX38		>240	>1200	10.2
114	16	72	SDP46RDX39		>280	1529	10.4
127	16	90	SDP46RDX39		>280	>1300	11.0
178	40	135/45	SDP46RDX39		>280	>1300	10.4
51	16	90	SDP24HNS7	超高温③	>75	180	5.0
73	16	90	SDP32HNS18		>110	450	5.5
89	16	90	SDP36HNS25		>150	595	7.0
114	16	90	SDP46HNS39		>220	850	9.0

注：① 系指常温 121℃/48h 或 100℃/100h。
② 系指高温 163℃/48h 或 140℃/100h。
③ 系指超高温 220℃/48h 或 200℃/100h。

大庆油田射孔器材有限公司的超深穿透系列射孔器优化了射孔弹装药设计，采用独特的装药结构和多锥曲线药型罩，提高了射孔弹的聚能效果，增加了射流能量，使射孔孔道深度大幅提升，增加了流动面积；该系列平均穿深与原来的深穿透系列相比，提高了 50%以上。表 1-6 为大庆-超深穿透射孔弹的产品性能。表 1-7 和表 1-8 分别为物华-超深穿透射孔弹、川南-超深穿透射孔弹的产品性能。

表 1-6　大庆-超深穿透射孔弹产品性能

枪型（mm）	孔密（孔/m）	相位角(°)	射孔弹型	2h 耐温（℃）	混凝土靶		
					套管外径(mm)	孔径(mm)	穿深(mm)
60	20	60	SDP20RDX5-1	191	89	8.9	762
68	16	90	SDP26RDX10-1	163	114	8.6	805
73	20	60	SDP30HMX12-1	191	114	7.1	897
80	16	90	SDP33RDX16-2	191	140	9.7	1268
86	16	90	SDP34MX18-1	191	140	10.4	1304
89	16	90	SDP36HMX5-1	163	140	10.4	1291
95	20	60	SDP40RDX25-1	163	140	9.5	798
102	20	60	SDP39RDX30-1	191	140	9.7	1153
114	40	135/45	SDP36RDX30-1	191	178	10.9	1610
127	40	135/45	SDP36HMX24-1	191	178	10.7	993
159	40	135/45	SDP45HMX39-1	191	244	9.1	1100
178	40	135/45	SDP45HMX39-2	191	244	12.4	1445

表 1-7　物华-超深穿透射孔弹产品性能

枪型(mm)	孔密(孔/m)	相位角(°)	射孔弹型	炸药类型	混凝土靶	
					穿深(mm)	孔径(mm)
73	20	60/90	SDP32RDX18-1	RDX	753.0	8.0
86	20	60/90	SDP38HMX25-1	HMX	1158.9	10.9
89	16	60/90	SDP40RDX25-4	RDX	1078.0	10.0
102	16	60/90	SDP48RDX38-5	RDX	1260.0	10.6
114	16	60/90	SDP45LLM38-2	LLM	1239.5	10.7
114	16	60/90	SDP45HMX39-6	HMX	1526.0	10.8

表 1-8　川南-超深穿透射孔弹产品性能

枪型(mm)	孔密(孔/m)	相位角(°)	射孔弹型	耐温 48h(℃)	混凝土靶	
					穿深(mm)	孔径(mm)
86	6	60	SDP36HMX25-1	高温 160	1124	11.2
	6	60	SDP36RDX25-1	常温 120	1112	11.4
89	6	60	SDP36HMX25-4	高温 160	1080	10.4
	6	90	SDP38HMX25-1	高温 160	1225	9.9
102	5	90	SDP44RDX38-1	常温 120	925	12.4
	5	90	SDP44HMX38-1	高温 160	1028	11.2

续表

枪型(mm)	孔密(孔/m)	相位角(°)	射孔弹型	耐温 48h(℃)	混凝土靶	
					穿深(mm)	孔径(mm)
127	5	90	SDP44RDX38-3	常温 120	1134	12.4
	5	60	SDP44HMX38-3	高温 160	1273	12.4
178	5	60	SDP44RDX38-2	常温 120	1258	12.2
	5	90	SDP44PYX50-1	超高温 230	1069	10.5

随着钻井深度持续增加，地层的温度和压力都将逐渐升高，直至万米地层，近 200℃的高温会使金属钻具如面条般柔软，而近 1300 倍于大气压的高压环境会给工具装置、工程材料等带来前所未有的挑战，如出现井壁稳定性突变、摩阻扭矩增加等难题。

国内针对超高温超高压超深穿透射孔技术进行了一系列的地面试验和井下应用研究(见表 1-9)。

表 1-9　超高温超高压超深穿透射孔技术地面砂岩靶试验与井下应用情况

选自文献	试验条件	目的	结论
8000m 以深超高压射孔技术及先导性试验	地层压力：132MPa； 温度：173℃； 试验环境：井下应用； 枪型：245MPa，89 型射孔； 弹型：超高温超深穿透射孔弹	研究超深地层的超深穿透射孔技术	形成了整套 8000m 以深油气井射孔的超高压射孔技术
超高温射孔弹高温高压条件下穿深性能试验研究	常压条件下：常温、140℃/1h、180℃/1h、180℃/2h； 高温高压条件下：140℃/105MPa/72h； 试验环境：地面试验	研究超高温超高压射孔弹在超高温超高压条件下的穿透性能	温度对射孔弹穿深性能的影响较为有限，而压力升高对其影响较大
超深超高压高温井射孔技术研究与应用	压力系数：1.53~1.82； 井底压力：120MPa； 井底温度：160~180℃； 试验环境：井下应用	开展超深井耐高温高压射孔器材及配套工具的研发/射孔工艺技术研究	形成了一套超深井安全射孔设计方法
基于模拟油气井下高温超高压环境的射孔器和封隔器性能检测技术	检测温度：100~210℃； 检测压力：100~200MPa； 试验环境：地面试验	对射孔器和封隔器进行较为全面的检测和评价	为建立适用于射孔器和封隔器的超高温高压检测装置提供技术支撑

三、大口径聚能射孔技术

大口径射孔弹是针对海洋或陆地的低渗透、复杂岩性、裂缝性油藏储层设计的一种专用射孔弹(见图 1-5)。它采用新的装药结构和抛物线或弧锥形药型罩。射孔后在套管可以形成大孔径，打通更多的天然裂缝，显著提高低渗、致密、污染堵塞地层的作业效率。表 1-10、表 1-11、表 1-12、表 1-13 为大口径射孔弹的产品性能。

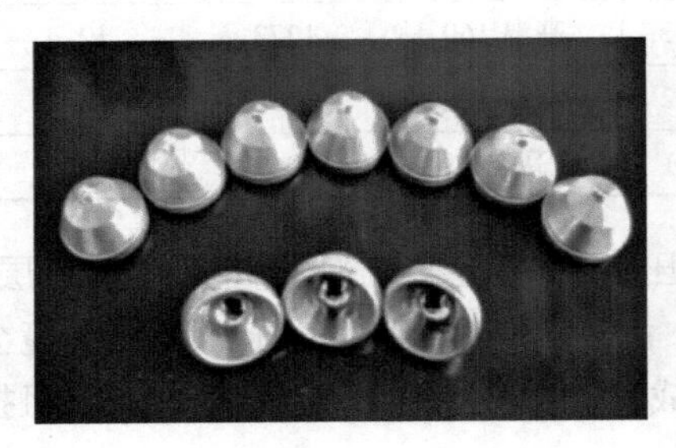

图 1-5　大口径射孔弹

表 1-10　北方斯伦贝谢-大口径射孔弹产品性能

枪型(mm)	孔密(孔/m)	相位角(°)	射孔弹型	耐温	45#钢靶	混凝土靶	
					穿深(mm)	穿深(mm)	孔径(mm)
89	16	90	BH44RDX25	常温①	>150	300	17.0
102	16	90	BH50RDX32		>85	280	17.0
127	16	135/45	BH55RDX32		>80	>200	20.0
—	—	—	—	—	靶强度(MPa)	—	—
51	6	60	PowerJet Omega2006	高温②	43.2	553.7	5.6
73	6	60	PowerJet Omega2906		40.4	914.4	8.6
81	6	72	PowerJet Omega3106		42.5	937.3	8.6
89	16	90	PowerJet Omega3506		42.4	1122.7	11.2
102	40	135/45	PowerJet Omega4005		41.8	1313.2	12.2
114	5	72	PowerJet Omega4505		43.5	1503.7	10.9
178	12	145/35	PowerJet Omega4505		37.8	1351.3	10.9

注：① 系指常温 121℃/48h 或 100℃/100h。
② 系指高温 163℃/48h 或 140℃/100h。

表 1-11　大庆-大口径射孔弹产品性能

枪型(mm)	孔密(孔/m)	相位角(°)	射孔弹型	2h 耐温(℃)	混凝土靶		
					套管外径(mm)	孔径(mm)	穿深(mm)
114	40	135/45	BH43RDX23-2	163	178	19	185
114	40	135/45	BH43RDX33-2	163	178	20.9	207
127	40	135/45	BH48RDX33-2	191	178	21.1	276
159	40	135/45	BH54RDX32-2	163	244	20.1	265
178	40	135/45	BH64RDX39-3R	163	244	28.7	229

表 1-12　物华-大口径射孔弹产品性能

枪型(mm)	孔密(孔/m)	相位角(°)	射孔弹型	炸药类型	混凝土靶	
					穿深(mm)	孔径(mm)
114	39	135/45	BH51RDX23-2	RDX	280	20.0
127	39	135/45	BH51RDX26-2	RDX	280	20.6
178	32	135/45	BH69RDX52-1	RDX	290	30.2

表 1-13　川南-大口径射孔弹产品性能

枪型(mm)	孔密(孔/m)	相位角(°)	射孔弹型	耐温 48h(℃)	混凝土靶	
					穿深(mm)	孔径(mm)
86	6	60	BH43RDX20-1	常温 120	238	22.1
89	6	60	BH40RDX25-1	常温 120	400	16.0
114	12	135	BH40HMX23-2	高温 160	310	20.3
	12	135	BH44RDX18-3	常温 120	183	22.6
127	18	140	BH45RDX20-11	常温 120	214	21.8
178	18	135	BH48RDX39-9	常温 120	653	20.1
	18	140	BH48HMX35-10	高温 160	206	26.7

四、等孔径聚能射孔技术

等孔径聚能射孔技术是指在油气井射孔完井作业中当射孔器在井筒中处于不完全居中状态时，能在套管周向形成孔眼孔径稳定性较好且穿深长的技术，对应的压裂效果理想，能够有效提高气藏采收率。表 1-14、表 1-15、表 1-16、表 1-17 为等孔径射孔弹的产品性能。

表 1-14　北方斯伦贝谢-等孔径射孔弹产品性能

枪型(mm)	孔密(孔/m)	相位角(°)	射孔弹型	耐温	混凝土靶	
					穿深(mm)	孔径(mm)
86	16	60	BH44RDX25	常温	904	10.6
89	16	90	BH50RDX32	常温	863	9.6

表 1-15　大庆-等孔径射孔弹产品性能

枪型(mm)	孔密(孔/m)	相位角(°)	射孔弹型	2h 耐温(℃)	混凝土靶			孔径变化率(%)
					套管外径(mm)	孔径(mm)	穿深(mm)	
89	20	60	EH39RDX30-1	163	140	10.4	670	3.8
89	20	60	EH39HMX30-1	191	140	10.1	806	2.6
102	16	90	EH24HMX40-1	163	140	9.3	1021	2.9

表 1-16　物华-等孔径射孔弹产品性能

枪型(mm)	孔密(孔/m)	相位角(°)	射孔弹型	炸药类型	混凝土靶	
					穿深(mm)	孔径(mm)
73	20	60/90	EH34RDX18-1	RDX	600.0	9.8
89	20	60/90	EH40RDX25-1	RDX	700.0	12.0
114	39	135/45	EH40RDX25-2	RDX	613.0	13.0
178	39	135/45	EH48RDX39-4	RDX	755.0	20.3

表 1-17　川南-等孔径射孔弹产品性能

枪型(mm)	孔密(孔/m)	相位角(°)	射孔弹型	耐温 48h(℃)	混凝土靶	
					穿深(mm)	孔径(mm)
89	5	90	EH36HMX25-6	高温 160	947	12.2
	6	60	EH40RDX25-1	常温 120	621	14.8
178	18	135	EH48RDX39-9	常温 120	653	20.1
	18	140	EH48HMX35-10	高温 160	206	26.7

五、低碎屑射孔技术

低碎屑射孔技术是利用高分子复合材料在高温下的黏弹特性，在射孔弹爆炸冲击波作用下，壳体碎屑与高分子复合材料碰撞并黏结成块，使得碎屑最大限度地保留在射孔枪系统内，同时减少射孔器的冲击振动。物华、川南公司都有相应的低碎屑射孔弹(见表 1-18、表 1-19)。其主要特征包括：

表 1-18　物华-低碎屑射孔弹产品性能

产品	枪型(mm)	孔密(孔/m)	相位角(°)	射孔弹型	炸药类型	混凝土靶	
						穿深(mm)	孔径(mm)
SDP 超深穿透射孔弹	127	39	135/45	213SD-178R-7ND	RDX	1098.8	10.3
	178	39	135/45	213SD-178R-10ND	RDX	1300.0	12.3
GH 大孔超深穿透射孔弹	114	39	135/45	213GH-114R-7ND	RDX	610.0	15.1
	127	39	135/45	213GH-127R-9ND	RDX	656.0	16.2
	178	39	135/45	213GH-178R-5ND	RDX	780.0	21.0

表 1-19　川南-低碎屑射孔弹产品性能

枪型(mm)	孔密(孔/m)	相位角(°)	射孔弹型	耐温 48h(℃)	混凝土靶	
					穿深(mm)	孔径(mm)
114	12	135	BH40HMX23-2	高温 160	310	20.3
178	12	135	BH48RDX39-6	常温 120	564	20.6
	12	135	BH48HMX39-6	高温 160	570	20.5

（1）碎屑射孔器产生的碎屑少，可以保证井筒清洁。

（2）穿深和孔径性能优于常规同型号的射孔弹。

（3）无须改变射孔枪的装配结构，装配过程简便。

六、硬地层射孔技术

硬地层射孔技术，又称致密岩射孔技术，主要应用于致密砂岩油气藏的勘探开发。硬地层射孔技术采用了新型装药结构设计和高密度复合粉末型罩，提高了射流动能和能量利用率，使聚能毁伤效应在致密岩石中发挥得更出色。较常规深穿透射孔弹，其穿深性能提高了20%以上。主要适用于低孔、低渗致密砂岩、碳酸盐等储层，可以提高地层的穿透深度。表1-20为物华公司的硬地层射孔弹的产品性能。

表1-20　物华-硬地层射孔弹产品性能①

枪型(mm)	孔密(孔/m)	相位角(°)	射孔弹型	炸药类型	混凝土靶	
					穿深(mm)	孔径(mm)
83	16/20	60/90	213SD-83HMX-1HR	HMX	300.0	9.8
86	16/20	60/90	213SD-86LLM-8HR	LLM-105	305.0	9.4
89	16/20	60/90	213SD-89HMX-1HR	HMX	355.0	10.0
114	16	60/90	213SD-114HMX-2HR	HMX	450.0	10.7
178	39	135/45	213SD-178HMX-2HR	HMX	420.0	12.0

注：① 系指目标岩石抗压强度为10000psi（1psi=6.89kPa），可配常温、高温。

第2节　多层套管射孔技术发展及应用

多层套管射孔是一种在海上油气田钻井过程中采用的先进技术。该技术针对海上油气田井深、压力高等特点，通过在套管中设置多层射孔，实现了对油气层的有效开采。采用这种技术，可以降低钻井风险，提高油气田开发效率。随着我国油气田开发的不断深入，多层套管射孔技术作为一种提高油气井产量的重要手段受到越来越多的关注。

1. 基本原理

多层套管射孔技术在海上油气田开发中发挥着重要作用。射孔过程中，首先对套管内壁进行清洗，确保射孔质量。其次，利用射孔枪将射孔弹射入套管，使射孔弹沿套管轴向逐层破碎套管，最终形成射孔通道。在射孔过程中，射孔弹的冲击能传递到套管壁，使套管产生一定的变形。合理控制射孔参数，可以确保套管的稳定性和安全性。图1-6为三层套管井的井身结构图。

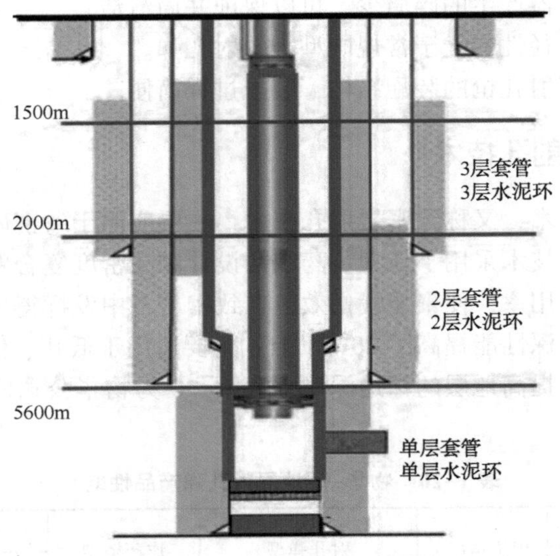

图 1-6　三层套管井的井身结构图

2. *技术特点*

与常规射孔技术相比，多层套管射孔技术具有以下特点。

（1）提高开采效率：多层套管射孔可以实现对多个油气层的连续开采，提高整体开发效率。

（2）降低钻井风险：多层套管射孔可以在一定程度上降低井壁塌陷、地层破裂等钻井风险，确保钻井作业的顺利进行。

（3）节约成本：通过一次性射孔多层套管，可以减少钻井作业次数，降低钻井成本。

（4）提高油气产量：多层套管射孔可以扩大油气流通通道，提高油气产量。

（5）适应复杂地层：多层套管射孔技术具有较强的适应性，可以应对复杂地层的挑战，如高压、高温等。

3. *应用情况*

多层套管射孔技术在石油、天然气等行业中得到了广泛应用。在我国，随着能源需求的不断增长，多层套管射孔技术在勘探、开发、生产等方面的应用也越来越广泛。

在以下几个方面多有应用：

（1）油气井多层套管。在油气井建设中，多层套管射孔技术能够有效提高井筒的稳定性，降低井壁塌陷、地层破裂等风险。根据油气井的地质条件、井深、井身结构等因素，选择合适的套管层次和直径。多层套管可用于多种井身结构，如定向井、水平井、分支井等。

（2）深海油气开发。随着深海油气资源的不断勘探开发，多层套管射孔技术在深海油气项目中得到了广泛应用。深海环境恶劣，多层套管能够提高井筒的抗弯曲性能，保证井筒的稳定性。此外，多层套管还可用于深海油气井的完井、修井、侧钻等作业。

（3）非常规油气开发。非常规油气资源，如页岩气、煤层气等，在我国拥有丰富的储量。多层套管射孔技术在非常规油气开发中具有重要作用。通过多层套管，可以实现水平井分段压裂，提高单井产量。同时，使用多层套管还可以降低井壁稳定性风险，减少井筒维修成本。

综上所述，多层套管射孔技术在我国油气行业具有广阔的应用前景。在政策支持、市场需求和技术进步的推动下，通过不断优化和创新，多层套管射孔技术将继续为我国油气行业的发展贡献力量。

第3节　自清洁射孔技术发展及应用

因油层污染较重及低孔低渗油气藏对射孔工艺要求高，而常规聚能射孔普遍存在压实损坏带、渗流阻力大等问题，限制了这类油气藏的开发效果。采用自清洁射孔技术，在射孔过程中有效清洁孔道并形成微裂缝，能解决射孔后碎屑、泥浆等杂质堵塞孔道的问题，从而提高油气井的产能和采收率，减少射孔伤害，降低作业成本和风险，保护储层。

自清洁射孔技术最早由国外提出并应用。2007 年，GEO Dynamics 公司设计出自清洁射孔弹——ConneX。2011 年，随着 Thunder 系列自清洁射孔器的研制成功，自清洁射孔技术被广泛应用于石油工业。在国内，大庆油田首次进行了自清洁射孔技术的应用并填补了国内空白。

与常规射孔技术相比，自清洁射孔技术具有以下优势：

（1）自清洁射孔弹孔道几何形状得到优化，有效孔道的深度、表面积和流动体积均大幅增加。

（2）可在正压或负压条件下作业，即使在弱胶结或各向异性地层，也无须很高的压差就能形成清洁的孔道。

（3）药型罩内含活性金属材料，在高温条件下性能可靠稳定。

（4）在孔道内形成微裂缝，清洗孔眼，有效疏松射孔压实带。

1. 基本原理

自清洁射孔技术是在药型罩内添加了类似反应破片的特种含能材料，工作时，含能材料随聚能射流进入孔道，在孔道形成后的极短时间内产生高温高压气体，将孔道压出若干微裂缝，从而有效疏松射孔压实带。同时由于孔道内压力远高于井筒压力，孔内高压气流快速向井筒喷射，强力冲刷孔道，破除射孔压实带，并冲走岩石碎屑和射流残体，使孔道保持高度清洁，如图 1-7 所示。

2. 技术特点

自清洁射孔弹的组装与常规射孔弹相比并无明显差异，区别在于药型罩和药型罩内添加的类似反应破片的特种含能材料，如图 1-8 所示。这种含能材料会在炸药爆炸时随着射孔射流进入孔道，进而形成微小裂缝。

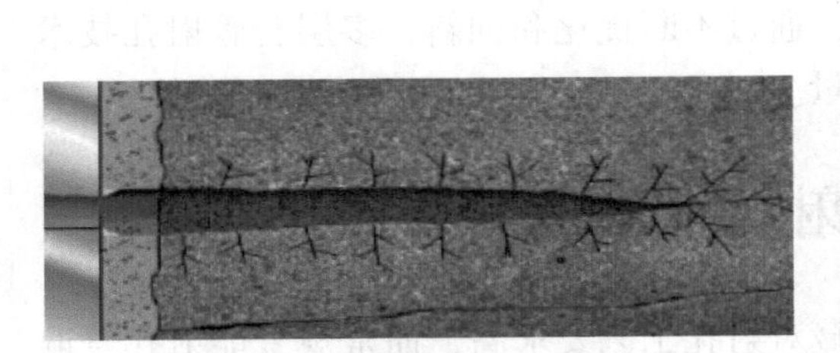

图 1-7　自清洁射孔技术原理图

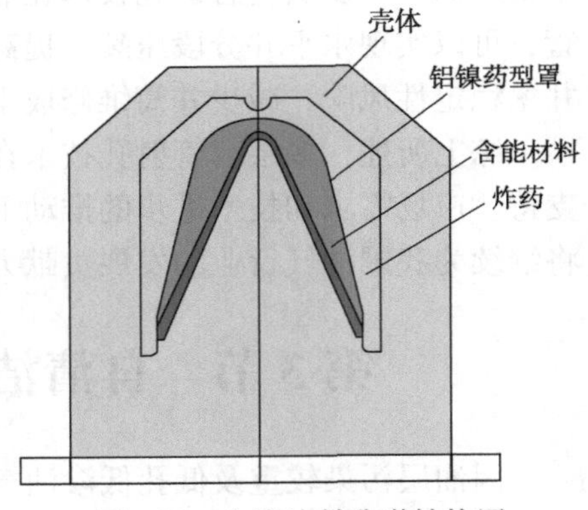

图 1-8　自清洁射孔弹结构图

自清洁射孔技术还可以自动清理射孔生成的压实带，显著提升孔道的渗透率，增强油气或者压裂液在孔道中的流通效果。图 1-9 为两种射孔技术下的射孔孔道示意对比图。

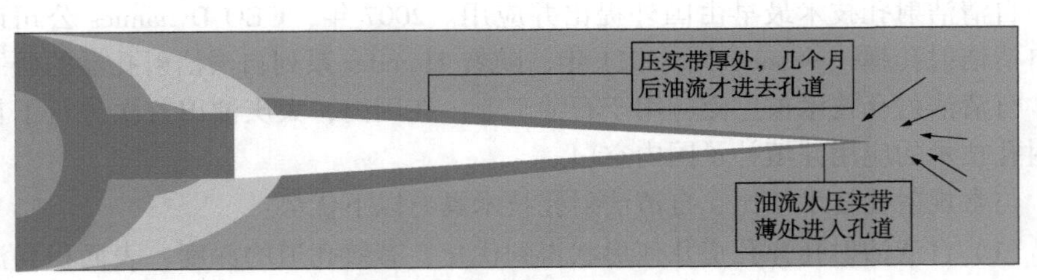

(a) 常规射孔技术孔道效果示意

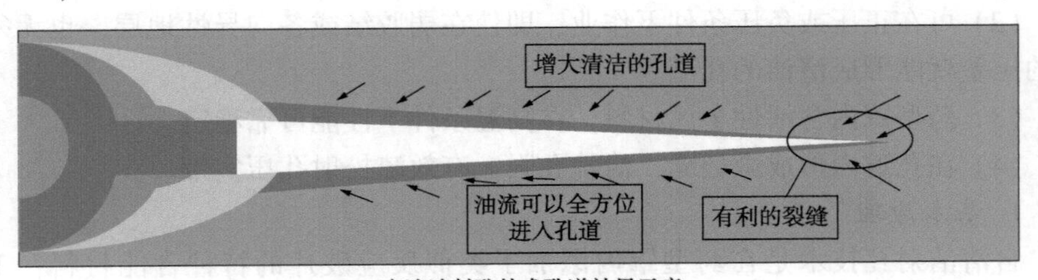

(b)自清洁射孔技术孔道效果示意

图 1-9　两种射孔技术下的射孔孔道示意图

3. 应用情况

在国内，大庆油田首次应用了自清洁射孔技术。截至 2018 年 8 月 20 日，其自主研制的自清洁射孔弹已推广至大庆、胜利、长庆等油田，应用超过 7 万发，有效采液强度提高了 19.4%。这项技术不仅填补了国内自清洁射孔技术的空白，而且达到了世界先进水平。表 1-21 为截至 2023 年的自清洁射孔技术应用调研汇总。

表 1-21　自清洁射孔技术应用调研

所属单位	应用区域	应用井数	增产效果	应用年份
中海石油(中国)有限公司天津分公司	渤海油田渤中区域	23	65.34%	2022
	渤海油田垦利沙河街组	5	82.57%	2022
中海石油(中国)有限公司湛江分公司	南海北部湾盆地涠洲 12-2 油田 12-2-B36/B37	2	超产 1 倍	2020
	南海北部湾盆地涠洲油田	8	产能提高率 198%，表皮降低率 97.8%	2019
中国石油长庆油田	鄂尔多斯盆地致密油气储层	37	—	2015
大庆油田	大庆、胜利、长庆等油田	—	有效采液强度提高 19.4%	2018
中海油田服务股份有限公司	渤海旅大 6-2 油田	—	孔眼面积是传统大孔径射孔弹的近 2 倍	2022
印尼国家石油公司(PEPC)	印度尼西亚雅加达 JTB 气田	6	—	2021
泰国	泰国湾	—	孔径平均增加了 40%	2021
美国得克萨斯州伍德兰兹	特拉华盆地	2	最终定量地增加了储层接触	2023
阿尔及利亚国有油气公司	哈西梅尔气田	8	有较高的气油比	2023

近年来，国内学者对自清洁射孔技术进行了多种地面试验和井下应用研究。地面试验考虑了不同储层条件下的孔隙度、渗透率等多种因素，并进行地面砂岩、混凝土单靶或环靶穿孔试验研究，将自清洁射孔技术与常规射孔技术作对比。表 1-22 为近年来国内自清洁射孔技术相关地面试验与井下应用情况。

表 1-22　国内自清洁射孔技术相关地面试验与井下应用情况

选自文献	试验条件	目的	结论
硬地层自清洁射孔弹设计及应用效果	地面砂岩靶试验； 孔隙度：5.56%； 渗透率：$0.14\times10^{-3}\mu m^2$； 抗压强度：>100MPa； 模拟井筒压力：30MPa； 模拟地层压力：40MPa； 射孔弹：硬地层射孔弹 HS46-1 型	研究硬地层自清洁射孔弹的应用效果	硬地层自清洁射孔弹能有效清洁孔道，去除射孔压实带，是硬地层(深层低孔低渗地层)射孔的最佳选择

续表

选自文献	试验条件	目的	结论
等孔径自清洁射孔技术在新优快试点项目的创新应用	地面混凝土靶试验； 环靶直径：1.6m； 射孔弹：114 型等孔径自清洁射孔弹	研究等孔径自清洁射孔技术在新优快试点项目的应用	证实了自清洁射孔技术在海上油田增产的可行性
自清洁射孔技术在渤海油田的应用	地面混凝土靶试验； SDP45HMX39-3 型超深穿透射孔弹； SDP45HMX39-1 型自清洁深穿透射孔弹 井下环境砂岩靶试验； 压力系数：1.01； 温度梯度：3.26℃/100m	研究自清洁射孔技术在渤海油田的应用情况	有效提高了油井产量
涠洲油田低渗储层增效射孔技术研究与应用	地面混凝土靶试验； 室外条件：20℃； 半径：2m 地面砂岩靶试验； 18MPa、120℃条件； 渗透率：$20\times10^{-3}\mu m^2$； 孔隙度：14%； 抗压强度：64MPa	涠洲油田低渗储层自清洁/后效体射孔技术的研究与应用，并与超深穿透射孔进行对比	自清洁射孔技术在涠洲油田低渗储层应用效果显著，推荐顺序依次为：自清洁>后效体>超深穿透射孔
自清洁射孔技术在南海西部油田的应用	地面环状混凝土靶试验； 尺寸：2.2m(外径)×1.3m(高)： 靶龄：31 天； 抗压强度：38.13MPa 井下环境砂岩靶试验； 孔隙度：16.8%~18.2%； 渗透率：$11.7\times10^{-3}\sim15.7\times10^{-3}\mu m^2$； 地层温度梯度：3.97℃/100m； 原油饱和压力：18.62MPa	研究自清洁射孔技术在南海西部中、低孔低渗油田的应用情况	自清洁射孔技术对中、低孔低渗储层应用效果显著，推荐顺序依次为：自清洁>后效体>超深穿透射孔
新型自清洁射孔弹试验研究	地面 45 号钢靶试验； 外径：85mm； 靶高：200mm 地面混凝土靶试验； 靶高：760mm； 副靶高：250mm 地面砂岩靶试验； 孔隙度：12.89%； 渗透率：$0.0109\times10^{-3}\mu m^2$； 抗压强度：56MPa； 围压：5MPa	进行自清洁射孔弹在钢靶、混凝土靶、砂岩靶下的研究	得到了自清洁射孔弹在不同靶子下的穿深

表 1-23、表 1-24 分别为大庆油田射孔器材有限公司、物华能源科技有限公司和川南航天能源科技有限公司的自清洁射孔弹产品性能。

表 1-23 大庆自清洁射孔弹产品性能

枪型（mm）	孔密（孔/m）	相位角（°）	射孔弹型	2h 耐温（℃）	混凝土靶		
					套管外径(mm)	孔径(mm)	穿深(mm)
86	16	90	SDPR40HMX25-1	191	140	10.2	1248
89	16	60	SDPR39HMX29-1	163	140	10.9	973
102	16	90	SDPR45HMX39-1	191	140	11.4	1249
114	16	90	SDPR45HMX39-3	191	178	12.2	1512
114	40	135/45	SDPR36HMX24-1	191	178	9.4	881
127	40	135/45	SDPR36HMX25-3	191	178	10.9	922
127	16	90	SDPR45PYX38-3	250	178	12.06	1234
127	16	90	SDPR45HMX39-1	191	178	12.34	1519
178	40	135/45	SDPR45HMX39-2	191	244	10.7	1384

表 1-24 物华、川南自清洁射孔弹产品性能

公司	枪型（mm）	孔密（孔/m）	相位角（°）	射孔弹型	炸药类型	混凝土靶	
						穿深(mm)	孔径(mm)
物华	83	20	60/90	213SD-89R-14RL	RDX	980.0	10.0
	89	20	60/90	213SD-89HNS-14RL	HNS	860.0	9.4
	114	16	60/90	213SD-114R-2RL	RDX	940.0	9.1
	178	16	60/90	213SD-127R-2RL	RDX	1270.0	13.3
	178	39	135/45	213SD-178R-3RL	RDX	1190.0	12.7
川南	80	40	135	692B-178R-7	RDX	980.9	21.6
	80	40	135	692CSD-178R-1	RDX	1379.9	10.9

第 4 节 后效体射孔技术发展及应用

针对低渗及严重注水不足的储层可采用后效体射孔技术，后效体射孔技术在射孔过程中可以扩大孔径、增加孔道渗流面积、解除孔道周围射孔带来的压实损伤，从而提高产能，确保储层油气井良好稳定地生产。

2013 年，由西安奥星能源科技公司首席科学家田志波带领的技术团队，历经 10 余年研究试验，创造性地提出了孔道内做功技术理念，并发明了“后效体”装置。

后效体射孔技术首次应用于中国石化西南石油局的须家河高破裂压力储层，效果显著。之后逐渐应用于南海、东海、胜利、塔河等油田。

与常规射孔技术相比，后效体射孔技术具有以下优势：

（1）提高采收率：后效体射孔技术能够根据地层的实际情况，选择合适的孔径和孔深，优化油气流动，从而提高采收率。

（2）降低能耗：后效体射孔技术在施工过程中能够有效减少钻井液和压缩空气的消耗量，从而降低能耗在油气勘探开发中的成本。

（3）适应性强：后效体射孔技术的适应性非常强，能够适应各种地层条件和油气藏类型。

（4）提高产能：产生能量大、化学反应快，可以有效降低破裂压力，提高油气的产能，缩短开采周期。

1. 基本原理

后效体射孔机理是利用云雾爆轰理论在常规射孔弹口部加装由化学材料微粒制成的后效体，在射孔弹起爆后将后效体带入孔道并瞬间激发，借助爆炸产生的涡流场引力，将化学材料微粒定向聚集，以云雾状态进入射孔孔道，如图 1-10 和图 1-11 所示。化学材料微粒被激发后，由于粉尘爆炸原理产生大量化学能和热能，直接作用于孔眼内地层，由局部灼热爆燃迅速延伸为整个孔道的爆轰爆炸，并形成次生导流裂缝，在保障穿深性能的前提下，可扩大孔径、增加孔道渗流面积、解除孔道周围的压实污染，实现油水井增产增注的目的。

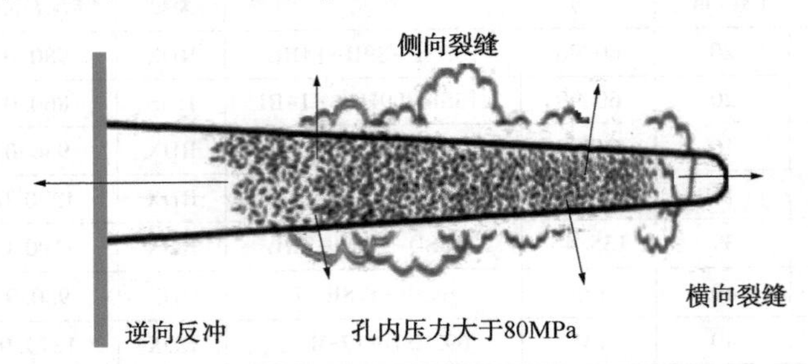

图 1-10　后效体射孔技术在射孔孔道内作用效果图

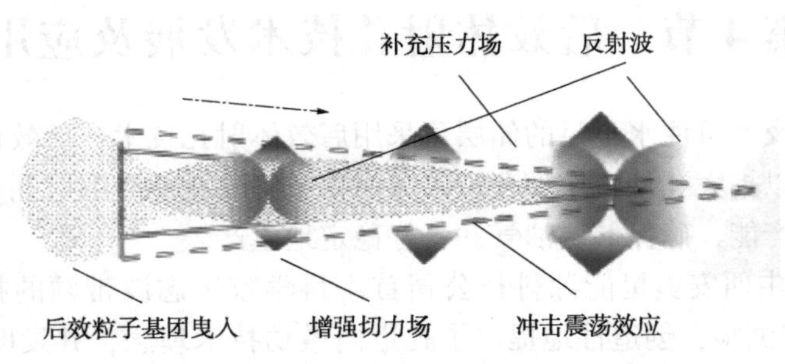

图 1-11　后效体射孔技术作用机理图

2. 技术特点

如前文所述，后效体射孔技术是在常规射孔弹口部加装由化学材料微粒制成的后效体高能药盒（如图 1-12 所示），在射孔弹起爆后将后效体带入孔道并瞬间激发，产生大量化学能和热能，作用于孔眼内地层，形成次生导流裂缝并扩大孔径，增加孔道渗流面积，解除孔道周围的压实污染。

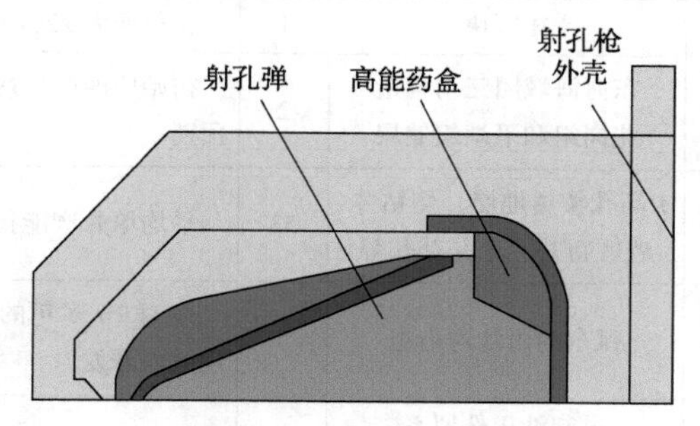

图 1-12　后效体射孔弹

后效体是一种特制的聚合物，不含爆炸基源，具有耐超高温、摩擦及撞击不发火、高温下物化性能稳定、低温下不脆裂失效等特点。对当前后效射孔弹性能的调研显示，后效体射孔一般能使近井地带储层的平均渗透率提升 2~3 倍。

3. 应用情况

后效体射孔技术的应用调研结果如表 1-25 所示。截至 2018 年 4 月 4 日，我国自主研发的后效体射孔技术已在全国 22 个油田区块进行了 2600 口井次的应用，油井增产效果喜人。其中，增产幅度达 5~10 倍的油气井占 10%~15%，增产幅度 300%以上的油气井占 15%~20%，增产幅度 30%以上的油气井占 60%~70%，对低孔低渗油气藏的增产效果十分明显。此前，渤海钻探测井利用“后效体射孔技术”实施钻井后，对比分析发现，采油指数增加了 22%。

表 1-25　后效体射孔技术应用调研

所属单位	应用区域	应用井数	增产效果	应用年份
中海石油（中国）有限公司深圳分公司	南海珠江口盆地古近系	4	低品位储层产能测试比采油指数高达 7.74m³/（MPa·d·m）	2018
	南海珠江口盆地珠江组、恩平组	1	比常规射孔产液量增加 34%	2022
中海石油（中国）有限公司湛江分公司	北部湾盆地涠洲油田	5	穿深下降不超过 8%，孔径最大提高 11.3%	2019
中国石化西北油田	新疆乌鲁木齐塔河油田 TH12116、TKC1-6H 井	2	日增油 38.4t，日产气 57864m³	2022
	西北油田	21	—	2022

续表

所属单位	应用区域	应用井数	增产效果	应用年份
中海石油(中国)有限公司上海分公司	M 区块	1	孔径增大 22%	2018
	东海海域团三南构造花岗组和平湖组储层	2	初始原油产量达到 $96m^3/d$，远超预期	2020
中国石化胜利油田	中高孔渗透地层，侧钻井、老区新井、老井补孔等	53	平均单井产能指数提高 30%	2021
	孤东油田沙河街组	5	尘封 20 多年的“磨刀石”油藏实现效益开发	2022
陕西延长石油	吴起油田侏罗系延安组油藏	4	保持低含水开采，效果良好	2017
印尼东加里曼丹	图努气田	20	初始产能平均提高了 15%，而增量成本相对较低	2021

截至 2021 年 9 月 30 日，胜利油田与经纬公司联合研发的云爆射孔技术(后效体射孔技术)在两年多的时间里共试验 53 口油井，平均单井产能指数提高了 30%。试验重点优选侧钻井、老区新井、老井补孔等三类，有效率达 90.9%，泵效平均提高 6.4%，百米吨液耗电下降 12.3%，预测有效期内平均增油 433t，平均新增利润 54.9 万元。

塔河油田的后效体增效射孔技术自 2019 年开始推广使用，截至 2022 年，已现场应用 21 井次。其中，2022 年在 TH12116 井、TKC1-6H 井的中低渗油藏现场使用取得成功。TH12116 井位于塔河油田白垩系舒善河组圈闭属构造+岩性复合圈闭、亚格列木组目的层，为构造圈闭，圈闭落实可靠。2021 年 5 月 31 日，经过应用后效体射孔新工艺求产，日增油 38.4t，日产气 $57864m^3$。

2022 年，中海石油(中国)有限公司天津分公司在锦州、渤中、垦利等多个油田形成了后效体射孔增产技术体系。高效开发因储层污染、高含水、出砂和低渗等导致的低产低效井，在降低射孔对储层的污染、改善渗流能力、稳油控水、恢复油井产能等方面效果显著。

第 5 节　激光射孔技术发展及应用

在石油勘探与开发领域，射孔技术一直是关键的组成部分。随着科技的不断进步，一种新型的射孔完井技术——激光射孔应运而生。激光射孔技术以其高效、环保、精准的优势，正在逐渐改变传统射孔作业的模式。

激光射孔技术的首次提出是在 20 世纪 80 年代，2009 年，美国阿美石油公司在世界上首次完成了油气井现场大功率激光射孔作业。但由于激光射孔器的不成熟，国外、国内大部分仅进行了激光射孔破岩技术的机理研究和可行性试验。

1. 基本原理

激光射孔技术的基本原理是地面激光发生器产生高功率相干光(见图 1-13)，通过光缆导向系统，将光线沿着井轴精确导向预定射孔深度。在到达预定深度后，高能量的激光束会对岩石进行照射，使岩石受到高温作用而熔化，形成气液两种混合物。在这一过程中，高速辅助气流的运用是关键，它将生成的混合物迅速排除，从而在岩石表面形成射孔孔眼。这种情况下，油层与井筒就能实现连通，为油气的顺利开采创造了条件。

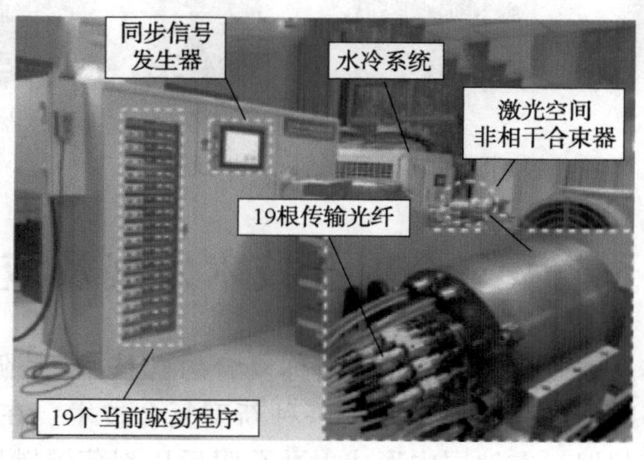

图 1-13　激光系统

2. 技术特点

激光射孔技术相较于传统射孔技术具有下述明显优势：

(1) 高效：激光射孔速度快，作业时间短，能显著提高射孔效率。

(2) 环保：激光射孔过程中无污染物排放，有利于环境保护。

(3) 精准：激光束的精确导向，使射孔孔眼位置更加准确，提高射孔质量。

(4) 适应性强：激光射孔不受地层条件限制，适用于各种复杂地质环境。

(5) 降低成本：激光射孔设备占地面积小，减少了设备投入和场地租赁费用。

我国在激光射孔技术研究方面取得了世界领先水平的成绩，为我国油气田开发提供了有力支持。然而，激光射孔技术在实际应用中仍面临一些挑战，如高温、高压环境下的激光器性能、光缆导向系统的稳定性等。未来，随着科技的不断发展，激光射孔技术会得到进一步完善，为油气开采带来更多可能性。图 1-14 展示了激光射孔后的砂岩照片。

总之，激光射孔技术作为一种新型射孔完井方式，以其独特的优势在石油行业崭露头角。在不断攻克技术难题的过程中，激光射孔技术有望为我国油气资源开发注入新的活力。

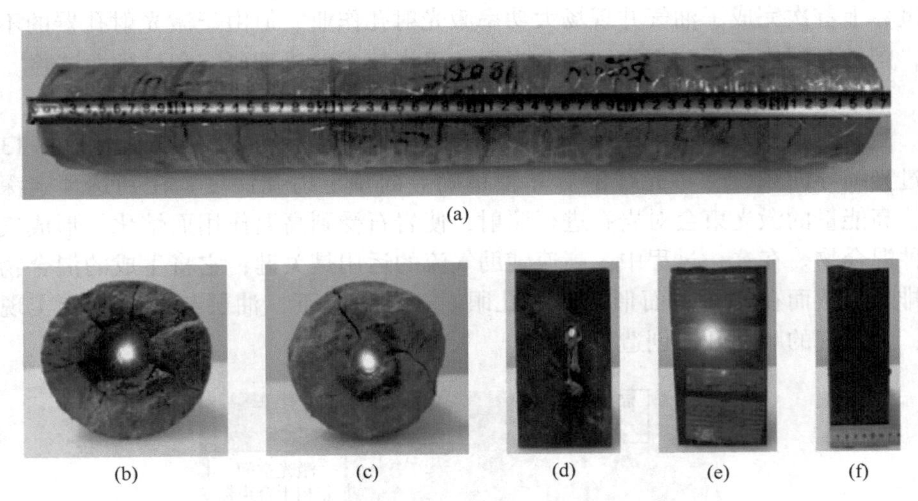

图 1-14　激光射孔后的砂岩

第 6 节　复合射孔技术发展及应用

射孔高能气体压裂复合工艺技术（简称复合射孔技术）是随着射孔和高能气体压裂两项技术不断发展完善而产生的一种新型复合技术。在复合射孔作业中，射孔弹先与压裂药起爆，在地层中形成射孔孔眼后压裂药爆燃形成的高压气体进入孔眼，进而压裂地层，实现一次施工完成射孔和高能气体压裂两道工序，有效解决了目前射孔弹穿透深度有限的难题。它主要针对薄油层、差砂体、低渗层等，将深穿透和压裂作用合为一体，以达到增产的目的。

一、超正压射孔技术

超正压射孔技术最早出现于 1990 年，美国 Oryx 能源公司的研究人员开始对其进行研究。

1993 年初，Marathon 公司开始使用超正压射孔完井增产技术。

1994 年，17 家油田服务公司及作业公司对该射孔技术进行试验。

截至 1996 年，北美地区大约有 900 口井成功完成了超正压射孔作业，并在市场上站稳了脚跟。

1998—1999 年，四川测井公司研制成功超正压射孔技术后，在吐哈油田进行了实践，并在 1999 年正式推广应用。

2000 年之后，该技术逐渐应用于西南油气田、中原油田等各大油气田，取得了喜人成果。

截至目前，国内外超正压射孔技术已经形成一系列配套齐全的工艺技术。

1. 基本原理

超正压射孔不同于早期的正压射孔，它不是在钻井液压井的状况下射孔，而是在使用酸液压裂液及其他保护液射孔的同时带氮气施加于地层 1.2 倍以上破裂压力，避免了聚能射孔所带来的压实污染，加大了射孔压裂裂缝，延伸了射孔孔道。这不仅能降低钻井、固井等作业对地层的污染，同时大大减轻了射孔本身造成的伤害，提高了油气的流动效率。超正压射孔与正压射孔压裂裂缝对比图如图 1-15 所示。

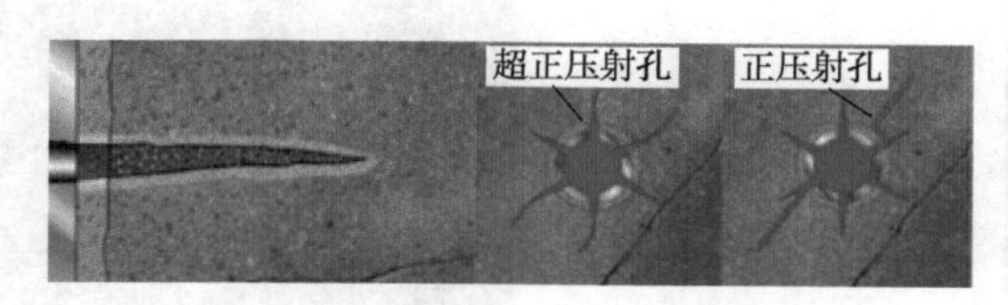

图 1-15　超正压射孔与正压射孔压裂裂缝对比图

2. 技术特点

与传统射孔技术相比，超正压射孔技术具有以下特点：

（1）高压力：超正压射孔技术采用高压力的射孔弹药，能够在地层中形成极高的压力，这种高压力能够穿透到地层深处，产生较大的射孔孔径，使油气的流动更加顺畅，从而增加油气产量。

（2）穿透深度大：通过高压力的射孔弹药，超正压射孔技术能够穿透更深的地层，从而将油气资源有效地开发出来。

（3）高效作业：超正压射孔技术的施工效率高，能够缩短施工工期，降低施工成本。

（4）适应性强：超正压射孔技术能够适应各种不同的地层条件和油气藏类型。无论是复杂的地形条件、不同厚度的地层，还是各种类型的油气管，超正压射孔技术都能够实现最佳的射孔效果。此外，该技术还具有较强的抗干扰能力，能够在各种复杂环境中稳定工作。

二、动态负压射孔技术

20 世纪 90 年代初期，动态负压新型射孔技术在北美兴起，斯伦贝谢公司在 90 年代正式提出了“动态负压射孔”这一概念，并且申请了相应的专利。

2004 年，动态负压射孔技术在胜利油田的 3 口油井上陆续进行了试验性应用，为该技术在国内的推广积累了现场经验。

2004 年至今，国内在渤海、大庆、新疆、塔河等致密储层油田进行了一系列动态负压射孔技术应用、评价分析、软件开发等研究。

1. 基本原理

动态负压射孔技术是通过射孔枪引爆负压弹，利用负压弹在枪身上开出大孔流通液体，使井液快速流入射孔枪内，导致井筒内压力在射孔后瞬间下降，在射孔孔道内产生瞬间冲击回流，冲洗射孔孔道及孔道周围压实带的新型射孔技术(见图 1-16)。动态负压、静态负压、正压射孔技术下的穿深及孔径对比如图 1-17 所示。

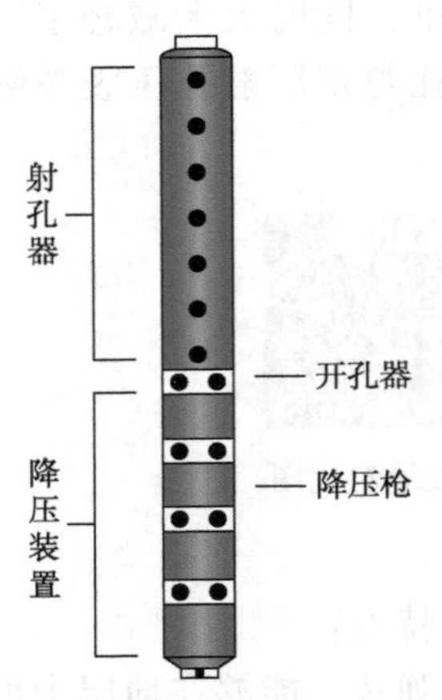

图 1-16　动态负压射孔管柱结构图

图 1-17　三种射孔技术下穿深及孔径对比图

2. 技术特点

动态负压射孔技术在致密储层、压实较紧密、渗透率较低的油藏应用较好。可以适应各种复杂的地质条件和高压环境，能够在射孔过程中对各项参数进行精确控制，确保射孔的质量和效果，能够在较短时间内完成大量射孔工作，保证其在油气勘探开发中具有较高的生产效率。该射孔技术在渤海、大庆、新疆、塔河等多个油田都有相关应用研究(见表 1-26)。

表 1-26　动态负压射孔技术应用调研

选自文献	试验条件	目的	结论
动态负压射孔技术研究及在渤海油田致密储层区块的应用	孔隙度：13.6%； 渗透率：$62.7\times10^{-3}\mu m^2$； 砂岩储层	渤海针对致密中低渗储层通常采用负压射孔技术改善炮眼周围压实带和清洁射孔炮眼，与静态负压对比，研究其应用效果	致密储层中动态负压射孔相较常规静态负压射孔可显著提高油气井产能
动态负压射孔技术研究及在渤海油田的应用	孔隙度：29.1%； 动态负压值：9.98~11.07MPa； 渗透率：137.42×10^{-3}~$436.02\times10^{-3}\mu m^2$； 砂岩储层	研究动态负压射孔技术在渤海的应用情况	与常规静态负压射孔相比，动态负压射孔的产液量明显提高，证明了动态负压射孔的优越性及合理性

续表

选自文献	试验条件	目的	结论
现代油气井射孔新技术适应性研究	孔隙度：27.64%； 渗透率：0.357~0.364μm²	为提高新井产能，针对油层受到伤害的情况，采用动态负压射孔技术	较好地解决了地层压力高、储层渗透率低及油层受到伤害井的射孔投产问题
动态负压射孔现场试验	孔隙度：26.7%； 地层压力：9.44MPa； 空气渗透率：0.825μm²	研究动态负压射孔技术的选井选层原则	动态负压射孔技术在补孔井上具有良好的适应性和增产效果，应用前景广阔
PURE 动态负压射孔技术在塔河油田的应用	TK72XX 井； 井底流压：46.6MPa； 地层压力：48.45MPa； 压力系数：1.09； 动态负压：10.5MPa； 碎屑岩储层	探索该技术对塔河油田中孔、低中渗砂岩油藏适应性	改善了射孔孔眼，消除了射孔压实污染
动态负压射孔技术研究及在新疆油田夏盐 11 井区的应用	孔隙度：15.8%； 渗透率：31.523×10⁻³μm²； 动态负压：3.57~14.33MPa； 砂岩储层	基于新疆油田夏盐 11 井区储层特点，设计出相适应的动态负压射孔方案	动态负压射孔后储层的产液量及每米贡献率得到明显提高
PURE 动态负压射孔技术研究在大庆油田的应用	孔隙度：19.5%； 油层压力：13.7~16.1MPa； 地层温度：64.4~71℃； 动态负压：11.39MPa； 表皮系数：0.79； 砂岩储层	研究 PURE 动态负压射孔技术在大庆油田的应用情况	能够实现对射孔内部压实带的有效清洁，有效减少堵塞问题的出现，提高油气田的产能

三、多级脉冲射孔技术

20 世纪初，多级脉冲射孔技术首次在大港油田进行应用。之后在渤海、陕北、吉林等多个地方油田应用该技术进行试验和开采。

在现代石油勘探与开发领域，提高油气井产量和采收率一直是业界关注的焦点。为实现这一目标，多种增产技术应运而生，其中多级脉冲射孔技术脱颖而出。这是一种高效的超深穿射孔与多级压裂火药联作技术，具有显著的增产效果和经济效益。

1. 基本原理

通过射孔器在井筒中形成一系列射孔孔眼，使地层中的油气通道得以建立。利用多级压裂火药在地层中形成裂缝。多级压裂火药在射孔孔眼中依次燃烧，产生大量热量和气体，使地层产生应力变化，从而形成裂缝。通过复合射孔技术将地面高压流体注入地层，使裂缝持续扩展。高压流体在地层中推动裂缝延伸，并与地层中的油气混合，提高油气产量。

2. 技术特点

（1）与传统射孔技术相比，多级脉冲射孔技术具有更高的孔隙穿透能力和更好的扩孔效果。这是因为多级脉冲射孔可以在短时间内产生多个冲击波，从而提高射孔效率，降低孔眼摩阻。

（2）使用多级压裂火药可以实现对地层的分级压裂，使裂缝延伸更远，增加油气通道。

（3）可以根据地层特性调整射孔参数，实现对不同地层的个性化增产。

多脉冲复合射孔技术在我国油气井中的应用取得了显著成果。例如，在某些碳酸盐岩油气藏、非常规油气藏等地质条件复杂的地区，采用多级脉冲射孔技术取得了较好的增产效果。此外，该技术还具有较高的安全性，减少了井筒事故的风险。

总之，多级脉冲射孔技术是一种具有广泛应用前景的高效增产技术。通过充分发挥射孔、压裂和复合射孔技术的优势，可以有效提高油气井的产量和采收率，为我国油气勘探开发事业注入新的活力。未来，随着技术的不断发展和完善，多级脉冲射孔技术在石油勘探与开发领域的应用将更加广泛。

四、多级点火射孔技术

1997 年，辽河油田在茨榆坨采油厂牛 87 井第一次试验多级点火射孔技术，之后该技术在辽河油田进行推广使用。

2001—2003 年，多级点火射孔技术在吉林油田多口井试验成功。

2003 年至今，多级点火射孔技术广泛应用于四川、渤海、南海等各大油田。

1. 基本原理

多级点火射孔技术，就是在密闭的井筒中，采取多级点火引爆方式，利用与桥塞相连的射孔枪工具串，对每段套管进行多枪次射孔，在井筒内壁射出密密麻麻的细小圆孔，射开套管和地层以打通油气逸出通道。

2. 技术特点

在多级点火射孔技术中，射孔枪工具串起到至关重要的作用。它由多级点火装置、射孔枪身和与桥塞相连的接口等部分组成，可以在密闭的井筒内进行多级点火引爆，从而实现对套管的多次射孔。

多级点火射孔技术的具体操作步骤：首先，将射孔枪工具串放入密闭的井筒中。其次，通过控制设备，对射孔枪工具串进行多级点火引爆。在引爆过程中，射孔枪工具串会按照预设的顺序和参数，对每段套管进行多次射孔。这样，就在井筒内壁上形成了密密麻麻的细小圆孔。

这些细小圆孔的作用是打通套管和地层之间的通道，使油气得以顺利逸出。通过多级点火射孔技术，我们可以有效提高油气井的产能和开发效率。此外，这种技术还具有安全性高、环境影响小等优点。

总之，多级点火射孔技术是一种在密闭井筒中采用多级点火引爆方式，利用射孔枪工具串对套管进行多次射孔的技术。它能够打通套管和地层之间的通道，提高油气井的产能和开发效率。这种技术在我国页岩气开发领域具有广泛的应用前景。随着我国页岩气资源的不断勘探与开发，多级点火射孔技术将发挥越来越重要的作用。在今后的发展中，我们还需要不断优化多级点火射孔技术，以满足页岩气产业的高速发展需求。

第2章　不同储层条件下
射孔参数适用性评价

射孔过程一方面为油气流建立沟通油气层和井筒的流动通道；另一方面又对油气层造成一定的损害。因此，射孔完井工艺对油气井产能的高低有很大影响。如果射孔工艺和射孔参数选择不当，射孔本身就会对油气层造成极大的损害，甚至超过钻井损害，使油井产能降低。如果射孔工艺和射孔参数选择恰当，可以将射孔对油气层的损害降到最小，而且可以在一定程度上缓解钻井对油气层的损害，从而使油气井产能恢复甚至超过自然生产能力。本章主要介绍在均质油藏、各向异性油藏、裂缝性油藏三种储层地质条件下，常规射孔完井及砾石充填射孔完井对储层压力场、渗流场的影响规律及相应的压降模型。

第1节　不同完井方式下储层压降模型

一、射孔压降模型

本节重点介绍 Karakas 和 Tariq 射孔表皮半解析模型。

1991 年，Karakas 和 Tariq 基于 Ansys 有限元软件计算的数值结果建立了常规射孔表皮半解析模型，将油井表皮分为射孔表皮、污染带表皮。其中，射孔表皮由两部分组成，分别为平面渗流表皮（S_{H}）、垂向聚流表皮（S_{V}）。平面渗流表皮表达式为：

$$S_{\mathrm{H}}=\ln(r_{\mathrm{w}}/r_{\mathrm{we}}) \tag{2-1}$$

式中，

$$r_{\mathrm{we}}(\theta)=\begin{cases} \frac{1}{4}L_{\mathrm{p}}, & \theta=0° \\ \alpha_{\theta}(r_{\mathrm{w}}+L_{\mathrm{p}}), & \theta\neq 0° \end{cases} \tag{2-2}$$

式（2-2）中，r_{we} 为等效井径，mm；L_{p} 为射孔孔深，mm；r_{w} 为油井半径，mm；α_{θ} 为与相位角相关的经验常数。

垂向聚流表皮表达式为：

$$S_{\mathrm{V}}=10^{a}h_{\mathrm{D}}{}^{b-1}r_{\mathrm{pD}}{}^{b} \tag{2-3}$$

其中：

$$h_{\mathrm{D}}=(h/L_{\mathrm{p}})\sqrt{k_{\mathrm{H}}/k_{\mathrm{V}}} \tag{2-4}$$

$$r_{pD}=(r_p/2h)(1+\sqrt{k_V/k_H}) \tag{2-5}$$

式(2-3)中，a、b 为基于 Ansys 数模结果回归的经验常数。

射孔表皮表达式为：

$$S_P=S_H+S_V \tag{2-6}$$

污染带表皮表达式为：

$$S_d=\left(\frac{k}{k_d}-1\right)\ln\left(\frac{r_d}{r_w}\right) \tag{2-7}$$

式中，k_d 为污染带渗透率，$10^{-3}\mu m^2$；r_d 为污染带半径，mm。

常规射孔完井总表皮表达式为：

$$S_t=\left(\frac{k}{k_d}-1\right)\ln\left(\frac{r_d}{r_w}\right)+\left(\frac{k}{k_d}\right)S_p \tag{2-8}$$

其他射孔完井表皮计算模型如表 2-1 所示。

表 2-1 射孔完井表皮模型汇总

Vrbik(1991)	$S_t=S_d+S_{pp}+S_p+S_\theta+S_f$
Daltaban-Wall(1998)	$S_t=S_d+S_{pp}+S_\theta$
Mcleod(1983)	$S_{pdc}=S_d+S_p+S_{cz}$
Jones-Slusser(1974)	$S_{pd}=S_d+(k/k_d)S_p$
	$S_t=(h/h_p)S_{pd}+S_{pp}$
Karakas-Tariq(1991)	见式(2-1)~式(2-8)
	$S_t=S_d+S_{pp}+S_\theta$
Bell-Sukup-Tariq(1995)	$S_t=S_{pp}+\frac{h}{h_p}\left[\frac{S_{pdc}}{\gamma_V}+\frac{1}{20}\left(9+\frac{11h}{h_p}\right)S_V\right]$
	$S_{pdc}=S_d+(k/k_d)(S_p+S'_{cz}+S_x)$
Thomas et al. (1992)	$S_t=(h/h_p)\frac{S_d}{\gamma_{jw}}+S_{pp}+S_p+S_{cz}+S_\theta$
Penmatcha-Fayers-Aziz(1995)	$S_t=(h/h_p)\frac{S_d}{\gamma_{jw}}+S_{pp}+S_p+S_{cz}+S_\theta$
Golan-Whitson(1991)	$S_t=(h/h_p)(S_d+S_p)+S_{cz}+S_{pp}$
Samaniego-Cinco Ley(1996)	$S_t=(h/h_p)(S_d+S_p)+S_{pp}+S_\theta+S_f$
Economides-Boney(2000)	$S_t=S_d+S_p+S_{\theta pp}$
Elshahawi-Gad(2001)	$S_t=S_d+S_p+S_{\theta pp}+\sum$ moreskins
Pucknell-Clifford(1991)	$S_t=\frac{h}{L_w}S_{pdc}+S_{\theta pp}$

二、流体运移机理

储层中流体经多孔介质、射孔孔眼进入井筒。流体在多孔介质中的渗流往往用达西公式描述，如图 2-1 所示。流体在孔眼中的流动属于管流，常用 Navier-Stokes 方程描述。多孔介质尺寸往往以千米为计量单位，射孔孔眼几何尺寸往往以毫米为计量单位。因此，定量描述射孔完井流体运移机理需在两种跨尺度介质中(储层和孔眼)耦合求解多孔介质渗流和管流。

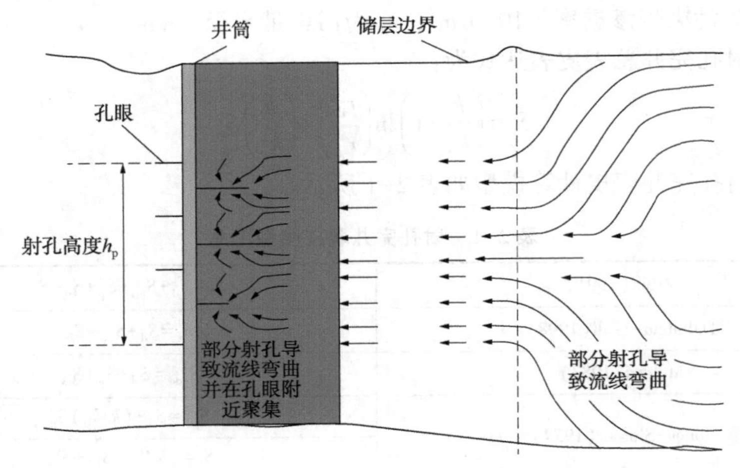

图 2-1　射孔完井储层流体流动模型

1. 地层多孔介质渗流模型

多孔介质渗流属于流体力学的一个分支，在石油工程领域，学者通常用达西公式来描述多孔介质渗流。达西公式是一种经验公式，用渗透率 k 来表示流体在多孔介质中运动的性质。从流体力学角度出发，多孔介质渗流与自由流不同之处在于，多孔介质渗流在动量方程中多了一个源项，这个源项用于描述流体与多孔介质之间的相互作用。多孔介质渗流质量守恒方程及动量守恒方程如下所示。

质量守恒方程：

$$\frac{\partial \rho}{\partial t}+\mathrm{div}(\rho \mu)=0 \tag{2-9}$$

式中，ρ 为流体密度，kg/m^3；t 为时间，s；div( )为散度符号；μ 为黏度，Pa · s。

动量守恒方程：

$$\frac{\partial(\rho u)}{\partial t}+\mathrm{div}(\rho u u)=\mathrm{div}(\mu \cdot \mathrm{grad} u)-\frac{\partial \rho}{\partial x}+S_x \tag{2-10}$$

$$\frac{\partial(\rho \nu)}{\partial t}+\mathrm{div}(\rho \nu u)=\mathrm{div}(\mu \cdot \mathrm{grad} \nu)-\frac{\partial \rho}{\partial y}+S_y \tag{2-11}$$

$$\frac{\partial(\rho w)}{\partial t}+\mathrm{div}(\rho w u)=\mathrm{div}(\mu\cdot\mathrm{grad}w)-\frac{\partial\rho}{\partial z}+S_z \tag{2-12}$$

式中，u、ν、w 分别为 x、y、z 三个方向速度，m/s；grad 为梯度符号；S 为源项。

多孔介质的作用通过在动量方程中增加源项来模拟，源项由黏性损失项和惯性损失项组成。

$$S_i=-\left(\sum_{j=1}^{3}D_{ij\mu\nu_j}+\sum_{j=1}^{3}C_{ij}\frac{1}{2}\rho|\nu|\nu_j\right) \tag{2-13}$$

式中，S_i 为 i 方向(x, y, z)动量源项；D 为流体黏性阻力系数；C 为流体惯性阻力系数。

在高速流动中，多孔介质动量源项中的常数 C 可以对惯性损失做出修正。如果流体流速较低，可令 $C=0$，忽略流体惯性损失，只考虑流体黏性阻力。在多孔介质渗流中惯性阻力往往忽略不计，通过变化黏滞阻力系数可模拟均质储层和非均质储层。

2. 射孔孔眼内渗流模型

射孔孔眼内的流体属于有孔眼几何形状约束的自由流，描述孔眼内流体流动的方程包括连续性方程及动量守恒方程，但自由流动量方程不需要考虑源项。由于孔眼直径往往较小，气井生产时容易在孔眼内形成紊流。由于紊流的复杂性，直接求解连续性方程及动量方程的难度加大。工程上常采用所谓时均方程加紊流模型的求解方法，即把紊流看作时间平均流动和脉动流动的叠加。这种方法将控制方程对时间作平均，并把脉动流动的影响用紊流模型表示。此时一般还要额外求解关于紊流模型的方程。常用的 $k-\varepsilon$ 两方程紊流模型如下所示。

紊动能 k 方程：

$$\frac{\partial(\rho k)}{\partial t}+\mathrm{div}(\rho k u)=\mathrm{div}\left[\left(\mu+\frac{\mu_i}{\sigma_k}\right)\mathrm{grad}k\right]-\rho\varepsilon+\mu_i P_{\mathrm{G}} \tag{2-14}$$

紊动能 ε 方程：

$$\frac{\partial(\rho\varepsilon)}{\partial t}+\mathrm{div}(\rho\varepsilon u)=\mathrm{div}\left[\left(\mu+\frac{\mu_i}{\sigma_\varepsilon}\right)\mathrm{grad}\varepsilon\right]-\rho C_2\frac{\varepsilon^2}{k}+\mu_i C_1\frac{\varepsilon}{k}P_{\mathrm{G}} \tag{2-15}$$

其中，

$$\mu_i=C_\mu\rho\frac{k^2}{\varepsilon} \tag{2-16}$$

以紊动能 ε 方程为例，

非稳态相：

$$\frac{\partial(\rho\varepsilon)}{\partial t} \tag{2-17}$$

对流项：

$$\mathrm{div}(\rho\varepsilon u) \tag{2-18}$$

扩散项：

$$\mathrm{div}\left[\left(\mu+\frac{\mu_i}{\sigma_\varepsilon}\right)\mathrm{grad}\varepsilon\right] \tag{2-19}$$

产生项：

$$\mu_i C_1 \frac{\varepsilon}{k} P_G \tag{2-20}$$

其中：

$$P_G=\frac{\partial u_i}{\partial x_j}\left(\frac{\partial u_i}{\partial x_j}+\frac{\partial u_j}{\partial x_i}\right) \tag{2-21}$$

消失项：

$$\rho C_2 \frac{\varepsilon^2}{k} \tag{2-22}$$

式中，ρ 为流体密度，kg/m^3；t 为时间，s；μ 为黏度，Pa·s；u 为 x 方向速度，m/s；grad 为梯度符号；div( )为散度符号；k 为紊流中单位质量流体脉动动能；ε 为紊动能的耗散率；μ_i 为紊流黏性系数。C 为流体惯性阻力系数，常用系数取值：$C_\mu=0.09$；$C_1=1.44$；$C_2=1.92$；$\sigma_k=1.0$；$\sigma_\varepsilon=1.3$。

式(2-9)~式(2-22)可组成射孔完井产能耦合预测数学模型，该模型具有较强的非线性，求解难度非常大。传统油藏数值模拟软件 Eclipse、CMG、VIP 等擅长模拟流体在多孔介质的渗流，却无法模拟多孔介质渗流与自由管流的耦合流动。主要原因在于多孔介质尺寸往往以千米为计量单位，射孔孔眼几何尺寸以毫米为计量单位；在模拟两种跨尺度介质时生成的网格是巨大的且求解不稳定。ANSYS-Fluent 软件与 COMOSL Multiphysics 流体模块提供了强大的多孔介质渗流-自由管流耦合求解器，可对多孔介质-孔眼耦合流动模型进行建模求解。

第 2 节　射孔参数对不同储层条件下压力场影响规律

一、射孔参数

用专用射孔弹射穿套管及水泥环，在岩体内产生孔道，建立地层与井筒之间的连通渠道，以促使储层流体进入井筒的工艺过程叫作射孔。固井结束之后，井筒与地层之间不仅隔着一层套管和水泥环，而且还有一部分受泥浆污染的近井地带。射孔的主要目的是穿透套管和水泥环，打开储层，建立地层与井筒之间的连通通道，使流体能够进入井筒，从而实现油气井的正常生产。

1. 穿深

穿深即射孔穿透深度，是指射孔孔道的长度。射孔穿透深度由射孔弹结构类型和弹药量决定。弹药量增加，穿透深度随之增加。油井的产能比随着射孔孔道深度的增加而增大，但增大趋势逐渐变缓，即当孔深增加到一定值时，产能比不会有太大的增加。

2. 孔径

孔径也叫射孔孔眼直径，是表示射孔孔道大小的重要参数。孔径的大小由射孔弹的结构类型和所装药量决定。相同弹药量时，深穿透型射孔弹的射孔孔径较小，而大孔径型射孔弹的射孔孔径较大。并且，射孔弹的弹药量越多，射孔孔径越大。

3. 孔密

孔密也叫射孔密度，是每米长度内所射孔眼的数量。一般情况下，要获得最大产能需要有较高的射孔密度，但不能无限制地增加密度，应考虑以下几种因素：孔密太大容易造成套管损害；孔密太大成本较高；孔密过大会使将来的作业复杂化。

4. 相位角

相邻两个射孔弹之间的夹角叫作相位角。射孔相位角的选择不仅对完井工艺方法和产能有影响，而且对套管射孔后的强度也有影响。射孔相位角为135°/45°时，套管强度保持在较高的比值范围内，可达原套管强度的80%以上，这对油气井的生产寿命有重要影响。

二、储层条件

1. 岩性参数

岩性参数是指储层岩性解释时所采用的各种矿物、岩屑及胶结物等的电测响应值，即骨架值的选取。储层的岩性参数包括粒度中值、泥质含量、泥夹粉砂含量，它们是划分储层有效厚度、判断沉积相带、古水流向及控制储层物性含油性的重要参数。

其中，储层厚度是表征储层的最基本参数，是根据储层厚度下限标准扣除了致密层(非储层)部分的、能够储集流体的厚度。储层厚度越大，分布越广泛，在平面上的连续性越好，就越有利于油气的储存。

2. 物性参数

储层的物性参数包括岩石弹性参数、岩石密度、孔隙度、渗透率、孔喉半径、泥质含量、含流体饱和度等。

孔隙度和渗透率是反映岩石存储流体和渗滤流体能力的重要参数，岩石孔隙性的好坏直接决定岩层储存油气的数量，而渗透性的好坏则控制了储集层内所含油气的产能，孔隙度越大，渗透率越高，储层的储集和渗流的能力便越好。

孔隙度是度量岩石储集能力大小的参数。孔隙度越大，单位体积岩石所能容纳的流体越多，岩石的储集性能越好。一般情况下，砂岩的孔隙度在 10%～40%，碳酸盐岩的孔隙度在 5%～25%，页岩的孔隙度在 20%～45%。

渗透率是流体通过多孔介质能力的量度，它不仅是多孔介质的重要参数，也是油层储集的一个重要评价指标，油藏工程师一直将其用于评价中高渗油层的渗流能力。渗透率一般通过达西试验进行测定，得到的渗透率仅与岩石自身的性质有关，而与所通过的流体性质无关，此时的渗透率称为岩石的绝对渗透率。渗透率是一个张量，一般是各向异性的。当水平方向上的渗透率差异不大时，可以认为该方向上的渗透率是各向同性的。

砂岩储层的孔隙度一般为 5%～25%，碳酸盐岩基质的孔隙度一般小于 5%。一般可认为，孔隙度小于 5%的砂岩储层没有开采价值。根据油层物理学以及完井工程调研，碎屑岩和碳酸盐岩储层可按孔隙度大小划分五个等级，如表 2-2 所示。

表 2-2　储层孔隙度分级

储层等级	名称	孔隙度（%）	
		碎屑岩	碳酸盐岩
Ⅰ	特高孔特高渗	>30	15～20
Ⅱ	高孔高渗	25～30	10～14
Ⅲ	中孔中渗	15～24	5～9
Ⅳ	低孔低渗	10～14	1～4
Ⅴ	特低孔特低渗	<10	0～0.9

参考最新行业标准：SY/T 6169—2021《油藏分类》，按渗透率大小将储层分为五级，如表 2-3 所示。

表 2-3　储层渗透率分级

储层等级	渗透率（$10^{-3}\mu m^2$）	储集评价
Ⅰ	>500	高渗透
Ⅱ	50～500	中渗透
Ⅲ	10～50	一般低渗透
Ⅳ	1～10	特低渗透
Ⅴ	0.1～1	超低渗透

3. 非均质性参数

储层非均质性是指各类岩石物理属性在空间上分布的差异性以及由此产生的各向异性。储层非均质是绝对的，均质是相对的，尺度的转换可以让岩石属性特征在非均质和均质之间变化。如在一个测量单元内，测量本单元某种属性(如孔隙度)的平均值时，可认为其是相对均质的，但从该测量尺度扩大(或缩小)至另一尺度，再度测量同种属性的平均值时，其性质就可能发生了变化，这就是非均质性的表现。在储层范围内，非均质性尺度的表现与地质因素密切相关，当各类地质因素在不同尺度间发生变化时，相应产生的储层非均质性就表现出不同的特征类型和空间分布范围。因此，储层非均质性尺度与类型之间具有一定的对应关系，在开展储层非均质性的描述、表征研究时，划分合理的储层非均质性层次分类方案将具有重要的指导意义。

储层非均质性评价通常指通过统计储层各类参数分布的波动剧烈程度来评价储层非均质性程度，本质上是基于一定数学运算的参数统计、数据集结及数值区间划分。表达单一的储层属性参数非均质性程度的评价指标能够将某一种非均质性参数的分布统计出来并计算其离散程度。

渗透率是最能反映储层物性特征的参数。通常选用渗透率变异系数、渗透率突进系数、渗透率级差系数作为非均质程度的表征参数。

渗透率变异系数：

$$V_k=\frac{\sqrt{\frac{\sum(K_i-\overline{K})^2}{N}}}{\overline{K}} \tag{2-23}$$

渗透率突进系数：

$$T_k=K_{\max}/\overline{K} \tag{2-24}$$

渗透率级差系数：

$$J_k=K_{\max}/K_{\min} \tag{2-25}$$

式中，K_i 为储层某块样品的渗透率值；$\overline{K}$ 为储层所有样品的渗透率平均值；N 为储层渗透率样品个数；$K_{\min}$ 为储层所有样品的渗透率最小值，一般以渗透率最低的相对均质层段的渗透率值表示；$K_{\max}$ 为储层所有样品的渗透率最大值，一般以渗透率最高的相对均质层段的渗透率值表示。

渗透率的变异系数、突进系数和级差系数越大，渗透率的非均质性越强。根据这些参数，可将储层内非均质程度分为三级，即弱非均质性、中等非均质性和强非均质性，如表 2-4 所示。

表 2-4　储层非均质性评价标准

评价参数		渗透率变异系数(V_k)	渗透率突进系数(T_k)	渗透率级差系数(J_k)
计算公式		$V_k=\dfrac{\sqrt{\dfrac{\sum(K_i-\overline{K})^2}{N}}}{\overline{K}}$	$T_k=K_{max}/\overline{K}$	$J_k=K_{max}/K_{min}$
非均质程度	弱非均质性	<0.5	<2	<10
	中等非均质性	0.5~0.7	2~3	10~50
	强非均质性	>0.7	>3	>50

一般来说，当渗透率变异系数 $V_k<0.5$ 时，表示非均质性弱；当 V_k 为 0.5~0.7 时，表示非均质性中等；当 $V_k>0.7$ 时，表示非均质性强。当渗透率突进系数 $T_k<2$ 时，表示非均质性弱；当 T_k 为 2~3 时，表示非均质性中等；当 $T_k>3$ 时，表示非均质性强。渗透率级差系数越大，非均质性越强。反之，级差系数越小，非均质性越弱。当 $J_k<10$ 时，表示非均质性弱；当 J_k 为 10~50 时，表示非均质性中等；当 $J_k>50$ 时，表示非均质性强。

然而，利用上述指标对不同的储层开展储层非均质性评价时，得到的各参数评价结果之间常出现矛盾，如孔隙度变异系数不大，而渗透率变异系数却很大，说明储层孔隙度的非均质性相对较弱，而储层渗透率的非均质性则较强。因此，针对非均质性比较复杂的储层，综合储层多个属性参数，使用灰色加权、模糊数学、波叠加、熵权等综合评价方法，通过构建综合评价指数以规避单一参数评价储层非均质性时的缺陷。

4. *天然裂缝参数*

储层天然裂缝参数主要包括裂缝长度、裂缝宽度、裂缝倾角、裂缝密度以及裂缝开度等，应用这些参数可以计算天然裂缝的孔隙度和渗透率。因此，储层天然裂缝参数可以用储层天然裂缝孔隙度和渗透率来表征。

裂缝倾角根据角度可以划分为直立缝(倾角>80°)、高角度裂缝(60°<倾角≤80°)、中角度裂缝(30°<倾角≤60°)、低角度裂缝(10°≤倾角≤30°)和水平裂缝(倾角<10°)。

裂缝密度反映储层裂缝的发育程度，通常可以按照裂缝的空间几何关系进行校正以后用线密度表示，比常规统计单位岩心上裂缝的条数要准确。

裂缝开度是目前储层裂缝研究中的一项关键参数。对油气渗透起作用的是裂缝在地层围压条件下的开度，它比岩心减压膨胀以后直接实测的开度和裂缝中经多次脉冲式充填的矿脉宽度小许多，因此，岩心上实测的裂缝开度和裂缝充填矿脉宽度不能代表其地下真实开度，必须恢复至地下围压状态。根据高温高压三轴岩石试验，裂缝开度与静封闭压力有关，随着裂缝面所受到的静封闭压力增大，裂缝开度呈负指数函数递减。

根据华庆油田元 284 区块致密油储层天然裂缝定量表征及综合评价，如表 2-5、表 2-6 所示，对裂缝进行了更为细致系统科学的分类。通常用复合命名的方式表达裂缝的形成方式、产状等，使用不同的分类方法具有不同的意义。如果想分析裂缝的形成机理以及应力场分析，就使用裂缝的力学成因分类方法。如果想了解裂缝形成的地质条件，就使用裂缝的地质成因分类方法。如果想了解裂缝的不同尺度对致密储层的贡献及所起的作用，就使用裂缝的规模分类方法。每种方法的使用都为裂缝研究带来不同的意义，综合使用才能更加全面地了解事物的真实情况。

表 2-5　储层天然裂缝分类方案

分类依据	几何学形态	规模		地质成因	力学成因	复合命名
裂缝类型	直立缝>80°	宏观裂缝		构造裂缝	剪切裂缝	高角度构造剪切裂缝
	高角度裂缝 60°～80°	微观裂缝	粒内缝 长度<10mm，开度<10μm		扩张裂缝	中角度构造剪切裂缝
	中角度裂缝 30°～60°		粒缘缝 长度<20mm，开度<10μm		拉张裂缝	低角度构造剪切裂缝
	低角度裂缝 10°～30°		穿粒缝 长度<50mm，开度<50μm	成岩裂缝	—	—
	水平裂缝 <10°	—		异常高压相关裂缝	—	—

表 2-6　天然裂缝综合评价

分级	Ⅰ	Ⅱ	Ⅲ	Ⅳ
宏观裂缝密度(条/m)	≥3	1～3	0.2～1	<0.2
微观裂缝密度(cm/cm^2)	≥0.5	0.3～0.5	0.1～0.3	<0.1
裂缝渗透率($10^{-3}\mu m^2$)	≥100	50～100	10～50	<10
预测线密度(条/m)	≥3	1～3	0.2～1	<0.2
综合评价	十分发育	较发育	中等发育	不发育

天然裂缝孔隙度和渗透率计算方法如下：

（1）计算样本上裂缝孔隙度的公式可表示为：

$$\varphi_f = \left(\frac{1}{A_s}\right) \sum_{i=1}^{n} L_i \cdot B_i \tag{2-26}$$

式中，L_i为裂缝长度；B_i为裂缝开度；A_s为样本面积。

在描绘裂缝开度、长度的频率分布后，可以用以下公式计算裂缝渗透率：

$$K_{f_0}=C\cdot\frac{1}{A_s}\cdot\sum_{i=1}^{n}B_i^3\cdot L_i \tag{2-27}$$

式中，B_i为裂缝开度；L_i为裂缝长度；A_s为样本面积；C为比例系数。C的取值如表2-7所示。

表2-7　系数C的取值

裂缝系统	系数C取值	裂缝系统	系数C取值
单组平行的裂缝系统	3.42×10^6	随机分布的裂缝系统	1.71×10^6
两组相互垂直的裂缝系统	1.71×10^6		

（2）裂缝的密度n：裂缝密度等于渗滤面内裂缝的总长度与渗滤面积的比。

$$n=\frac{L}{A} \tag{2-28}$$

$$\varphi_f=\frac{Lb}{A}=n\times b \tag{2-29}$$

$$K_f=8.33\times10^6b^2\varphi_f \tag{2-30}$$

式中，L为裂缝总长度，mm；b为裂缝宽度，mm；A为渗滤面积，mm^2；n为裂缝密度；K_f为裂缝渗透率，μm^2。

（3）薄片裂缝孔渗估测

微观裂缝孔隙度及渗透率可采用薄片面积法在镜下进行计算和统计，其计算公式为：

$$\Phi_f=\text{微裂缝面积/薄片面积}=(b_i\times L_i)/S \tag{2-31}$$

$$K_f=85\times b_i\times\Phi_f \tag{2-32}$$

式中，b_i为微裂缝宽度，μm；L_i为微裂缝长度，μm；Φ_f为微裂缝孔隙度；K_f为微裂缝渗透率，$10^{-3}\mu m^2$；薄片面积$S=2.4\times3.2cm^2$。

三、压力场的影响

常规射孔完井模型包括井筒、套管和水泥环、井周围污染地层及未被污染地层，砾石充填射孔完井模型增加了砾石充填区域。模型为稳态渗流、层流模型。模型尺寸为：储层半径3160mm、储层厚度1000mm、套管直径9⅝in（1in＝2.54cm），水泥环厚度56.66mm、污染半径260mm、储层渗透率$100\times10^{-3}\mu m^2$、孔隙度15%、污染带渗透率$74\times10^{-3}\mu m^2$、未被污染地层黏性阻力系数1×10^{13}、砾石充填阻力系数1×10^{10}。

各向异性储层射孔完井，考虑储层平面渗透率各向异性，并定义x方向渗透

率与 y 方向渗透率之比为储层各向异性系数，设置储层各向异性系数原始数值为5。裂缝性储层射孔完井，考虑储层中存在两组正交裂缝。x 方向天然裂缝密度为4条/m、每条裂缝开度为100μm，y 方向天然裂缝密度为4条/m、每条裂缝开度为10μm。

设定地层外边界为定压边界、内边界在井口为定压边界，内外边界压差10MPa。模拟不同射孔参数对储层压力场的影响，假设其他参数数值恒定，只改变一个参数大小，分析参数变化对储层压力场的影响。射孔基础参数如下：孔深：400mm；孔径：12mm；孔密：30孔/m；相位角：90°。

1. 孔深对储层压力场的影响规律

在模拟射孔完井中，当射孔深度分别为200mm、400mm、600mm、1000mm时，各储层压力场变化如图2-2所示。

不同储层条件下，随着射孔深度的增加，近井区域压力场均呈“十”字形向外扩展(由于射孔相位为90°)，但远井区域压力场变化规律不同。均质储层中，由于初始射孔相位为90°，且 $K_x = K_y$ 时，压力向四周传播速度相等，故均质储层远井区域压力场呈圆形向外扩展，如图2-2(a)所示；各向异性储层[图2-2(b)]和裂缝性储层[图2-2(c)]中，远井区域压力场呈椭圆形向外扩展，且椭圆的长轴与平面渗透率较高的方向平行，这是因为各向异性储层和裂缝性储层中 $K_x \neq K_y$，储层压力沿渗透率较高的方向(x 轴)传播较快，导致 x 轴方向低压区面积较大。

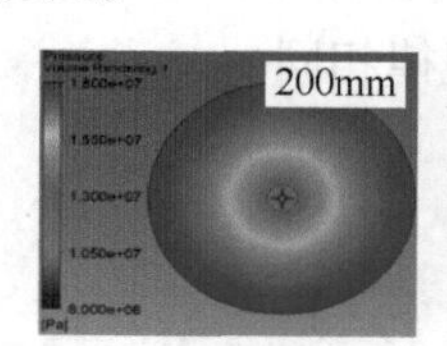

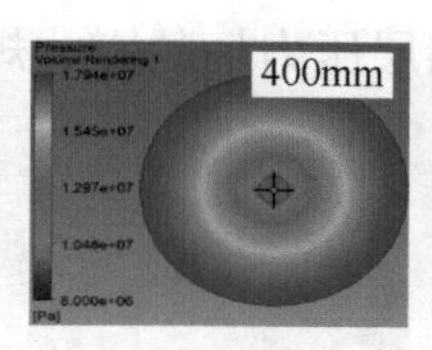

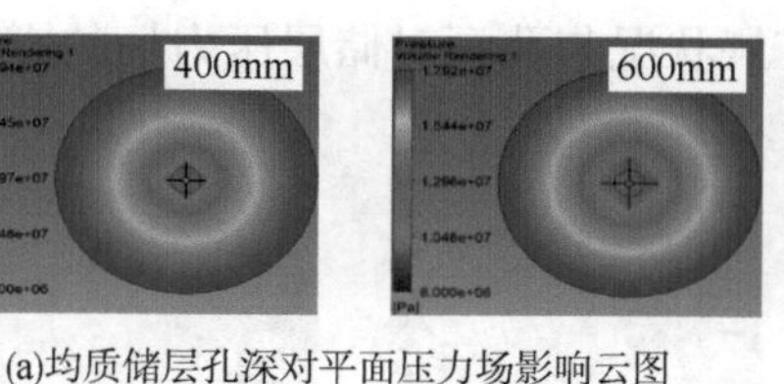

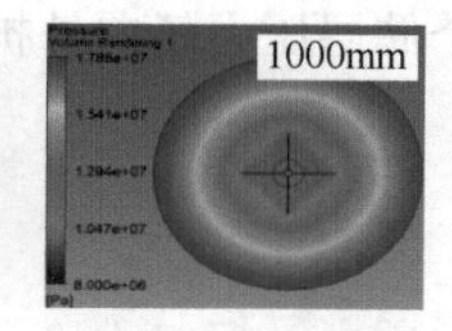

(a)均质储层孔深对平面压力场影响云图

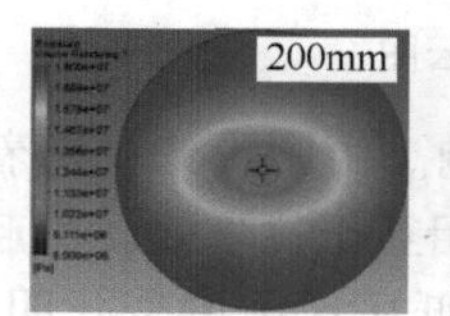

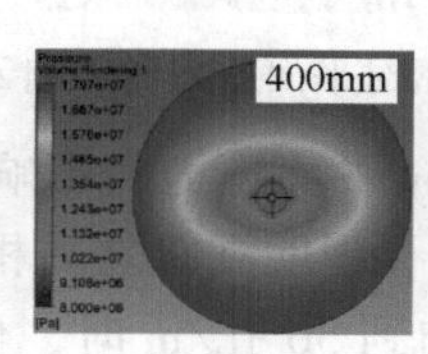

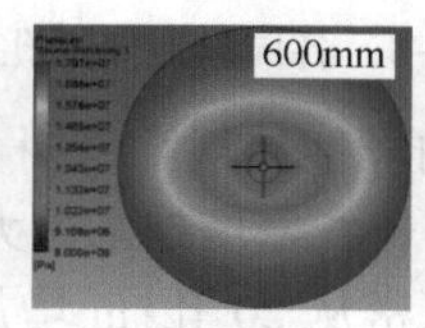

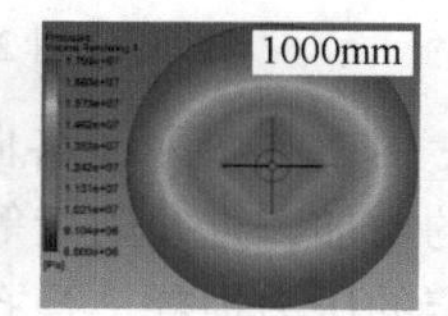

(b)各向异性储层孔深对平面压力场影响云图

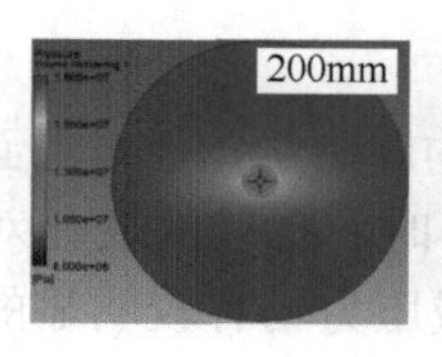

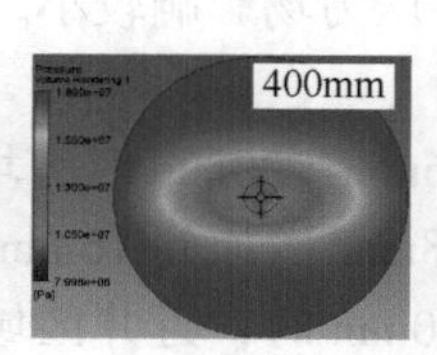

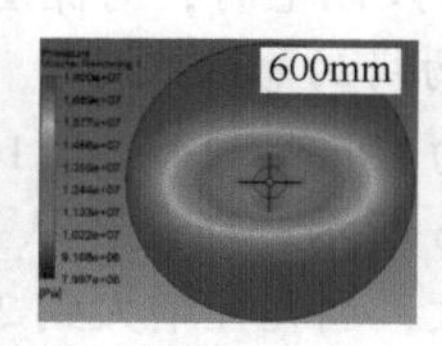

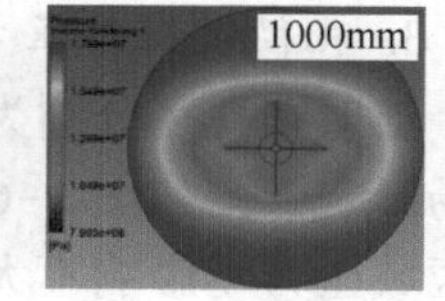

(c)裂缝性储层孔深对平面压力场影响云图

图2-2 储层孔深对平面压力场影响云图

射孔深度对压力场云图影响非常显著，随着射孔深度的增加，井筒附近低压区增大；在各个储层平面压力云图中都能观察到该现象，以图 2-3 均质储层为例。

图 2-3 是均质储层射孔深度对储层压力影响云图。由图可知，储层压力等值线在近井附近最为密集，说明近井附近整体压降幅度较大。随着射孔深度的增加，油井与储层的接触面积增大，井筒附近流体的流动能力提高，使得井筒附近低压区增大，但由于等值线分布同时变得均匀，说明随着孔深的增加，近井附近压降幅度变缓。各个储层表现出同样的规律。随着孔深的增加，极大改善了近井附近等值线分布，降低了近井附近压降。

图 2-3　均质储层射孔深度对储层压力影响云图

2. 孔密对储层压力场的影响规律

射孔孔密分别为 20 孔/m、30 孔/m、40 孔/m、50 孔/m 时，孔密的变化对储层压力场影响较小。各向异性储层孔密对平面压力场影响云图如图 2-4 所示，各个储层压力场向外扩展状况与孔深对储层压力场的影响规律相同。

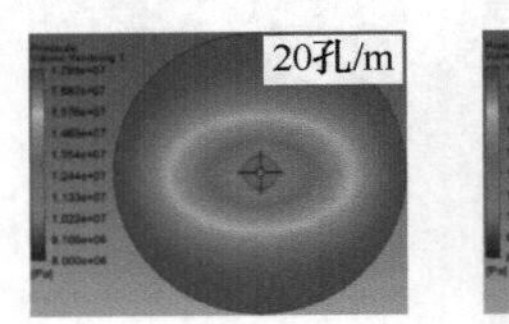

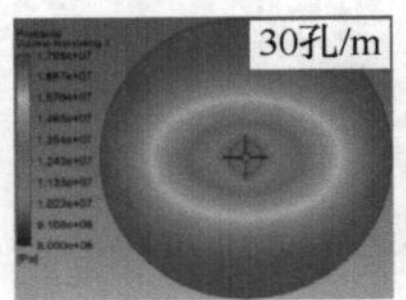

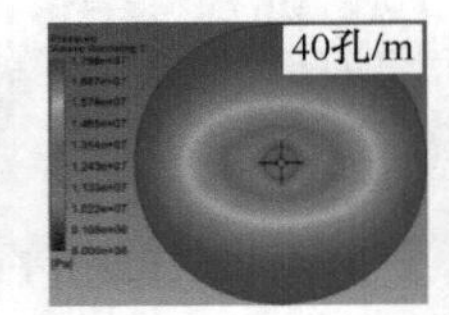

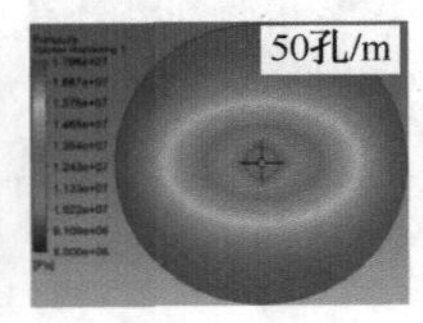

图 2-4　各向异性储层孔密对平面压力场影响云图

图 2-5 展示了各向异性储层孔密对 xy 平面压力的影响。由图可知，随着孔密的增加，近井附近等值线密度越来越大，说明孔眼之间相互干扰增强，引起了一定的压力损耗。当孔密从 20 孔/m 增加到 30 孔/m 时，低压区范围变化明显；当孔密增加到 40 孔/m 及以上时，对储层压力场影响较小。

3. 孔径对储层压力场的影响规律

当射孔孔径分别为 10mm、14mm、16mm、20mm 时，均质储层孔径对平面压力场影响云图如图 2-6 所示，当孔径从 8mm 增加到 16mm 时，孔径的变化对近井区域压力场影响不大，当孔径增大到 20mm 时，近井区域压力场有较明显的变化。整体而言，各个储层中，孔径变化对压力场影响较小。各个储层压力场向外扩展状况与孔深对储层压力场的影响规律相同。

图 2-5 各向异性储层孔密对 xy 平面压力影响云图

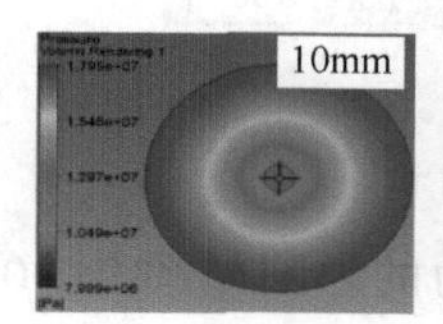

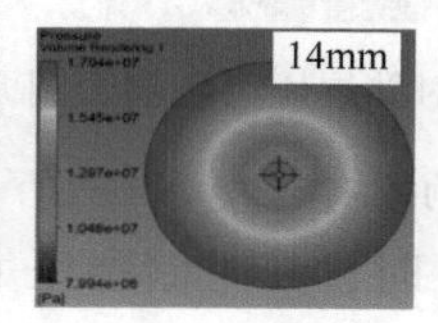

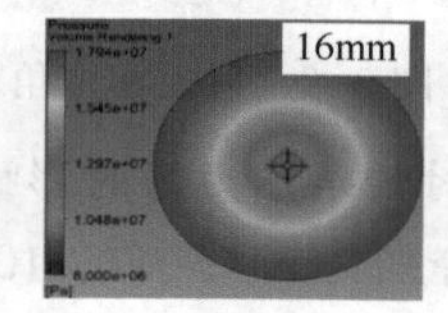

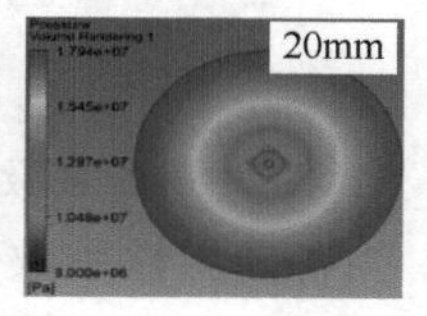

图 2-6 均质储层孔径对平面压力场影响云图

图 2-7 展示了均质储层孔径对 xy 平面压力的影响。由图可知，随着孔径的增加，近井附近等值线密度变化较小。说明随着孔径的增加，近井附近压降变化微小。

图 2-7 均质储层孔径对 xy 平面压力影响云图

4. 相位角对储层压力场的影响规律

当射孔相位角分别为 60°、90°、120°、180°时，各向异性储层相位角对平面压力场影响云图如图 2-8 所示。相位角的变化对储层压力场影响较大，相位角的形状直接影响了近井区域低压区的形状。各个储层压力场向外扩展状况与孔深对储层压力场的影响规律相同，如图 2-8 所示。

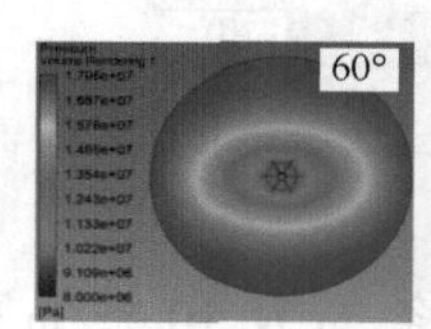

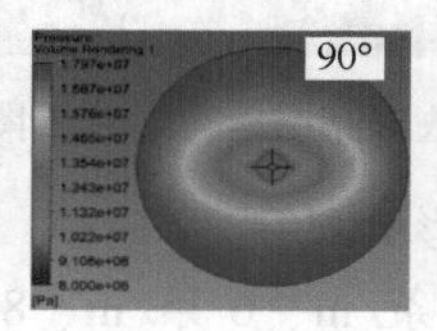

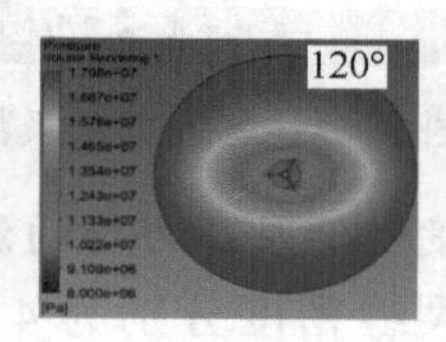

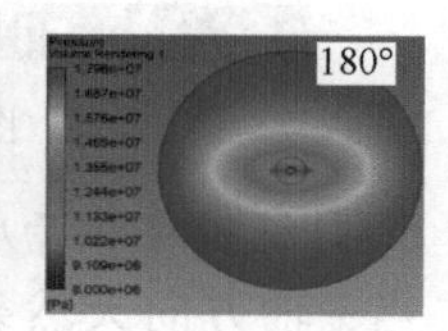

图 2-8 各向异性储层相位角对平面压力场影响云图

图 2-9 是射孔相位角对储层压力影响云图。由图可知，相位角为 180°时，等值线在井筒附近变化最为强烈，等值线最为密集，说明此时井筒附近压降最

大。180°相位角井筒附近的低压区与一条裂缝形成的低压区相似。

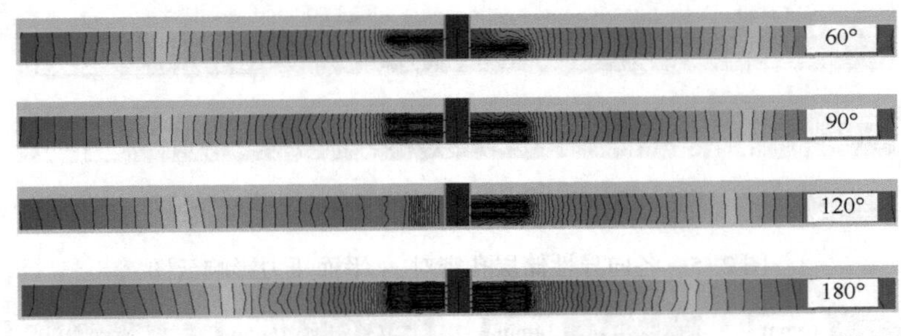

图 2-9　射孔相位角对储层压力影响云图

5. 各向异性系数对储层压力场的影响规律

当各向异性系数分别为 3、5、7、10 时，其对储层压力的影响如图 2-10 所示。受平面各向异性的影响，储层压力沿渗透率较高的方向(x 轴)传播较快；导致 x 轴方向低压区面积较大，储层低压区整体呈椭圆形分布。各向异性系数对储层渗流场压力影响较大，各向异性系数越高，椭圆形长轴与短轴之比也就越大。

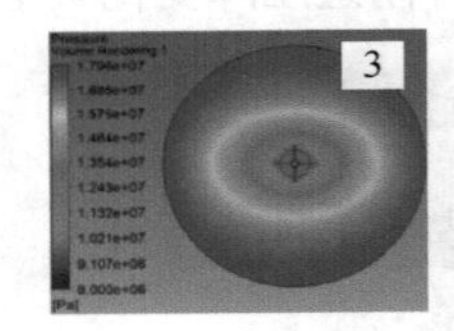

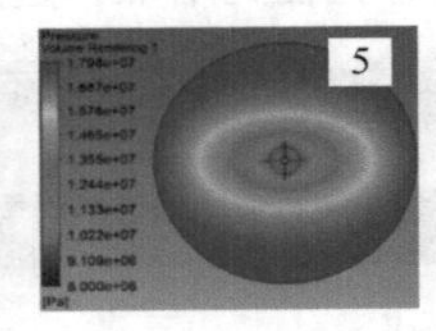

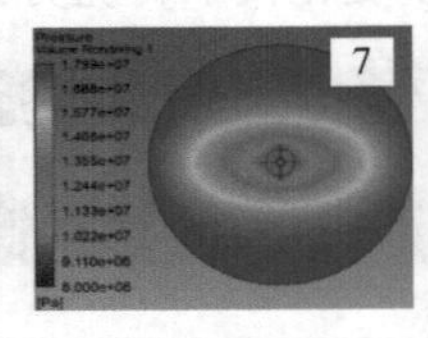

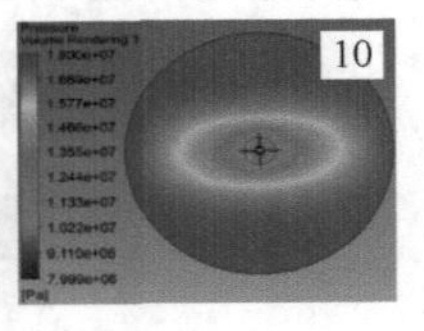

图 2-10　各向异性系数对平面压力场影响云图

由图 2-11 可知，各向异性系数越高，等值线在井筒附近的变化越强烈；井筒附近压力变化较大。

图 2-11　各向异性系数对储层压力影响云图

6. 裂缝密度和开度对储层压力场的影响规律

当 x 轴方向天然裂缝密度分别为 4 条/m、6 条/m、8 条/m 及 10 条/m 时，储层压力场变化如图 2-12 所示。由于 x 轴方向天然裂缝开度较大，储层压力沿该方向(x 轴)传播较快；导致 x 轴方向低压区面积较大，储层压力场呈椭圆形分布。随着 x 轴方向裂缝密度增大，椭圆形压力场的长轴与短轴之比越来越大。

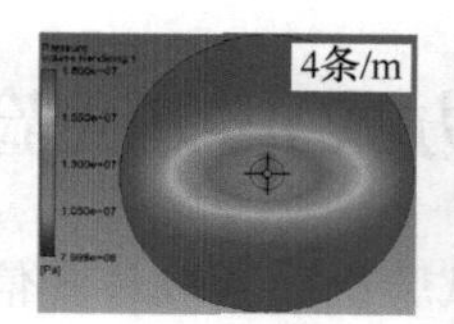

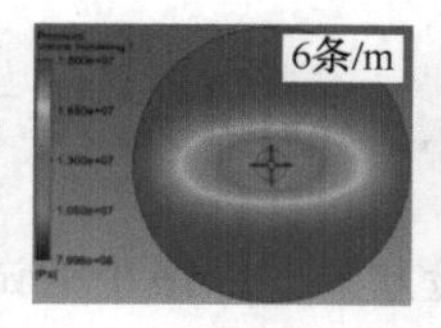

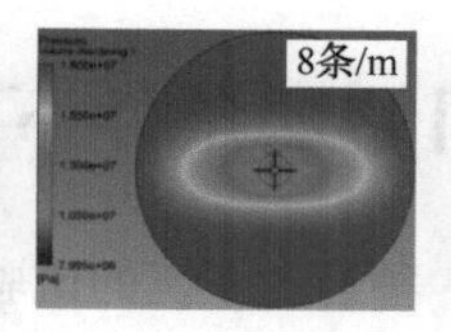

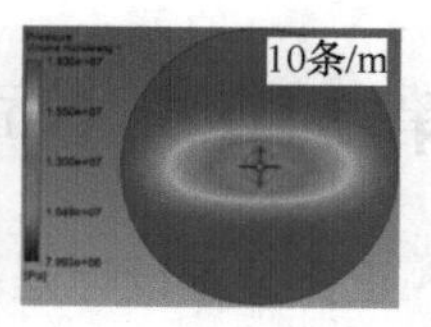

图 2-12　天然裂缝密度对平面压力场影响云图

由图 2-13 可知，随着天然裂缝密度的增加，等值线的变化差异较小，井筒附近等值线非常密集，说明井筒附近压降较大。

图 2-13　天然裂缝密度对储层压力影响云图

当 x 轴方向天然裂缝开度分别为 40μm、60μm、80μm、100μm 时，储层压力场变化如图 2-14 所示。由图可知，随着 x 轴方向天然裂缝开度增加，储层压力场呈椭圆形分布越发明显。主要原因是随着 x 轴方向天然裂缝开度的增加，x 轴方向渗透率增大，其压力传播较快。

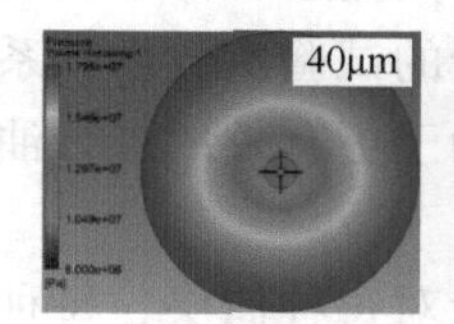

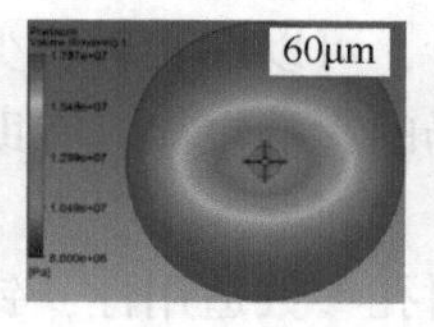

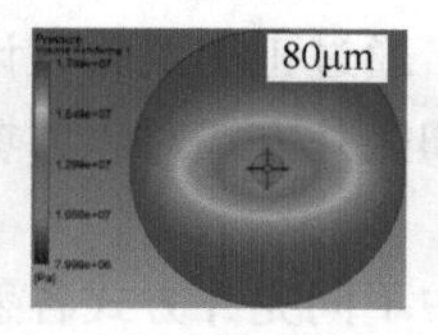

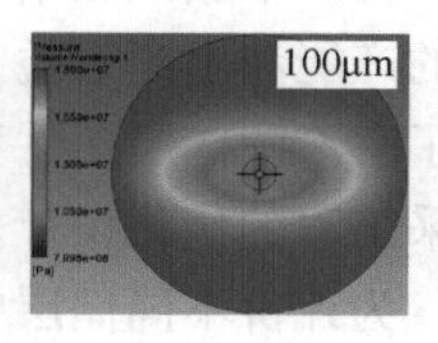

图 2-14　天然裂缝开度对平面压力场影响云图

由图 2-15 可知，随着裂缝开度增大，井筒附近等值线越发密集，说明井筒附近压降较大。

图 2-15　天然裂缝开度对储层压力影响云图

第3节　不同储层条件下、不同完井方式正交试验

正交试验设计是一种通过系统的试验方案，以最小的试验次数获取最多信息的统计方法。在研究不同储层条件下、不同完井方式的影响时，正交试验设计可以帮助优化试验计划，减少试验次数，同时考虑多个因素的相互作用。

以下是进行不同储层条件、不同完井方式正交试验时的一般步骤：

（1）确定影响研究的关键因素，如储层类型、孔隙度、渗透率、射孔密度、射孔长度、射孔方向等。这些因素可能因不同储层条件和完井方式而有所变化。

（2）使用正交试验设计原理，建立一个试验设计矩阵，其中包括不同储层条件和完井方式的各种组合。正交试验设计的特点是可以通过最小次数的试验获得对各个因素的充分了解，为每个因素确定合适的试验水平。例如，对于储层类型，试验水平可以包括砂岩、页岩等；对于射孔密度，试验水平可以设为低、中、高等。

（3）根据正交试验设计矩阵，进行一系列试验，包括不同储层条件和完井方式的组合。在每个试验中，记录相关的观测数据，如压力场分布、产能等。

（4）通过对试验数据进行分析，了解不同因素和交互作用对压力场的影响。正交试验设计允许从有限的试验数据中获取足够的信息，以推断各个因素的主效应和交互效应。

（5）根据试验结果，制定优化的射孔完井方案，以在不同储层条件下实现更好的产能和生产效益。通过正交试验设计，可以在相对较少的试验次数内，系统地了解不同储层条件和完井方式对压力场的影响规律，有助于更有效地进行油气开采工程的优化设计。

为评价不同储层中不同完井方式各射孔参数适用性，针对每种储层、每种完井方式设计了多组正交试验。依据正交试验设计原理设计所需正交试验方案，均质储层、各向异性储层、裂缝性储层中影响常规射孔完井产能的因素为：孔深、孔密、孔径、污染带深度、污染带污染程度及相位角；砾石充填射孔完井中还包括砾石充填区渗透率。不同储层条件下影响产能的因素如表2-8所示。每个因素有7个数据点，不同完井方式共有98组试验，其中，均质储层常规射孔完井49组正交试验、均质储层砾石充填射孔完井49组试验。基于正交试验方案，进行射孔后流体仿真模拟研究。基于此，定量计算井口流量，然后通过式(2-33)计算得到油井的产能比。

$$PRI=\frac{\ln(r_e/r_w)}{\ln(r_e/r_w)+S} \tag{2-33}$$

式中，PRI 为油井产能比；r_e 为渗流半径；r_w 为井筒半径；S 为表皮系数。

表 2-8 模拟试验数据汇总

射孔方式	参数	敏感性分析参数取值
常规射孔	孔深(mm)	300、500、700、900、1100、1400、1600
	孔密(孔/m)	20、28、30、36、40、52、60
	孔径(mm)	6、8、10、12、14、16、20
	污染带深度(mm)	50、120、190、260、330、400、500
	污染带污染程度	0.1、0.26、0.42、0.58、0.74、0.9、1
	相位角(°)	0、45、60、90、120、135、180
	储层各向异性系数	0.1、0.26、0.42、0.58、0.74、0.9、1
	裂缝开度(μm)	10、35、60、85、110、135、160
	裂缝密度(条/m)	1、3、5、7、9、11、13
砾石充填射孔	砾石充填渗透率(μm²)	100、111.1111、125、142.8571、166.6667、200、300.03

第4节 不同储层条件下各参数适用性

评价不同储层条件下各参数的适用性是为了确定在不同地质环境中哪些参数更具有指导意义，以便在采油过程中做出更合理的决策。以下是一个详细的流程，用于评价不同储层条件下各参数的适用性：

（1）明确评价的目标。关注增加产能、提高采收率、降低开采成本。目标的明确定义有助于选择合适的评价指标。确定对于所研究问题最为关键的储层条件，例如，孔隙度、渗透率、岩石力学性质等。这些条件在不同的储层中可能会有很大的变化。从研究的储层条件中选择可能影响油气开采效果的关键因素。这可能包括储层孔隙度、渗透率、裂缝密度等。对于每个选定的因素，确定一定的参数范围。这有助于模拟不同储层条件下的变化情况。例如，孔隙度的参数范围可以包括低孔隙度、中孔隙度和高孔隙度。

（2）利用数值模拟工具或试验室试验等方法，建立一个模型来模拟不同储层条件下的油气开采过程。确保模型包括关键的物理和化学过程，以及要评估的各个参数。利用上述模型，设计试验来模拟不同储层条件下各参数的效果。这可能涉及在模型中调整每个参数，观察其对产能、采收率等指标的影响。

（3）进行试验，记录关键参数在不同取值下的实际效果。这可能涉及油井生产数据、地层压力数据等。

（4）对收集到的数据进行分析，评估每个参数在不同储层条件下的适用性。确定哪些参数对于不同的储层条件更为敏感，哪些参数的变化对采收率和产能有更为显著的影响。

（5）根据数据分析的结果，制定关于各参数适用性的结论。确定在不同储层条件下，哪些参数对于指导油气开采更为重要。

（6）基于结论，提出在实际采油过程中的建议。这可能包括在特定储层条件下优先考虑某些参数，或者建议在不同储层条件下采用不同的开采策略。通过这样的评价流程，可以更全面地了解不同储层条件下各参数的适用性，为油气开采决策提供科学依据。

通过上述数值模拟计算可得到不同工况下油井的产能比，以产能比最大为目标，利用灰色关联分析方法定量计算各因素与油井产能比之间的关联度，并给出各射孔参数的权重因子。关联度(0~1)越大，说明该因素的变化对油井产能影响越大。

一、灰色关联理论

灰色关联分析方法包括：确定参考序列和比较序列；作原始数据变换；求绝对差序列；计算关联系数；求关联度；排关联序；列关联矩阵进行优势分析。

将井口流量作为参考序列(母序列)x_0，将各射孔完井参数作为比较序列(子序列)x_i，分析参考序列和比较序列之间的关联度$r(x_0, x_i)$。

设$X=\{x_0, x_1, x_2, \cdots, x_m\}$为灰色关联因子集，$x_0$为参考序列，$x_i$为比较序列，$x_0(k)$，$x_i(k)$分别为$x_0$与$x_i$的第$k$个点的数，即：

$$
\begin{aligned}
x_0&=[x_0(1), x_0(2), \cdots, x_0(k), \cdots, x_0(n)],\\
x_1&=[x_1(1), x_1(2), \cdots, x_1(k), \cdots, x_1(n)],\\
x_2&=[x_2(1), x_2(2), \cdots, x_2(k), \cdots, x_2(n)],\\
&\vdots\\
x_m&=[x_m(1), x_m(2), \cdots, x_m(k), \cdots, x_m(n)]
\end{aligned}
\tag{2-34}
$$

n为各序列的长度，即数据个数，这m个序列代表m个因素(变量)，称映射。

$$
\begin{aligned}
&f: x_i \rightarrow y_i,\\
&f[x_i(k)]=y_i(k)
\end{aligned}
\tag{2-35}
$$

绝对差计算公式为：

$$\Delta_{0i}(k)=|x_0(k)-x_i(k)| \tag{2-36}$$

绝对差序列表示为：

$$
\begin{aligned}
\Delta_{01}&=[\Delta_{01}(1), \Delta_{01}(2), \cdots, \Delta_{01}(k), \cdots, \Delta_{01}(n)],\\
\Delta_{02}&=[\Delta_{02}(1), \Delta_{02}(2), \cdots, \Delta_{02}(k), \cdots, \Delta_{02}(n)],\\
\Delta_{03}&=[\Delta_{03}(1), \Delta_{03}(2), \cdots, \Delta_{03}(k), \cdots, \Delta_{03}(n)],\\
&\vdots\\
\Delta_{0m}&=[\Delta_{0m}(1), \Delta_{0m}(2), \cdots, \Delta_{0m}(k), \cdots, \Delta_{0m}(n)]
\end{aligned}
\tag{2-37}
$$

两极最大差：

$$\Delta_{max}=\max_i\max_k\Delta_{0i}(k) \tag{2-38}$$

两极最小差：

$$\Delta_{min}=\min_i\min_k\Delta_{0i}(k) \tag{2-39}$$

参考序列和比较序列在第 k 个点关联系数的计算公式为：

$$r[x_0(k),\ x_i(k)]=\frac{\Delta_{min}+\rho\Delta_{max}}{\Delta_{0i}(k)+\rho\Delta_{max}} \tag{2-40}$$

式中，$r[x_0(k),\ x_i(k)]$为第 k 个点的关联系数；ρ 为分辨系数，通常取0.5。

两序列的关联度以两比较序列各个时刻的关联系数之平均值计算，即：

$$r_{0i}(x_0,\ x_i)=\sum_{k=1}^{n}\omega_k r[x_0(k),\ x_i(k)] \tag{2-41}$$

式中，$r_{0i}(x_0,\ x_i)$为比较序列 x_i 与参考序列 x_0 的关联度；n 为比较序列的长度（数据个数）；ω_k 为 k 点权重，通常取 $\omega_k=\frac{1}{n}$。所以有：

$$r_{0i}(x_0,\ x_i)=\frac{1}{n}\sum_{k=1}^{n}r[x_0(k),\ x_i(k)] \tag{2-42}$$

二、不同储层、不同射孔方式下灰色关联

应用灰色关联分析方法算得均质储层、各向异性储层和裂缝性储层常规射孔完井和砾石充填射孔完井各影响因素，对井口流量关联度大小由高到低排序如表2-9所示。由分析可知，在均质储层中，常规射孔完井时应尽量增加孔深；砾石充填射孔完井时应尽量增加孔径和孔密。在各向异性储层中，常规射孔完井时应尽量增加孔深；砾石充填射孔完井时应尽量增加孔径和孔密。在裂缝性储层中，常规射孔完井和砾石充填射孔完井时，应尽可能通过深穿透沟通天然裂缝。

表2-9　灰色关联分析表

储层类型	均质储层		各向异性储层		裂缝性储层	
射孔方式	常规	砾石充填	常规	砾石充填	常规	砾石充填
孔深(mm)	0.943	0.902	0.910	0.892	0.890	0.797
孔密(孔/m)	0.870	0.938	0.883	0.909	0.889	0.842
孔径(mm)	0.837	0.943	0.887	0.920	0.872	0.792
相位角(°)	0.778	0.834	0.832	0.811	0.872	0.788
污染带污染程度	0.771	0.800	0.801	0.804	0.876	0.823
污染带深度(mm)	0.756	0.834	0.850	0.844	0.869	0.823
各向异性系数	—	—	0.888	0.900	—	—

续表

储层类型	均质储层		各向异性储层		裂缝性储层	
砾石充填渗透率(μm^2)	—	0.918	—	0.885	—	0.830
裂缝开度(μm)	—	—	—	—	0.954	0.929
裂缝密度(条/m)	—	—	—	—	0.920	0.838

三、常规射孔参数适用性评价

将不同储层中常规射孔完井射孔参数(主要指孔深、孔密、孔径及相位角),按灰色关联系数大小进行排序,得到常规射孔完井各参数在不同储层适用性评价,如图 2-16 所示。在均质储层和各向异性储层中,对油井产能影响最大的射孔参数为孔深。因为孔深直接增加了油井与储层的接触面积,因此常规射孔完井时应尽可能提高孔深。在裂缝性储层中裂缝开度对油井产能影响最大,其次为裂缝密度。

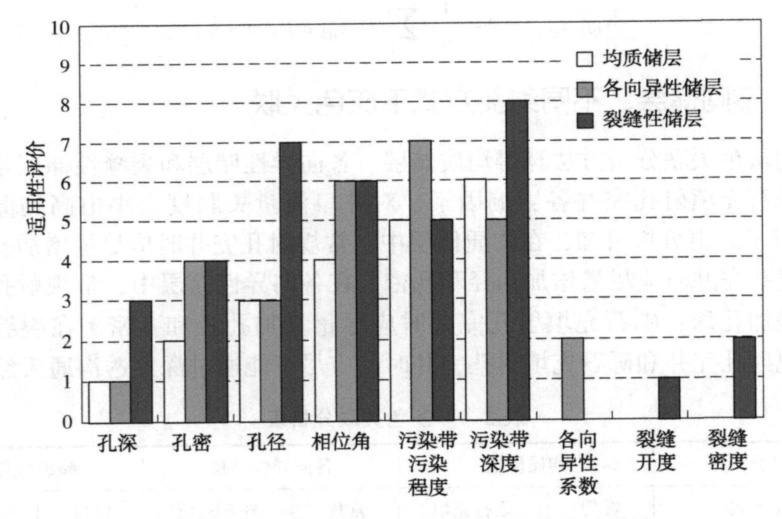

图 2-16　常规射孔完井各参数在不同储层适用性

四、砾石充填射孔参数适用性评价

将不同储层中砾石充填射孔完井射孔参数(主要指孔深、孔密、孔径、相位角及砾石充填渗透率),按灰色关联系数大小进行排序,得到砾石充填射孔完井各参数在不同储层适用性评价,如图 2-17 所示。在均质储层和各向异性储层中,对油井产能影响最大的射孔参数为孔径,其次为孔密。流体在砾石充填区流动过程中产生了压降,而压降与孔径的平方成反比,与孔深成正比,因此砾石充填完井时孔径比孔深对油井产能的影响大。在裂缝性储层中裂缝开度对油井产能影响最大，其次为孔密。

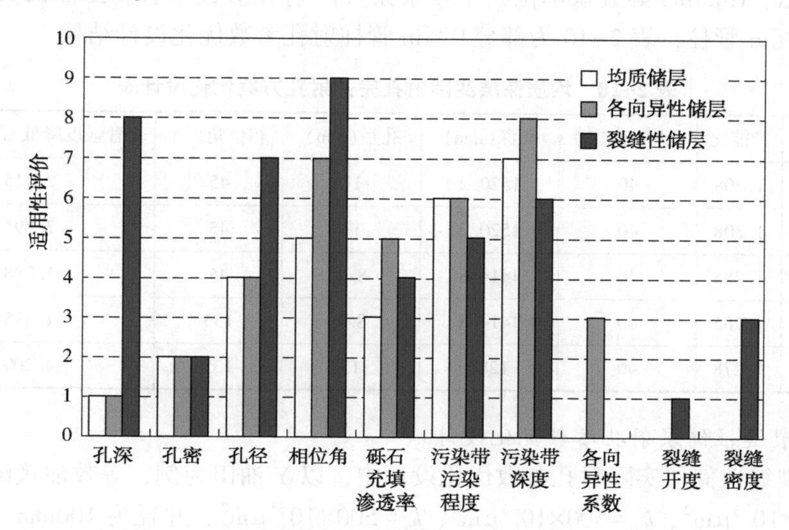

图 2-17　砾石充填射孔完井各参数在不同储层适用性

第 5 节　不同储层射孔参数优化设计

一、不同储层射孔参数优化设计

1. 均质储层射孔参数优化设计

以射孔完井产能比最大为目标，利用枚举法对射孔参数进行排列组合，计算出每种组合对应的产能比，并从中选取产能比最大的射孔参数组合。但在工程应用中，既要考虑射孔的高效性，又要考虑射孔参数的安全性。随着孔密的增多、孔径增大，套管的抗挤毁能力也将降低，因此要对射孔后的套管强度进行校核，保证套管抗挤毁能力降低不超过 5%。

$$P_{crp}=P_{cr}K_c \tag{2-43}$$

$$K_j=1-K_c \tag{2-44}$$

式(2-43)中，P_{crp} 为射孔套管抗挤毁压力，MPa；P_{cr} 为无孔套管抗挤毁压力，MPa；式(2-44)中，K_c为射孔套管抗挤毁压力系数；K_j为强度降低系数。

以 F 油田为例，取油藏渗透率为 $100\times10^{-3}\mu m^2$、井径为 100mm、污染带渗透率为 $70\times10^{-3}\mu m^2$、污染带深度为 400mm，采用常规射孔方式完井。射孔参数范围：孔径为 10～20mm、孔密为 20～60 孔/m、孔深为 100～1000mm、相位角为 0°～180°。

在均质储层实际射孔参数优化设计中收集了斯伦贝谢、哈里伯顿、物华能源、Dyna、Hunting 等五家单位共 770 余条实际射孔参数组合。X 油田大部分用 7in 和 9⅝in 管柱，表 2-10 为部分 9⅝in 管柱射孔参数优化设计结果。

表 2-10 均质储层实际射孔完井射孔方案优化设计表

方案编号	产能比	孔密(孔/m)	孔深(mm)	孔径(mm)	相位角(°)	套管强度降低百分比(%)
1	1.308	40	1520.2	11	45	2.415
2	1.308	40	1520.2	11	45	2.891
3	1.285	40	1414.8	8.1	45	1.298
4	1.285	40	1414.8	8.1	135	1.475
9	1.278	40	1280	13	135	4.209

2. 裂缝性储层射孔参数优化设计

在裂缝性储层实际射孔参数优化设计中，以 Y 油田为例，等效油藏渗透率为 $k_x=600\times10^{-3}\mu m^2$、$k_y=500\times10^{-3}\mu m^2$、$k_z=500\times10^{-3}\mu m^2$、井径为 100mm、污染带渗透率为 $300\times10^{-3}\mu m^2$、污染带深度为 400mm，采用常规射孔方式完井。表 2-11 为部分 9⅝in 管柱射孔参数优化设计结果。

表 2-11 裂缝性储层实际射孔完井射孔方案优化设计表

方案编号	产能比	孔密(孔/m)	孔深(mm)	孔径(mm)	相位角(°)	套管强度降低百分比(%)
1	1.280	40	1520.2	11	45	2.415
2	1.280	40	1520.2	11	135	2.891
3	1.262	60	901.7	7.4	45	2.734
5	1.262	40	1414.8	8.1	135	1.475
12	1.249	40	1280.0	13	135	4.209

二、不同射孔方式射孔参数优化设计

1. 常规射孔参数优化设计

假设某口井位于均质储层中，油藏渗透率为 $80\times10^{-3}\mu m^2$、井径为 100mm、污染带渗透率为 $40\times10^{-3}\mu m^2$、污染带深度为 200mm，采用常规射孔方式完井。不同射孔参数下油井产能比及对应的套管强度降低百分比如表 2-12 所示。方案 1 产能比最大，但套管抗挤毁强度降低 7.1406%，超过国外油服企业 5%限制。方案 3 产能比为 1.230，套管抗挤毁强度降低 4.1228%，满足安全需求。因此，方案 3 为最佳射孔参数组合。

表 2-12　均质储层常规射孔方案统计表

方案编号	产能比	孔密(孔/m)	孔深(mm)	孔径(mm)	相位角(°)	套管强度降低百分比(%)
1	1.248	60	1000	16	45	7.1406
2	1.239	60	1000	14	135	5.5454
3	1.230	60	1000	12	135	4.1228
4	1.229	60	900	16	45	7.1406
6	1.221	50	1000	16	135	5.9845

2. *砾石充填射孔参数优化设计*

其他参数同上，砾石充填区渗透率为 $10\times10^{-3}\mu m^2$，算得不同射孔参数下产能比及对应的套管强度降低百分比如表 2-13 所示。由表格可知方案 1 产能比最大，方案 43 为最佳射孔参数组合。

表 2-13　均质储层砾石充填射孔方案统计表

方案编号	产能比	孔密(孔/m)	孔深(mm)	孔径(mm)	相位角(°)	套管强度降低百分比(%)
1	1.280	40	500	11	45	7.4671
4	1.136	50	400	18	135	7.4671
21	1.121	50	500	16	135	5.9845
23	1.120	40	500	18	45	6.0217
43	1.105	40	300	16	45	4.8151

三、基于三维定向井非稳态产能预测的射孔参数敏感性

在进行基于三维定向井非稳态产能预测的射孔参数敏感性分析时，涉及考虑不同射孔参数对产能预测的影响。以下是详细的分析流程：

①选择要分析的射孔参数，包括射孔密度、射孔长度、射孔方向、射孔角度等。这些参数直接影响井的产能，因此是产能预测模型中关键的输入。②使用数值模拟工具或解析模型，建立基于三维定向井的非稳态产能预测模型。确保模型能够考虑复杂的地质条件、井筒几何形状以及流体性质等因素。③设计一系列射孔参数的组合，涵盖射孔密度、射孔长度、射孔方向和射孔角度的各种可能取值。这些组合将用于进行敏感性分析。④对于每个射孔参数组合，利用建立的产能预测模型进行非稳态产能模拟。这可以通过数值模拟工具进行，模拟井在不同时间点的产能表现。⑤对于每个射孔参数组合，记录模拟得到的产能结果，包括初始产能、随时间的产能变化等。⑥对模拟结果进行敏感性分析，评估不同射孔参数对产能的影响。这可以通过比较不同射孔参数组合下的产能差异，识别出哪些参数更为敏感。⑦分析敏感性结果，建立不同射孔参数之间的关联性。确定哪

些参数可能存在相互作用，以及它们对产能的影响是如何叠加或抵消的。⑧针对敏感性分析的结果，验证模型在不同射孔参数下的预测准确性。可以使用实际生产数据进行验证，以确保模型的可信度。⑨根据敏感性分析的结果，制定优化射孔参数的策略。例如，在特定的地质条件下，确定哪种射孔参数组合可以实现更好的产能，从而指导实际的完井设计。尽管射孔参数对产能的影响是关键，但也要综合考虑其他因素，如地质条件、流体性质、井筒几何形状等。这有助于更全面地理解非稳态产能的影响因素。

通过这样的射孔参数敏感性分析，可以更深入地理解射孔参数对非稳态产能的影响，为优化油井设计提供科学依据。

油藏中设置一口定向井；油藏渗透率均质储层，考虑储层岩石和流体的压缩性。假设开发前油藏压力为定值，开发过程中油藏温度恒定；单相流体、忽略毛管力及重力的影响。三维盒状油藏尺寸为1000m×1000m×40m。油藏基础参数如下：孔隙度为20%；渗透率为$100\times10^{-3}\mu m^2$；岩石压缩系数为$10^{-6}MPa^{-1}$；原始地层压力为20MPa；流体黏度为10mPa·s；流体密度为$850kg/m^3$；流体压缩系数为$10^{-3}MPa^{-1}$；18MPa定压生产。进行射孔深度、相位角、孔密敏感性分析。均质储层中孔径的变化对表皮系数影响很小，因此对油井产能的变化影响也非常小，故不做过多分析。

1. 射孔深度敏感性分析

当射孔深度分别为300mm、400mm、500mm、600mm和800mm时，水平井日产及累产变化如图2-18所示。由图可知，随着孔深的增加，水平井日产和累产均逐渐增加。因为孔深的增加直接增大了油井与储层的接触面积，提高了井筒附近流体的流动能力。

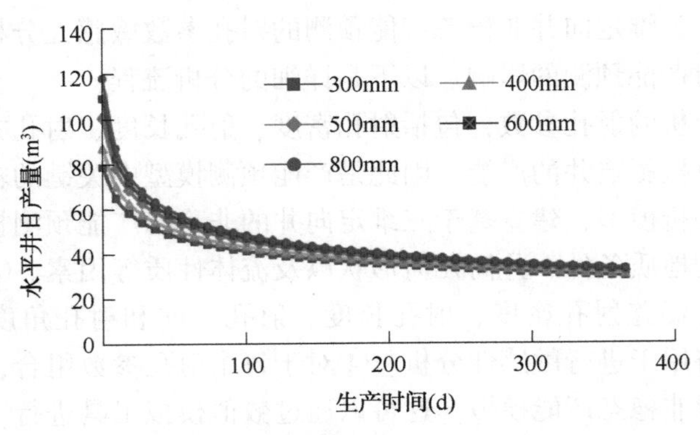

图2-18　射孔深度敏感性分析

2. 射孔相位角敏感性分析

当相位角分别为0°(最差情况)、45°(最好情况)时，水平井日产及累产变化如图2-19所示。45°相位角时油井日产与累产均高于0°相位角。

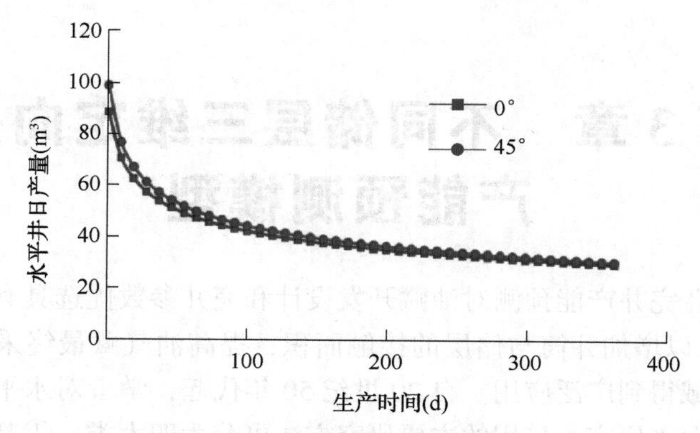

图 2-19　射孔相位角敏感性分析

3. 射孔孔密敏感性分析

当孔密分别为 20 孔/m、60 孔/m 时，水平井日产及累产变化如图 2-20 所示。由图可知，孔密的变化对油井产能影响较小，生产一年后单井累产相差 $500m^3$。

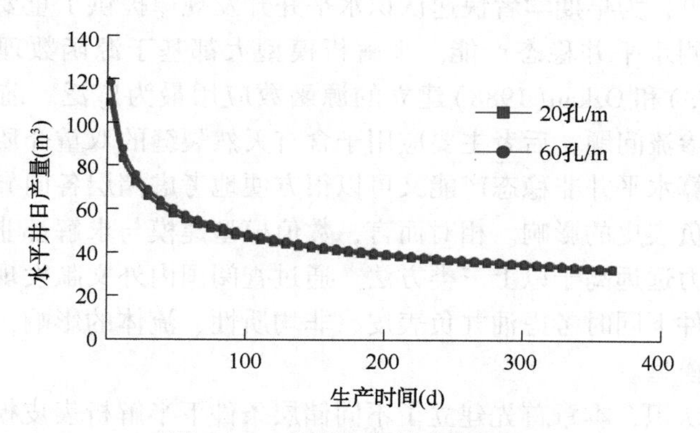

图 2-20　射孔孔密敏感性分析

第3章　不同储层三维定向井产能预测模型

定向井射孔完井产能预测对油藏开发设计和完井参数优选具有决策意义。定向井/水平井可以增加井筒与储层的接触面积，提高油气藏最终采收率，在国内外石油工程领域得到广泛应用。自20世纪50年代起，学者对水平井产能预测模型进行了大量深入研究。采用的主要研究方法可分为四大类：①基于水电相似原理的试验模拟；②解析模型；③半解析模型；④数值模型。水电模拟一般只能得到各向同性储层水平井的稳态产能，试验结果往往用于定性分析。解析模型一般基于势函数理论进行求解，模型中存在大量假设，代表性模型为 Giger 模型、Joshi 模型等；另外，国内外学者还针对 Joshi 模型进行了大量的改进和完善。解析模型公式简单，为早期学者快速认识水平井开发规律提供了重要理论依据，但该模型只能预测水平井稳态产能。半解析模型大都基于源函数理论建立，其中 Griengaten(1973)和 Ozkan(1988)建立的源函数应用最为广泛。前者主要针对单一介质油气藏渗流问题，后者主要应用于含有天然裂缝的双重介质储层。半解析模型既可以计算水平井非稳态产能又可以很方便地考虑储层各向异性的影响，但较难考虑射孔负表皮的影响。相对而言，数值模型建模与求解都非常复杂，其所需要的求解能力远远高于以上三类方法。通过查阅国内外文献发现，很少有学者在不同储层条件下同时考虑油井负表皮、非均质性、流体的影响，建立三维水平井非稳态产能模型。

基于上述认识，本章首先建立了不同储层条件下半解析表皮模型；其次，利用有限体积法建立并求解了不同储层条件下三维水平井非稳态产能预测模型；最后，研发了不同储层条件下三维定向井产能预测软件。为深入认识定向井开发规律提供了理论依据和模拟手段。

第1节　不同储层条件下不同完井方式表皮计算模型

基于正交试验和数值模拟结果，通过式(3-1)基于井口流量计算数值模拟表皮：

$$S=\frac{2\pi Kh(p_e-p_{wf})}{Q\mu}-\left[\ln\left(\frac{r_e}{r_w}\right)-\frac{3}{4}\right] \tag{3-1}$$

利用最小二乘法原理分别做不同储层射孔完井表皮系数与射孔参数数据的线性拟合及非线性拟合，见图3-1至图3-6，线性拟合平均误差在15.8%~45.3%，非线性拟合平均误差在5.6%~8.2%，因此选用非线性拟合公式作为射孔完井表皮系数计算模型。

最小二乘法(又称最小平方法)是一种数学优化技术。它通过最小误差的平方和寻找数据的最佳匹配函数。利用最小二乘法可以简便地求得未知的数据，并使得这些求得的数据与实际数据之间误差的平方和为最小。式(3-2)为多项式方程组，利用最小二乘法求式(3-3)的最小值，最小值对应的解即为原方程的最优解。

$$\begin{cases} a_1x_1+a_2x_1^2+\cdots+a_mx_1^m=y_1 \\ a_1x_2+a_2x_2^2+\cdots+a_mx_2^m=y_2 \\ \vdots \\ a_1x_N+a_2x_N^2+\cdots+a_mx_N^m=y_N \end{cases} \tag{3-2}$$

$$S=\sum_{i=1}^{N}R_i^2=\sum_{i=1}^{N}\sum_{j=1}^{m}(a_{ij}x_j^m-y_i)^2 \tag{3-3}$$

其中，均质储层中设置 x、y 方向渗透率一致；各向异性储层中，考虑渗透率各向异性，并定义 x 方向渗透率与 y 方向渗透率之比为储层各向异性系数；裂缝性储层中，考虑存在两组正交裂缝。初始设置：x、y 方向天然裂缝密度、每条裂缝开度。

综上所述，取得各射孔参数与油井表皮之间的最佳函数匹配，参照式(3-4)至式(3-9)。公式中相关系数见表3-1至表3-6。依据定量公式可进行射孔参数优化设计。

一、均质储层射孔完井表皮计算模型

1. 均质储层常规射孔完井表皮计算模型

依据最小二乘法原理分别做均质储层常规射孔完井表皮系数与油井表皮的线性拟合及非线性拟合。经计算线性拟合平均误差为45.3%，非线性拟合平均误差为7.4%。因此，选用非线性拟合公式作为均质储层常规射孔完井表皮系数计算模型，非线性拟合公式如式(3-4)所示：

$$\begin{aligned} S = 1.083 &+ \sum_{i=1}^{6}a_ix_i + \sum_{i=1}^{6}a_{i+6}x_1x_i + \sum_{i=2}^{6}a_{i+11}x_2x_i + \sum_{i=3}^{6}a_{i+15}x_3x_i + \\ &\sum_{i=4}^{6}a_{i+18}x_4x_i + \sum_{i=5}^{6}a_{i+20}x_5x_i + \sum_{i=6}^{6}a_{i+21}x_6x_i \end{aligned} \tag{3-4}$$

式中，S 为表皮系数；x_1 为孔深，mm；x_2 为孔密，孔/m；x_3 为孔径，mm；x_4 为污染带深度，mm；x_5 为污染带污染程度；x_6 为相位角，(°)。

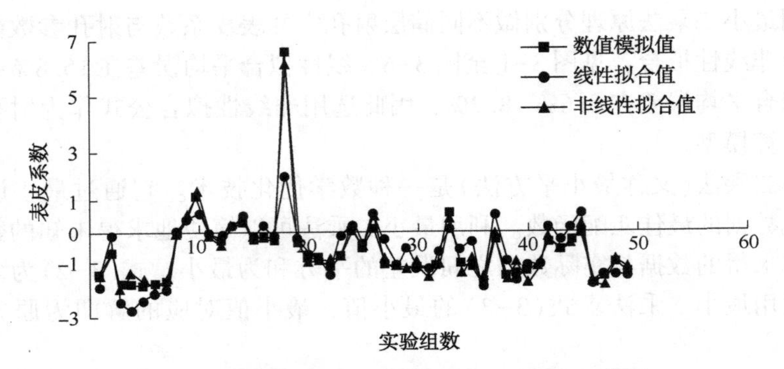

图 3-1　均质储层常规射孔完井表皮系数拟合图

表 3-1　均质储层常规射孔完井表皮系数回归系数统计表

	1	2	3	4	5
a_{1-10}	−0. 00374	−0. 2122	0. 424035	0. 011471	−3. 2609
a_{11-20}	0. 001342	1.4644×10^{-5}	0. 001852	−0. 00564	7.8259×10^{-6}
a_{21-30}	−0. 00078	-3.916×10^{-6}	0. 003289	-7.335×10^{-5}	−3. 21998
	6	7	8	9	10
a_{1-10}	−0. 0254	1.097×10^{-6}	-2.381×10^{-5}	6.3176×10^{-6}	-5.87×10^{-6}
a_{11-20}	0. 277198	0. 000177	−0. 01115	0. 000126	−0. 01357
a_{21-30}	0. 020544	0. 000115	—	—	—

2. 均质储层砾石充填射孔完井表皮计算模型

依据最小二乘法原理分别做均质储层砾石充填射孔完井表皮系数与油井表皮的线性拟合及非线性拟合。经计算，线性拟合平均误差为 27. 2%，非线性拟合平均误差为 8. 01%。因此，选用非线性拟合公式作为均质储层砾石充填射孔完井表皮系数计算模型，非线性拟合公式如式(3-5)所示。

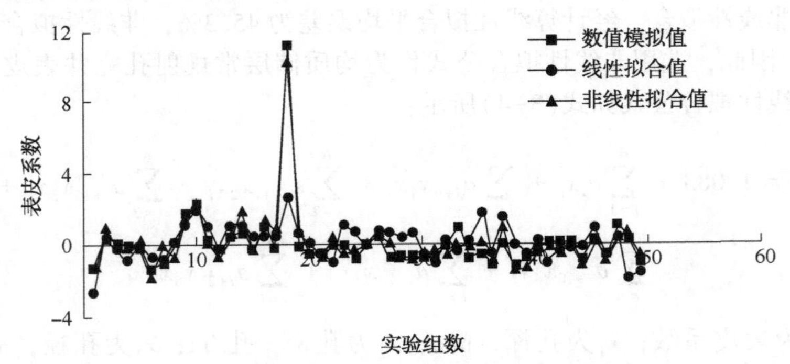

图 3-2　均质储层砾石充填射孔完井表皮系数拟合图

$$S = -3.8 + \sum_{i=1}^{7} a_i x_i + \sum_{i=1}^{7} a_{i+7} x_1 x_i + \sum_{i=2}^{7} a_{i+13} x_2 x_i + \sum_{i=3}^{7} a_{i+18} x_3 x_i + \sum_{i=4}^{7} a_{i+22} x_4 x_i + \sum_{i=5}^{7} a_{i+25} x_5 x_i + \sum_{i=6}^{7} a_{i+27} x_6 x_i + \sum_{i=7}^{7} a_{i+28} x_7 x_i \tag{3-5}$$

式中，S为表皮系数；x_1为砾石充填渗透率，$10^{-3}\mu m^2$；x_2为孔深，mm；x_3为孔密，孔/m；x_4为孔径，mm；x_5为污染带深度，mm；x_6为污染带污染程度；x_7为相位角，(°)。

表 3-2 均质储层砾石充填射孔完井表皮系数回归系数统计表

	1	2	3	4	5
a_{1-10}	-3.36×10^{-5}	1.69×10^{-3}	8.36×10^{-1}	9.16×10^{-1}	9.34×10^{-3}
a_{11-20}	-3.25×10^{-6}	6.15×10^{-9}	3.86×10^{-5}	8.73×10^{-8}	4.11×10^{-6}
a_{21-30}	-1.09×10^{-2}	-1.23×10^{-2}	-3.79×10^{-4}	2.56×10^{-1}	-3.51×10^{-3}
a_{31-40}	2.46×10^{-3}	-8.15×10^{-5}	6.87	5.25×10^{-2}	2.76×10^{-4}
	6	7	8	9	10
a_{1-10}	-1.55×10	-3.79×10^{-2}	1.19×10^{-10}	-1.85×10^{-8}	1.04×10^{-6}
a_{11-20}	-5.03×10^{-4}	-7.43×10^{-5}	-7.42×10^{-6}	-9.57×10^{-4}	9.09×10^{-6}
a_{21-30}	-4.82×10^{-4}	2.96×10^{-4}	-4.46×10^{-1}	-7.35×10^{-4}	8.35×10^{-6}
a_{31-40}	—	—	—	—	—

二、各向异性储层射孔完井半解析表皮计算模型

1. 各向异性储层常规射孔完井表皮计算模型

依据最小二乘法原理分别做各向异性储层常规射孔完井表皮系数与油井表皮的线性拟合及非线性拟合。经计算，线性拟合平均误差为23.4%，非线性拟合平均误差为8.2%。因此，选用非线性拟合公式作为各向异性储层常规射孔完井表皮系数计算模型，非线性拟合公式如式(3-6)所示。

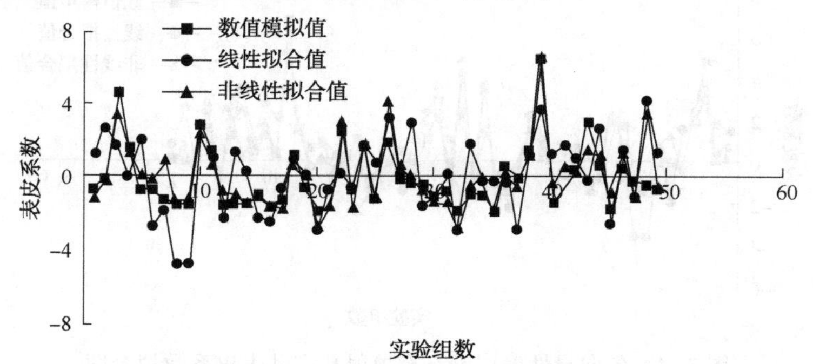

图 3-3 各向异性储层常规射孔完井表皮系数拟合图

$$S = 14.19 + \sum_{i=1}^{7} a_i x_i + \sum_{i=1}^{7} a_{i+7} x_1 x_i + \sum_{i=2}^{7} a_{i+13} x_2 x_i + \sum_{i=3}^{7} a_{i+18} x_3 x_i + \sum_{i=4}^{7} a_{i+22} x_4 x_i + \sum_{i=5}^{7} a_{i+25} x_5 x_i + \sum_{i=6}^{7} a_{i+27} x_6 x_i + \sum_{i=7}^{7} a_{i+28} x_7 x_i \tag{3-6}$$

式中，S 为表皮系数；x_1 为孔深，mm；x_2 为孔密，孔/m；x_3 为孔径，mm；x_4 为污染带深度，mm；x_5 为污染带污染程度；x_6 为相位角，(°)；x_7 为各向异性系数。

表 3-3　各向异性储层常规射孔完井表皮系数回归系数统计表

	1	2	3	4	5
a_{1-10}	-0.00926	0.806328	-0.42858	-0.00186	-7.79908
a_{11-20}	3.09×10^{-6}	0.004212	-5.1×10^{-6}	0.007656	0.008947
a_{21-30}	0.013715	-0.00024	-0.14963	-0.00134	0.284534
a_{31-40}	-0.0016	6.247895	0.000229	-0.00261	5.543695
	6	7	8	9	10
a_{1-10}	-0.00278	-22.3404	1.2×10^{-6}	-0.00048	8.96×10^{-5}
a_{11-20}	0.001592	-0.00029	-0.44683	0.000606	-0.25647
a_{21-30}	8.81×10^{-6}	0.008915	-6.3×10^{-5}	-0.00023	1.5139
a_{31-40}	—	—	—	—	—

2. 各向异性储层砾石充填射孔完井表皮计算模型

依据最小二乘法原理分别做各向异性储层砾石充填射孔完井表皮系数与油井表皮的线性拟合及非线性拟合。经计算，线性拟合平均误差为 21.7%，非线性拟合平均误差为 7.8%。因此，选用非线性拟合公式作为各向异性储层砾石充填射孔完井表皮系数计算模型，非线性拟合公式如式(3-7)所示。

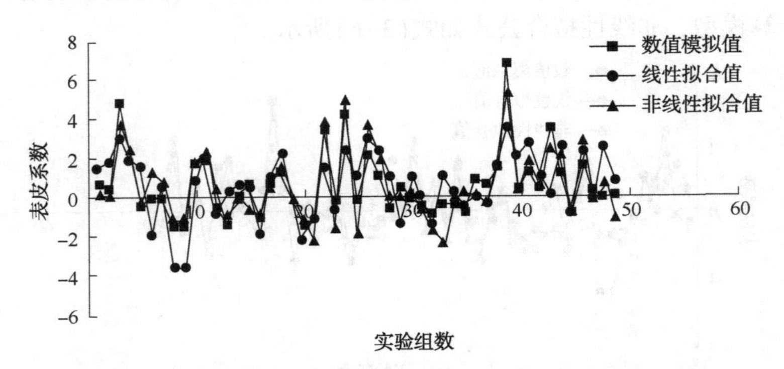

图 3-4　各向异性储层砾石充填射孔完井表皮系数拟合图

$$S = 18.92 + \sum_{i=1}^{8} a_i x_i + \sum_{i=1}^{8} a_{i+8} x_1 x_i + \sum_{i=2}^{8} a_{i+15} x_2 x_i + \sum_{i=3}^{8} a_{i+21} x_3 x_i + \sum_{i=4}^{8} a_{i+26} x_4 x_i + \sum_{i=5}^{8} a_{i+30} x_5 x_i + \sum_{i=6}^{8} a_{i+33} x_6 x_i + \sum_{i=7}^{8} a_{i+35} x_7 x_i + \sum_{i=8}^{8} a_{i+36} x_8 x_i \quad (3\text{-}7)$$

式中，S为表皮系数；x_1为砾石充填渗透率，$10^{-3}\ \mu m^2$；x_2为孔深，mm；x_3为孔密，孔/m；x_4为孔径，mm；x_5为污染带深度，mm；x_6为污染带污染程度；x_7为相位角，(°)；x_8为各向异性系数。

表3-4 各向异性储层砾石充填射孔完井表皮系数回归系数统计表

	1	2	3	4	5
a_{1-10}	5.05×10^{-5}	-0.02734	0.390415	-0.16051	0.035613
a_{11-20}	-7.5×10^{-7}	3.96×10^{-7}	-4.9×10^{-8}	-4.4×10^{-6}	-1.2×10^{-7}
a_{21-30}	0.008504	1.85×10^{-5}	0.00776	-0.03616	0.021436
a_{31-40}	-0.00063	-0.30473	-0.00259	0.230621	1.42×10^{-5}
a_{41-50}	6.67303	0.000217	0.002099	6.477244	—

	6	7	8	9	10
a_{1-10}	-20.0616	0.013086	-24.6833	-9.1×10^{-11}	1.01×10^{-8}
a_{11-20}	4.96×10^{-6}	4.93×10^{-6}	-0.00011	0.000251	-2.9×10^{-6}
a_{21-30}	-0.00067	0.518742	-0.00015	0.151972	-0.00152
a_{31-40}	-0.00337	-6.1×10^{-5}	-0.01307	4.37527	0.00235
a_{41-50}	—	—	—	—	—

三、裂缝性储层射孔完井半解析表皮计算模型

1. 裂缝性储层常规射孔完井表皮计算模型

依据最小二乘法原理分别做裂缝性储层常规射孔完井表皮系数与油井表皮的线性拟合及非线性拟合。经计算，线性拟合平均误差为30.1%，非线性拟合平均误差为5.6%。因此，选用非线性拟合公式作为裂缝性储层常规射孔完井表皮系数计算模型，非线性拟合公式如式(3-8)所示：

$$S = -2.89 + \sum_{i=1}^{8} a_i x_i + \sum_{i=1}^{8} a_{i+8} x_1 x_i + \sum_{i=2}^{8} a_{i+15} x_2 x_i + \sum_{i=3}^{8} a_{i+21} x_3 x_i + \sum_{i=4}^{8} a_{i+26} x_4 x_i + \sum_{i=5}^{8} a_{i+30} x_5 x_i + \sum_{i=6}^{8} a_{i+33} x_6 x_i + \sum_{i=7}^{8} a_{i+35} x_7 x_i + \sum_{i=8}^{8} a_{i+36} x_8 x_i \quad (3\text{-}8)$$

式中，S为表皮系数；x_1为孔深，mm；x_2为孔密，孔/m；x_3为孔径，mm；x_4为污染带深度，mm；x_5为污染带污染程度；x_6为相位角，(°)；x_7为裂缝开度，μm；x_8为天然裂缝密度，条/m。

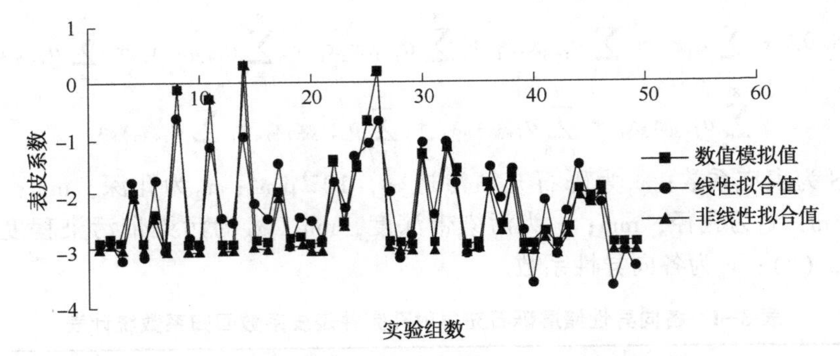

图 3-5　裂缝性储层常规射孔完井表皮系数拟合图

表 3-5　裂缝性储层常规射孔完井表皮系数回归系数统计表

	1	2	3	4	5
a_{1-10}	−2. 8906	−0. 0002	0. 4558	0. 0854	−0. 0022
a_{11-20}	−0. 0001	−0. 4518	2. 1243	0. 0001	0. 01245
a_{21-30}	−0. 0938	0. 0012	0. 0007	−0. 0099	−0. 0064
a_{31-40}	0. 0121	−0. 0022	0. 1245	0. 01215	0. 0005
a_{41-50}	0. 0001	0. 001	0. 0001	0. 0004	—
	6	7	8	9	10
a_{1-10}	7. 3939	−0. 0243	−0. 0295	−0. 3097	0. 2145
a_{11-20}	−0. 3426	0. 21515	−0. 0194	0. 0042	−8. 0002
a_{21-30}	0. 0006	5. 0435	−0. 0003	−0. 0016	0. 0057
a_{31-40}	−4. 3219	−0. 0051	−0. 0111	−0. 0164	0. 0001
a_{41-50}	—	—	—	—	—

2. 裂缝性储层砾石充填射孔完井表皮计算模型

依据最小二乘法原理分别做裂缝性储层砾石充填射孔完井表皮系数与油井表皮的线性拟合及非线性拟合。经计算，线性拟合平均误差为 15. 8%，非线性拟合平均误差为 7. 8%。因此，选用非线性拟合公式作为裂缝性储层砾石充填射孔完井表皮系数计算模型，非线性拟合公式如式(3-9)所示。

$$S = 5.23 + \sum_{i=1}^{9} a_i x_i + \sum_{i=1}^{9} a_{i+9} x_1 x_i + \sum_{i=2}^{9} a_{i+17} x_2 x_i + \sum_{i=3}^{9} a_{i+24} x_3 x_i + \sum_{i=4}^{9} a_{i+30} x_4 x_i + \sum_{i=5}^{9} a_{i+35} x_5 x_i + \sum_{i=6}^{9} a_{i+39} x_6 x_i + \sum_{i=7}^{9} a_{i+42} x_7 x_i + \sum_{i=8}^{9} a_{i+44} x_8 x_i + \sum_{i=9}^{9} a_{i+45} x_9 x_i \quad (3-9)$$

式中，S 为表皮系数；x_1 为砾石充填渗透率，$10^{-3}\ \mu m^2$；x_2 为孔深，mm；x_3 为孔密，孔/m；x_4 为孔径，mm；x_5 为污染带深度，mm；x_6 为污染带污染程度；x_7 为相位角，(°)；x_8 为裂缝开度，μm；x_9 为天然裂缝密度，条/m。

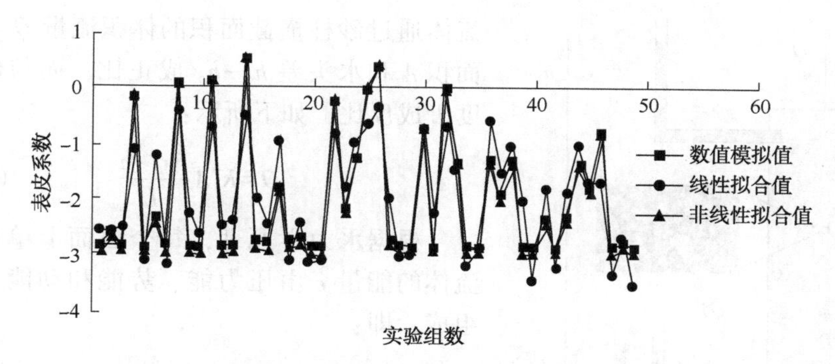

图 3-6　裂缝性储层砾石充填射孔完井表皮系数拟合图

表 3-6　裂缝性储层砾石充填射孔完井表皮系数回归系数统计表

	1	2	3	4	5
a_{1-10}	0. 2558	0. 2473	0. 10984	0. 31376	0. 11284
a_{11-20}	0. 2493	0. 23883	0. 05222	0. 20044	0. 24564
a_{21-30}	0. 0819	0. 18208	0. 0902	0. 06539	0. 03123
a_{31-40}	0. 0680	0. 14882	0. 28772	0. 29817	0. 05851
a_{41-50}	0. 3094	0. 18645	0. 10521	0. 16969	0. 16981
a_{51-60}	−0. 001	−0. 0004	−0. 0009	0. 0344	—
	6	7	8	9	10
a_{1-10}	0. 31893	0. 06856	0. 2829	0. 26481	0. 07421
a_{11-20}	0. 09551	0. 30924	0. 24092	0. 31598	0. 31188
a_{21-30}	0. 19733	0. 30262	0. 24942	0. 07207	−0. 17358
a_{31-40}	0. 50171	0. 10194	0. 19998	0. 37233	0. 18106
a_{41-50}	0. 38077	0. 31033	0. 53401	0. 0001	0. 00214
a_{51-60}	—	—	—	—	—

第 2 节　不同储层条件下
三维定向井非稳态产能模型

一、油藏渗流模型

1. 达西(Darcy)定律

Darcy 定律为油藏渗流的基础，1856 年，H. Darcy 在解决法国 Dijon(第戎)城的给水问题时，用直立的均质砂柱进行渗流试验(试验原理如图 3-7 所示)得出：

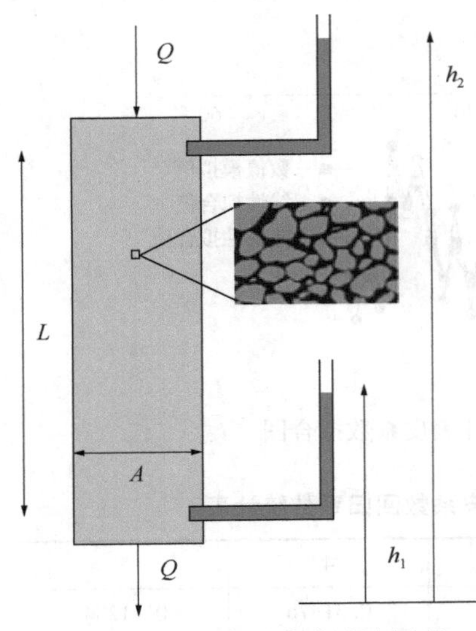

图 3-7 达西渗流试验原理

流体通过砂柱横截面积的体积流量 Q 与横截面积 A 和水头差 h_1-h_2 成正比，而与砂柱长度 L 成反比，如下所示：

$$Q=K'A\frac{h_1-h_2}{L} \tag{3-10}$$

根据水力学原理，每个截面上单位质量流体的能量 e 由压力能、势能和动能三部分组成，即：

$$e=\frac{p}{\rho}+gz+\frac{v^2}{2} \tag{3-11}$$

其中，z 是至底面积的高度，p 是对应高度上的压力。或用总水头表示为：

$$h=\frac{e}{g}=\frac{p}{\rho g}+z+\frac{v^2}{2g} \tag{3-12}$$

因为动能项$\frac{v^2}{2g}$与其他项相比可以略去。将式(3-12)用于 $z_1=L$ 和 $z_2=0$ 两个高度上，则有 $z_1-z_2=L$，于是有：

$$h_1-h_2=L+\frac{p_1-p_2}{\rho g} \tag{3-13}$$

将式(3-13)代入式(3-10)，并令

$$|v|=\frac{Q}{A} \tag{3-14}$$

得到：

$$|v|=\frac{Q}{A}=K'\left(1+\frac{p_1-p_2}{\rho gL}\right)=K'\left[\frac{\rho g+(p_1-p_2)/L}{\rho g}\right] \tag{3-15}$$

其中，p_1 和 p_2 分别为顶面 $z_1=L$ 处和底面 $z_2=0$ 处的压力。

试验表明，水力传导系数或渗透系数 K' 与流体的重力 $\gamma=\rho g$ 成正比，与流体黏度成反比，用 K 作比例系数，即有 $K'=K\frac{\rho g}{\mu}$，其中 K 是介质的渗透率。将它代入式(3-15)，并取坐标轴 z 垂直向上，考虑到速度方向与 z 轴方向相反，则：

$$v=\frac{K}{\mu}\left(\frac{p_1-p_2}{L}+\rho g\right) \tag{3-16}$$

上式写成微分形式得：

$$v=-\frac{K}{\mu}\left(\frac{\partial p}{\partial z}+\rho g\right) \tag{3-17}$$

式(3-17)为达西定律的微分形式，对于倾斜地层，地层与水平线夹角为 φ，则达西公式为：

$$v_L = -\frac{K}{\mu}\left(\frac{\partial p}{\partial L} + \rho g \sin\varphi\right) \tag{3-18}$$

或以运动方程形式，表示为：

$$\vec{V} = -\frac{K}{\mu}(\nabla p - g\rho \nabla z) \tag{3-19}$$

2. *质量守恒方程(连续性方程)*

用欧拉观点来描述质量守恒定律。为此，在流场中任取一个控制体 Ω，该控制体内有多孔固体介质，其孔隙度为 φ。多孔介质被流体所饱和。包围控制体的外表面为 σ。在外表面 σ 上任取一个面元为 $\mathrm{d}\sigma$，其外法线方向为 n，通过面元 $\mathrm{d}\sigma$ 的渗流速度为 V，于是单位时间内通过面元 $\mathrm{d}\sigma$ 的质量为 $\rho V \cdot n\mathrm{d}\sigma$，因而通过整个外表 σ 流出流体的总质量为：

$$\oiint_{\sigma} \rho V \cdot n\mathrm{d}\sigma \tag{3-20}$$

另外，在控制体 Ω 中任取一个体元 $\mathrm{d}\Omega$，由于非稳态性引起密度随时间的变化。这一变化使 $\mathrm{d}\Omega$ 内的质量增加率为 $[\partial(\rho\varphi)/\partial t]\mathrm{d}\Omega$，因而整个控制体 Ω 内质量的增加率为：

$$\int_{\Omega} \frac{\partial(\rho\varphi)}{\partial t}\mathrm{d}\Omega \tag{3-21}$$

此外，若控制体内有源(汇)分布，其强度[单位时间内由单位体积产生(或吞没)的流体体积]为 q，则单位时间内体元 $\mathrm{d}\Omega$ 产生(或吞没)的流体质量为 $q\rho\mathrm{d}\Omega$。因而单位时间内整个控制体 Ω 由源(汇)分布产生(或吞没)的流体质量为：

$$\int_{\Omega} q\rho\mathrm{d}\Omega \tag{3-22}$$

根据质量守恒定律，控制体 Ω 内流体质量增量应等于源(汇)分布产生(或吞没)的质量减去通过外表面 σ 流出的流体质量，即：

$$\int_{\Omega} \frac{\partial(\rho\varphi)}{\partial t}\mathrm{d}\Omega = \int_{\Omega} q\rho\mathrm{d}\Omega - \oiint_{\sigma} \rho V \cdot n\mathrm{d}\sigma \tag{3-23}$$

式(3-23)就是积分形式的连续性方程。

利用高斯公式(又称奥高公式、散度定理)，式(3-20)中的面积分项可化为 ρV 散度的体积分，即：

$$\oiint_{\sigma} \rho V \cdot n\mathrm{d}\sigma = \int_{\Omega} \nabla \cdot (\rho V)\mathrm{d}\Omega \tag{3-24}$$

上式代入式(3-23)可得：

$$\int_{\Omega}\left[\frac{\partial(\rho\varphi)}{\partial t}+\nabla\cdot(\rho V)-q\rho\right]\mathrm{d}\Omega=0 \tag{3-25}$$

由于控制体 Ω 是任意的，只要被积函数连续，则整个控制体积分等于零，必然导致其被积函数为零，于是得微分形式连续性方程：

$$\frac{\partial(\rho\varphi)}{\partial t}+\nabla\cdot(\rho V)=q\rho \tag{3-26}$$

上式右端项中源（汇）强度 q 对源和汇分别取正值和负值。式（3-26）是非稳态有源流动连续性方程的一般形式。

对于无源非稳态渗流，连续性方程为：

$$\frac{\partial(\rho\varphi)}{\partial t}+\nabla\cdot(\rho V)=0 \tag{3-27}$$

而对于有源稳态渗流，$\partial(\rho\varphi)/\partial t=0$，连续性方程化为：

$$\nabla\cdot(\rho V)=q\rho \tag{3-28}$$

对于有源稳态渗流，且流体不可压缩，即 ρ=常数，则可简化为：

$$\nabla\cdot V=q \tag{3-29}$$

对于无源稳态渗流：

$$\nabla\cdot(\rho V)=0 \tag{3-30}$$

对于无源不可压缩流体渗流：

$$\nabla\cdot V=0 \tag{3-31}$$

在渗流力学中，往往对速度值不是特别关心，而是将连续性方程与 Darcy 定律联合起来消去速度 V，而表示成压力 p 与密度 ρ 的关系式。将式（3-19）代入式（3-26），则得连续性方程的一般形式：

$$\frac{\partial(\rho\varphi)}{\partial t}-\nabla\left[\frac{\rho K}{\mu}(\nabla p-\rho g)\right]=\rho q \tag{3-32}$$

对于非稳态无源流动：

$$\frac{\partial(\rho\varphi)}{\partial t}-\nabla\left[\frac{\rho K}{\mu}(\nabla p-\rho g)\right]=0 \tag{3-33}$$

对于无源不可压缩流体流动：

$$\nabla\left[\frac{K}{\mu}\left(\frac{\nabla p}{\rho}-g\right)\right]=0 \tag{3-34}$$

连续性方程（质量守恒方程）：

$$\frac{\partial}{\partial t}\int_{\Omega}\rho\mathrm{d}\vec{x}+\int_{\partial\Omega}\rho\vec{v}\cdot\vec{n}\mathrm{d}s=\int_{\Omega}q\mathrm{d}\vec{x} \tag{3-35}$$

3. 状态方程

由于与渗流相关的岩石、流体都有弹性，因此随着储层压力的变化，岩石、流体的力学性质也会发生变化。描述由于弹性引起力学性质变化的方程称为状态方程。

液体的状态方程：由于液体具有压缩性，随着压力降低，体积发生膨胀，同时释放弹性能量，出现弹性力。它的特性可用式(3-36)来描述，写成微分形式为：

$$C_{\mathrm{L}}=-\frac{1}{V_{\mathrm{L}}}\frac{\mathrm{d}V_{\mathrm{L}}}{\mathrm{d}p} \tag{3-36}$$

式中，C_{L} 为液体的弹性压缩系数，它表示当压力变化一个单位时，单位体积液体体积的变化量，MPa^{-1}；V_{L} 为液体的绝对体积，m^3；$\mathrm{d}V_{\mathrm{L}}$ 为压力改变 $\mathrm{d}p$ 时相应液体体积的变化，m^3。

由式(3-36)得出：弹性作用体现为体积和压力之间的关系。即对弹性液体来说，它的体积不是绝对不变的，而是随压力状态变化而变化的。因此，表征这种变化关系的是一种压力状态方程。

根据质量守恒定律，在弹性压缩或膨胀时液体质量 M 是不变的，即：

$$M=\rho V_{\mathrm{L}} \tag{3-37}$$

式中，ρ 为流体密度，$\mathrm{kg/m^3}$。

上式的微分形式为：

$$\mathrm{d}V_{\mathrm{L}}=-\frac{M}{\rho^2}\mathrm{d}\rho \tag{3-38}$$

代入式(3-36)得到液体弹性压缩系数 C_L：

$$C_{\mathrm{L}}=\frac{1}{\rho}\frac{\mathrm{d}\rho}{\mathrm{d}p} \tag{3-39}$$

分离变量，C_{L} 取常数，积分式(3-39)，并设压力积分区间为$(p_{\mathrm{a}},\ p)$，密度积分区间为$(\rho_{\mathrm{a}},\ \rho)$，得：

$$\ln\frac{\rho}{\rho_{\mathrm{a}}}=C_{\mathrm{L}}(p-p_{\mathrm{a}}) \tag{3-40}$$

$$\rho=\rho_{\mathrm{a}}\mathrm{e}^{C_{\mathrm{L}}(p-p_{\mathrm{a}})} \tag{3-41}$$

式中，p_{a} 为标准大气压，0.1013MPa；ρ_{a} 为标准大气压下流体的密度，$\mathrm{kg/m^3}$；ρ 为任意压力 p 下流体的密度，$\mathrm{kg/m^3}$。

岩石的状态方程：岩石的压缩性对渗流过程有两方面的影响。一方面，压力变化会引起孔隙大小发生变化，表现为孔隙度是随压力变化而变化的状态函数；另一方面，则是由于孔隙大小变化引起渗透率的变化。由于岩石具有压缩性，当压力变化时，岩石的固体骨架体积会压缩或者膨胀，这同时也反映在岩石孔隙体积发生变化上。因而可以把岩石的压缩性看作孔隙度随压力发生变化。岩石的压缩系数 C_{f} 表示在地层条件下，压力每变化一个单位时，单位体积岩石中孔隙体积的变化值：

$$C_{\mathrm{f}}=\frac{\mathrm{d}V_{\mathrm{p}}}{V_{\mathrm{f}}}\frac{1}{\mathrm{d}p} \tag{3-42}$$

式中，V_f 为岩石体积，m^3；dV_p 为岩石膨胀而使孔隙缩小的体积，m^3。

由于孔隙度 $\varphi=\frac{V_p}{V_t}$，所以可得出：

$$d\varphi=\frac{dV_p}{dV_t} \tag{3-43}$$

因而：

$$C_f=\frac{d\varphi}{dp};\ d\varphi=C_f dp \tag{3-44}$$

在 $p=p_a$，$\varphi=\varphi_a$；$p=p$，$\varphi=\varphi$ 条件下积分可得：

$$C_f p=\int_{\varphi_a}^{\varphi} d\varphi \tag{3-45}$$

因而：

$$\varphi=\varphi_a e^{C_f(p-p_a)} \tag{3-46}$$

式中，p_a 为标准大气压，0.1013MPa；φ_a 为标准大气压下的孔隙度；φ 为压力为 p 时的孔隙度。

式(3-46)称为弹性孔隙介质的状态方程。它描述了孔隙介质在符合弹性状态变化范围内，孔隙度的变化规律。当压力降低时，孔隙缩小，孔隙原有体积中的部分流体被排挤出去，推向井底而成为驱动流体的弹性能量。由于岩石由不同矿物组成，所以不同岩石的压缩系数是不相同的。

岩石状态方程：

$$c_r=d\ln\varphi/dp \tag{3-47}$$

流体状态方程：

$$c_f=d\ln\rho/dp \tag{3-48}$$

4. 定解条件

定解条件包括初始条件和边界条件，初始条件为初始油藏压力；边界条件一般可分为定压边界、定产边界及混合边界条件。

外边界条件(封闭)：

$$\vec{v}\cdot\vec{n}=0 \qquad \vec{x}\in\partial\Omega \tag{3-49}$$

内边界条件(可定压，又可定产)：

$$q_{sc}=J_w(p_e-p_{wf}) \qquad J_w=\frac{Kh}{\mu B[\ln(r_e/r_w)+S]} \tag{3-50}$$

通过设置表皮系数 S，将射孔完井参数的影响与储层渗流相耦合。考虑不同储层物性(均质储层、各向异性储层、非均质储层及裂缝性储层)，岩石及流体压缩性、流体重力、油井表皮及井眼轨迹等因素，建立油藏非稳态定向井(直井/水平井)产能预测模型，用有限体积法进行求解。建立产能预测新方法。

二、不同储层条件下油藏物性

1. 储层非均质

均质油藏是指单一孔隙介质结构的油藏，这种孔隙介质既是储集空间又是渗流通道。现实油田中，由于储层沉积环境的影响，均质油藏为理想化油藏。假设整个油藏具有相同的孔隙度和渗透率。各向异性油藏是指渗透率具有方向性的油藏，即 $k_x \neq k_y \neq k_z$。储层的非均质性是绝对的、无条件的、无限的，而均质是相对的、有条件的、有限的。储层非均质性将直接影响储层中油、气、水的分布及开发效果。一般认为，非均质性油藏中孔隙度和渗透率均满足正态分布：

$$f(x)=\frac{1}{\sqrt{2\pi\sigma}}e^{-\frac{(x-\mu)^2}{2\sigma^2}}, \quad -\infty<x<+\infty \tag{3-51}$$

其中，μ、$\sigma(\sigma>0)$ 为常数，则称 x 服从参数为 μ、σ 的正态分布或高斯(Gauss)分布。

某油田孔隙度范围为 14.8%~16.9%，渗透率范围为 55.7×10^{-3}~$170.9\times10^{-3}\mu m^2$。假设孔隙度和渗透率均满足正态分布，生产的三维孔隙度与渗透率分布图如图 3-8(a)所示，直方图如图 3-8(b)所示。

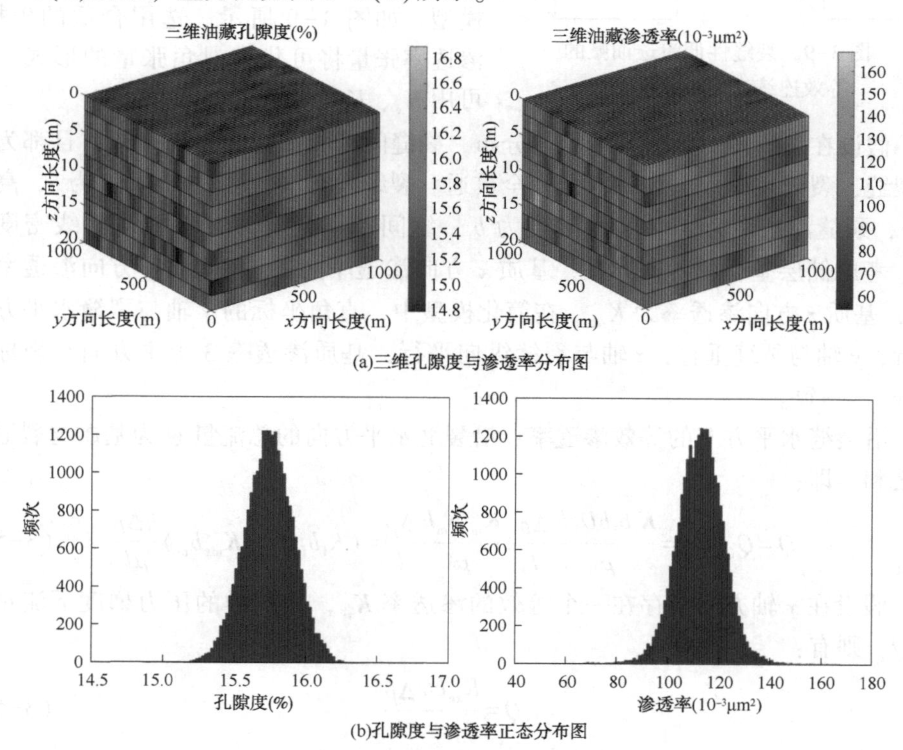

(a)三维孔隙度与渗透率分布图

(b)孔隙度与渗透率正态分布图

图 3-8 陆丰 8-1 油田孔隙度与渗透率分布图

2. 储层裂缝

实际储层中的裂缝分布极为复杂，要研究裂缝性油藏的渗流规律，必须对裂缝系统进行简化，建立储层的理论模型。裂缝储层的理论模型主要有 Kazemi 模型、Warren-Root 模型和 DeSwaan 模型等。这些模型主要是针对裂缝发育并且相互连通的碳酸盐岩储层的，不适合平面上方向性强、裂缝以高角度缝为主、一般不能形成裂缝网络的砂岩储层。国内冯金德等建立了裂缝性油藏的非均质复合储层模型，刘建军等建立了不考虑基质各向异性的裂缝性储层模型。冯金德以平行板理论为基础，利用渗透率张量理论和渗流力学的相关理论，将裂缝性储层模拟为具有对称渗透率张量的各向异性等效连续介质，建立了裂缝性油藏的等效连续介质模型，并研究了天然裂缝参数对储层渗透率的影响。忽略天然裂缝的局部影响，从宏观上评价天然裂缝主要造成储层渗流能力的各向异性，用张量的形式来描述天然裂缝对储层的影响。根据裂缝发育的特点，认为裂缝性储层由许多裂缝发育的裂缝区域和不存在裂缝的基质区域构成，首先利用平行板理论和渗流力学的相关理论，建立裂缝发育区域的渗透率张量模型。如图 3-9 所示。选用合适的坐标，渗透率张量将可化为对角张量的形式，即可用 K_x、K_y、K_z 三个主值表示。

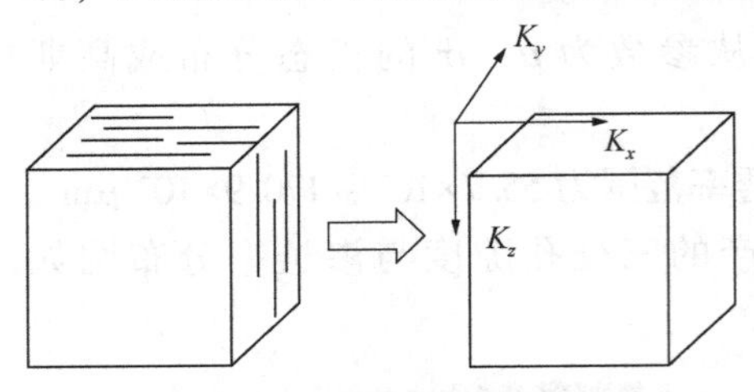

图 3-9 裂缝性低渗透油藏的等效连续介质模型示意图

假设在裂缝发育区域裂缝均匀分布，裂缝间互相平行，方向一致，且都为垂直裂缝，裂缝在平面上和纵向上完全贯通。裂缝发育区长度为 l，宽度为 b，高度为 h，裂缝渗透率为 K_f，裂缝开度为 b_f，缝间基质宽度为 b_m，裂缝的线密度为 D_L；考虑储层基质的各向异性，基质 x 方向渗透率为 K_{mx}，基质 y 方向渗透率为 K_{my}，基质 z 方向渗透率为 K_{mz}。在简化模型中，直角坐标的 x 轴与裂缝水平方向平行，y 轴与裂缝垂直，z 轴与裂缝纵向平行，基质渗透率 3 个主方向与坐标轴 x、y、z 一致。

沿裂缝水平方向的等效渗透率：沿裂缝水平方向的总流量 Q 为基质与裂缝流量之和，即：

$$Q=Q_f+Q_m=\frac{K_f b_f b D_L h}{\mu}\frac{\Delta p}{l}+\frac{K_{mx} b_m h}{\mu}\frac{\Delta p}{l}=(K_f b_f b D_L+K_{mx} b_m)\frac{h\Delta p}{\mu l} \quad (3-52)$$

假设在 x 轴方向上存在一个等效的渗透率 K_{xg}，在同样的压力梯度下流量也为 Q，则有：

$$Q=\frac{K_{xg} b h}{\mu}\frac{\Delta p}{l} \quad (3-53)$$

根据式(3-52)、式(3-53)，可得沿裂缝水平方向的等效渗透率为：

$$K_{xg}=K_{mx}+(K_f-K_{mx})D_Lb_f \tag{3-54}$$

沿裂缝垂直方向的等效渗透率：沿裂缝垂直方向的总压降等于裂缝压降与基质压降的和，即：

$$\Delta p=\Delta p_m+\Delta p_f \tag{3-55}$$

$$\frac{Q\mu b_m}{K_{yg}lh}=\frac{Q\mu b_m}{K_{my}lh}+\frac{Q\mu b_f bD_L}{K_f lh} \tag{3-56}$$

化简可得：

$$K_{yg}=\frac{K_{my}K_f}{K_f-(K_f-K_{my})D_Lb_f} \tag{3-57}$$

同理可推得储层纵向上的渗透率：

$$K_{zg}=K_{mz}+(K_f-K_{mz})D_Lb_f \tag{3-58}$$

当 y 轴方向上存在天然裂缝时处理方法与此类似。

由平行板理论可推导出单条裂缝的渗透率公式为：

$$K_f=\frac{b_f^2}{12} \tag{3-59}$$

三、油藏数值模拟中井模型

井处理是油藏数值模拟中的要点之一，井模拟的难点在于储层网格尺寸远大于井筒半径。近井附近需要小网格才能捕获近井区域的流动特征，否则会导致较大的数值计算误差。但这样处理会导致网格数量大幅增加，加剧了数值解的不稳定性，增加了计算时间。因此，数值模拟中一般使用 Peaceman 井模型处理。

1. 井附近渗流模型

假定井筒附近为稳态流，在油藏条件下，达西定律的径向形式为：

$$q=\frac{2\pi Khr_w}{\mu}\frac{\partial p}{\partial r}\bigg|_{r=r_w} \tag{3-60}$$

对于生产井 q 为负值，对于注入井 q 为正值。

如果产量项 q 已给定，那么就可以确定井筒处的压力梯度，由式(3-60)得：

$$\frac{\partial p}{\partial r}\bigg|_{r=r_w}=\frac{\mu}{2\pi Khr_w}q \tag{3-61}$$

假设在近井地带是稳态流或拟稳态流，则在均匀厚度和渗透率为常数的水平地层中，其流动可表示为：

$$q=\frac{2\pi Khr_w}{\mu}\frac{\partial p}{\partial r}\bigg|_{r=r_w} \tag{3-62}$$

对式(3-62)进行变量分离，并在井筒半径 r_w 到任意半径 r 的区域积分，得到稳态压力分布：

$$p=p_{wf}+\frac{q\mu}{2\pi Kh}\ln(r/r_w) \tag{3-63}$$

设在外半径 r_e 处的压力为 p_e，则式(3-63)为：

$$q=\frac{2\pi Kh}{\mu\ln(r/r_w)}(p_e-p_{wf}) \tag{3-64}$$

式(3-64)在标准状态下的形式为：

$$q_{sc}=\frac{2\pi Kh}{\mu B\ln(r_e/r_w)}(p_e-p_{wf}) \tag{3-65}$$

式中，p_e 为井所在网格的压力，r_e 为等效半径。p_{wf} 和 q_{sc} 中有一个是由生产制度给出的，是已知的。因而，式(3-65)只有一个未知量。

钻井和完井过程中不可避免地对近井地带渗透率造成伤害，为了定量描述这种伤害引入无因次常数表皮因子 S_t，表皮因子用来表示井筒周围污染区所产生的额外压降 Δp_s，定义如下：

$$\Delta p_s=\frac{q\mu}{2\pi Kh}S_t \tag{3-66}$$

正表皮因子表明近井筒地区存在着损害，渗透率降低，而负表皮因子则说明井筒周围的地层条件得到改善，渗透率变高。

考虑表皮因子 S_t，实际压力应为理想压力加上表皮效应导致的额外压降 Δp_s，由式(3-63)与式(3-66)可得实际压力为：

$$p=p_{wf}+\frac{q\mu}{2\pi Kh}\left[\ln\left(\frac{r}{r_w}\right)+S_t\right] \tag{3-67}$$

考虑表皮因子的式(3-67)可简化为：

$$q_{sc}=\frac{2\pi Kh}{\mu B[\ln(r_e/r_w)+S_t]}(p_e-p_{wf}) \tag{3-68}$$

引入油井产油指数 J_w：

$$J_w=\frac{Kh}{\mu B[\ln(r_e/r_w)+S_t]} \tag{3-69}$$

则式(3-68)可写为：

$$q_{sc}=2\pi J_w(p_e-p_{wf}) \tag{3-70}$$

2. Peaceman 井模型

油藏模拟中第一个精确的井模型是由 Peaceman 提出来的。下面通过一个特例来介绍等效半径。如图 3-10 所示为规则网格中的五个网格，井处于中心网格处，即井位于网格$(i,\ j)$，产量为 q_{sc}。假设在井周围的流体流动是不可压缩的稳态流动，且油藏均质、各向同性，井远离其他井和油藏边界，则可近似认为相邻网格处的压力相等，且设为 p_s。设相邻网格与井的距离为 Δx、网格$(i,\ j)$处的压

力为 $p_{i,j}$、井为生产井，那么存在某一点（在离井为 r_{eq} 处，且 $r_{eq}<\Delta x$），此处的压力为$p_{i,j}$。事实上，网格$(i,\ j)$的压力 $p_{i,j}$是井网格压力的某种平均值，其网格边缘处的实际压力大于 $p_{i,j}$，而在井附近处的压力小于 $p_{i,j}$，显然存在一点（设其在离井 r_{eq}处），其压力就是 $p_{i,j}$。又假设是各向同性、不可压缩的稳态流动，因而，可以认为在距井为 r_{eq} 的圆上的压力是相等的，即为 $p_{i,j}$，则 r_{eq}就是井网格压力的等效半径。

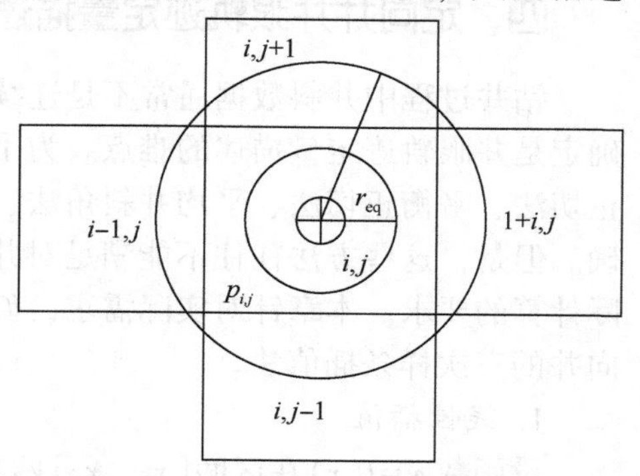

图 3-10　规则网格中的五个网格

从相邻网格流向井网格$(i,\ j)$的流量，相当于从压力为 p_s、半径为 Δx 的圆上，按径向规律流向压力为 $p_{i,j}$、半径为 r_{eq}的圆上。其流动遵循式(3-65)，有：

$$q_{sc}=\frac{2\pi Kh}{\mu B\ln(\Delta x/r_{eq})}(p_s-p_{i,j}) \tag{3-71}$$

其中，压力 p_s 所在半径为 $r_{eq}=\Delta x$。

另外，注意到网格为正方形，从邻块流入中心网格块$(i,\ j)$的流量为：

$$\begin{aligned}q'_{sc}&=-\left(\frac{Kh}{\mu B}\right)_{ij}\left[(p_{i-1,j}-p_{i,j})+(p_{i+1,j}-p_{i,j})+(p_{i,j-1}-p_{i,j})+(p_{i,j+1}-p_{i,j})\right]\\&=-\left(\frac{4Kh}{\mu B}\right)(p_s-p_{i,j})\end{aligned} \tag{3-72}$$

由于是不可压缩流动，所以流入中心网格$(i,\ j)$的流量 q'_{sc}与 q_{sc} 相等，由式(3-71)与式(3-72)，有：

$$\frac{2\pi Kh}{\mu B\ln(\Delta x/r_{eq})}(p_{i,j}-p_s)=4\frac{Kh}{\mu B}(p_{i,j}-p_s) \tag{3-73}$$

将上式重新整理得：

$$r_{eq}=e^{-\frac{\pi}{2}}\Delta x\approx 0.208\Delta x \tag{3-74}$$

虽然等效半径 r_{eq} 是在假设稳态不可压缩流动的情况下得出来的，但是 Peaceman 等证实了对于可压缩、非稳态流动，该结果也是有效的。对于各向异性储层，首先通过坐标变换将各向异性油藏变换到各向同性的空间中，其次将其椭圆形的等势线近似为圆形等势线，推导得等效半径为：

$$r_e=0.28\frac{\{[(K_y/K_x)^{1/2}(\Delta x)^2]+[(K_x/K_y)^{1/2}(\Delta y)^2]\}^{1/2}}{(K_y/K_x)^{1/4}+(K_x/K_y)^{1/4}} \tag{3-75}$$

对于平面上存在各向同性渗透率的特殊情况($K_x=K_y$)，等效半径为：

$$r_e=0.14[(\Delta x)^2+(\Delta y)^2]^{1/2} \tag{3-76}$$

对正方形网格，有：

$$r_e = 0.198\Delta x \tag{3-77}$$

四、定向井井眼轨迹定量描述

钻井过程中井斜数据通常不是连续测取，而是间隔测取。测点间的坐标如何确定是井眼轨迹定量描述的难点。为了解决这个问题，目前已有许多方法，诸如正切法、平衡正切法、平均井斜角法、曲率半径法等，其中以曲率半径法最为精确。但是，这些方法往往不能满足对井斜和方位要求很严格的定向井或丛式井实际计算的要求。本章针对实际需求，研究了描述大斜度井的线性插值法及描述定向井的三次样条插值法。

1. 线性插值

设函数 $y=f(x)$ 在区间 $[x_0, x_1]$ 两端点的值分别为 $y_0=f(x_0)$，$y_1=f(x_1)$，要求用线性函数 $y=L_1(x)=ax+b$ 近似代替 $f(x)$，适当选择参数 a、b，使：

$$L_1(x_0)=f(x_0),\ L_1(x_1)=f(x_1) \tag{3-78}$$

线性函数 $L_1(x)$ 称为 $f(x)$ 的线性插值函数。

线性插值的几何意义是利用通过两点 $A[x_0, f(x_0)]$ 和 $B[x_1, f(x_1)]$ 的直线去近似代替曲线 $y=f(x)$，如图 3-11 所示。

由直线方程的两点式可求得 $L_1(x)$ 的表达式为：

$$L_1(x)=\frac{x-x_1}{x_0-x_1}y_0+\frac{x-x_1}{x_1-x_0}y_1 \tag{3-79}$$

这就是所求的线性插值函数，利用线性插值函数算得井眼轨迹如图 3-12 所示，线性插值法适合井眼轨迹较为简单的大斜度井。

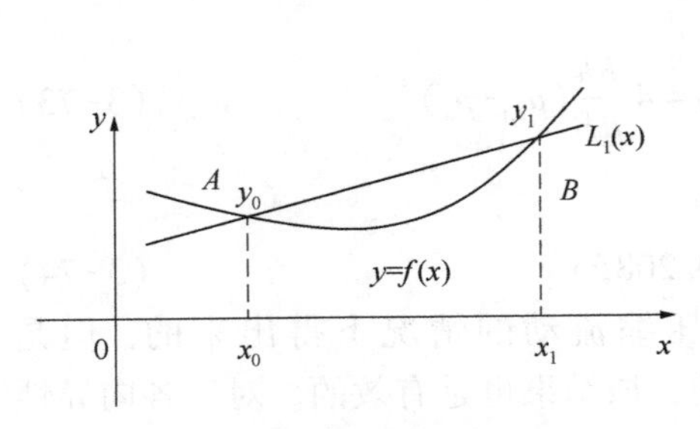

图 3-11　线性插值示意图

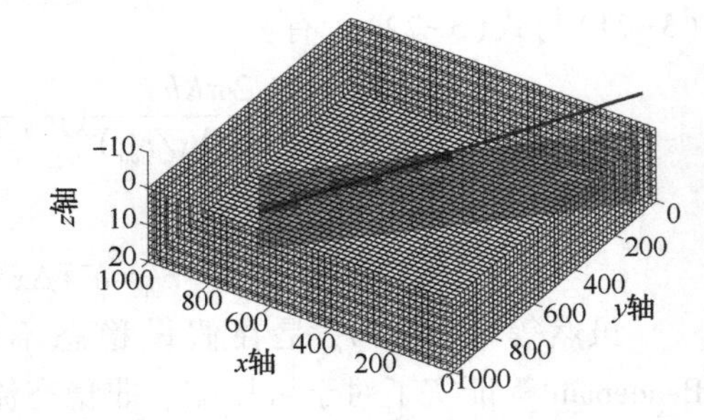

图 3-12　规则网格中的五个网格

2. 三次样条插值

插值的方法很多，但以样条插值最好，而样条插值又以三次样条插值应用最广。因为它既有分段插值精度高的优点，又能使节点处保持光滑连续。近年来，三次样条插值在数值逼近计算中获得了广泛的应用。在定向井井眼轨迹计算时，应用这种方法，可以很方便地在任意两个相邻已知测点之间，无限制地增加插值点，从而计算出定向井任一点处的井眼坐标。

定向井井眼轨迹是通过连接在弹性钻柱末端上的钻头，在钻压和扭矩的作用下，连续不断破碎岩石形成的。在钻进过程中，下部钻柱是否发生弯曲变形要受到井壁的限制。根据样条的定义，钻柱本身类似一根弹性样条。由于下部钻柱组合的扶正特性，定向井井眼轨迹应当是一条连续变化的“光滑”曲线，因而井斜角和方位角的变化也是连续的。因此，用样条插值函数来模拟定向井井眼轨迹，从理论上来说是可行的。

井眼三次样条插值：设已知定向井某井段(a, b)上，给定一组有序的测点：

井深：

$$a=x_0<x_1<\cdots<x_N=b \tag{3-80}$$

对应的两组函数值为：

井斜角：

$$a_0, a_1, a_2, \cdots, a_N \tag{3-81}$$

方位角：

$$\varphi_0, \varphi_1, \varphi_2, \cdots, \varphi_N \tag{3-82}$$

在此，分别将井斜角和方位角看作随井深变化的函数(无表达式的离散函数)；根据三次样条函数的定义，可以构造三次样条井眼样条函数$S(x)$和$Q(x)$，使其满足：

(1) 在区间(a, b)的每个子区间$(x_{K-1}, x_K)$$(K=1, 2, 3, \cdots, N)$上，$S(x)$和$Q(x)$是一个三次多项式。

(2) $S(x_K)=a_K(K=0, 1, 2, \cdots, N)$，$Q(x_K)=\varphi_K(K=0, 1, 2, \cdots, N)$。

(3) 在(a, b)上，$S(x)$和$Q(x)$具有连续的二阶导数。则称$S(x)$和$Q(x)$为(a, b)上，分别插值于井斜角α和方位角φ的三次井斜样条函数和三次方位样条函数，统称三次样条井眼样条函数。

$S(x)$和$Q(x)$的计算公式：根据三次样条函数的性质，不难推导出三次井斜样条函数和三次方位样条函数的表达式如下：

$$S(x)=\frac{M_{K-1}(x_K-x)^3}{6L_K}+\frac{M_K\ (x_K-x_{K-1})^3}{6L_K}+\left(\frac{a_K}{L_K}-\frac{M_K L_K}{6}\right)\times(x-x_{K-1})+\left(\frac{a_{K-1}}{L_K}-\frac{M_{K-1}\cdot L_K}{6}\right)(x_K-x) \tag{3-83}$$

$$Q(x)=\frac{m_{K-1}(x_K-x)^3}{6L_K}+\frac{m_K\ (x_K-x_{K-1})^3}{6L_K}+\left(\frac{a_K}{L_K}-\frac{m_K L_K}{6}\right)\times(x-x_{K-1})+\left(\frac{a_{K-1}}{L_K}-\frac{m_{K-1}\cdot L_K}{6}\right)(x_K-x) \tag{3-84}$$

式中，$K=1, 2, 3, \cdots, N-1$；L_K为测距，$L_K=x_K-x_{K-1}$，m；x为插值点处的井深，m；N为测点个数；x_K，x_{K-1}为相邻两个测点的井深，m；α_K，α_{K-1}，为x_K，

x_{K-1}处的井斜角，(°)；φ_K，φ_{K-1}为x_K，x_{K-1}处的方位角，(°)。

$$M_K=S^N(x_K),\ M_{K-1}=S^N(x_{K-1}) \tag{3-85}$$

$$m_K=Q^N(x_K),\ m_{K-1}=Q^N(x_{K-1}) \tag{3-86}$$

为了确定$S(x)$和$Q(x)$，必须求出M_K，$m_K(K=0, 1, 2, \cdots, N)$，经过推导，得到确定$M_K$，$m_K$的线性方程组如下：

$$\begin{cases} 2M_0+\lambda_0 M_1=D_0 \\ \mu_1 M_0+2M_1+\lambda_1 M_2=D_1 \\ \vdots \\ \mu_{N-1}M_{N-2}+2M_{N-1}+\lambda_{N-1}M_N=D_{N-1} \\ \mu_N M_{N-1}+2M_N=D_N \end{cases} \tag{3-87}$$

以及：

$$\begin{cases} 2m_0+\lambda_0 m_1=d_0 \\ \mu_1 m_0+2m_1+\lambda_1 m_2=d_1 \\ \vdots \\ \mu_{N-1}\cdot m_{N-2}+2m_{N-1}+\lambda_{N-1}m_N=d_{N-1} \\ \mu_N m_{N-1}+2m_N=d_N \end{cases} \tag{3-88}$$

式(3-87)和式(3-88)可以写成矩阵形式：

$$\begin{Bmatrix} 2 & \lambda_0 & & & & \\ \mu_1 & 2 & \lambda_1 & 0 & & \\ & \mu_2 & 2 & \lambda_2 & & \\ & & \ddots & \ddots & \ddots & \\ & & & \mu_{N-1} & 2 & \lambda_{N-1} \\ & 0 & & & \mu_N & 2 \end{Bmatrix} \begin{Bmatrix} M_0 \\ M_1 \\ M_2 \\ \vdots \\ M_{N-1} \\ M_N \end{Bmatrix} = \begin{Bmatrix} D_0 \\ D_1 \\ D_2 \\ \vdots \\ D_{N-1} \\ D_N \end{Bmatrix} \tag{3-89}$$

$$\begin{Bmatrix} 2 & \lambda_0 & & & & \\ \mu_1 & 2 & \lambda_1 & 0 & & \\ & \mu_2 & 2 & \lambda_2 & & \\ & & \ddots & \ddots & \ddots & \\ & & & \mu_{N-1} & 2 & \lambda_{N-1} \\ & 0 & & & \mu_N & 2 \end{Bmatrix} \begin{Bmatrix} m_0 \\ m_1 \\ m_2 \\ \vdots \\ m_{N-1} \\ m_N \end{Bmatrix} = \begin{Bmatrix} d_0 \\ d_1 \\ d_2 \\ \vdots \\ d_{N-1} \\ d_N \end{Bmatrix} \tag{3-90}$$

在式(3-89)和式(3-90)中，$\lambda_0=1$，$\mu_N=0$，余下参数：

$$D_0=\frac{6}{L_1}\left(\frac{a_1-a_0}{L_1}-a'_0\right) \tag{3-91}$$

$$D_N=\frac{6}{L_N}\left(a'_N-\frac{a_N-a_{N-1}}{L_N}\right) \tag{3-92}$$

$$d_0=\frac{6}{L_1}\left(\frac{\varphi_1-\varphi_0}{L_1}-a'_0\right) \tag{3-93}$$

$$d_N=\frac{6}{L_N}\left(\varphi'_N-\frac{\varphi_N-\varphi_{N-1}}{L_N}\right) \tag{3-94}$$

$$D_K=6\left(\frac{\frac{a_{K+1}-a_K}{L_{K+1}}-\frac{a_K-a_{K-1}}{L_K}}{L_K+L_{K+1}}\right) \tag{3-95}$$

$$d_K=6\left(\frac{\frac{\varphi_{K+1}-\varphi_K}{L_{K+1}}-\frac{\varphi_K-\varphi_{K-1}}{L_K}}{L_K+L_{K+1}}\right) \tag{3-96}$$

$$\lambda_K=\frac{L_{K+1}}{L_K+L_{K+1}} \tag{3-97}$$

$$\mu_K=1-\lambda_K \tag{3-98}$$

a'_0，a'_N和 φ'_0，φ'_N由边界条件确定，常用的边界条件如下：

（1）给定端点的一阶导数为已知时：

$$a'_0=S'(\alpha),\ a'_N=S'(b) \tag{3-99}$$

$$\varphi'_0=Q'(\alpha),\ \varphi'_N=Q'(b) \tag{3-100}$$

当两端为固定约束时：

$$a'_0=a'_N=0,\ \varphi'_0=\varphi'_N=0 \tag{3-101}$$

（2）给定端点的二阶导数为已知时：

$$M_0=S''(a),\ M_N=S''(b) \tag{3-102}$$

$$m_0=Q''(a),\ m_N=Q''(b) \tag{3-103}$$

当两端自由时：

$$m_0=m_N=0,\ M_0=M_N=0 \tag{3-104}$$

式(3-89)和式(3-90)是三对角方程组，解三对角方程组用“追赶法”很方便，求出 M_0，M_1，…，M_N 和 m_0，m_1，…，m_N 之后，分别代入式(3-87)和式(3-88)，就可求出$(a,\ b)$井段上任意井深处的井斜角和方位角，从而确定定向井井眼轨迹上任一点的空间位置。利用三次样条插值函数，算得定向井井眼轨迹如图 3-13 所示。从图中可以看出井眼轨迹连续且光滑。

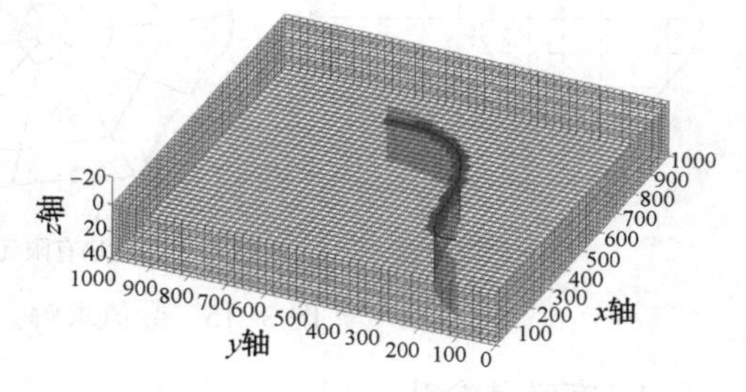

图 3-13　三次样条插值井眼轨迹示意图

五、油藏三维网格离散

储层物理模型离散成网格时，总是要在网格的通用性和效率之间进行选择。为了提高计算效率，选用笛卡儿(正交)网格进行离散。以顶点、边和面的形式显式地将网格信息存储起来，并存储单元格、面、边和顶点之间的拓扑关系。图3-14为3×2×2维油藏离散示意图，图中展示了单元格、面、边和顶点之间的拓扑关系。

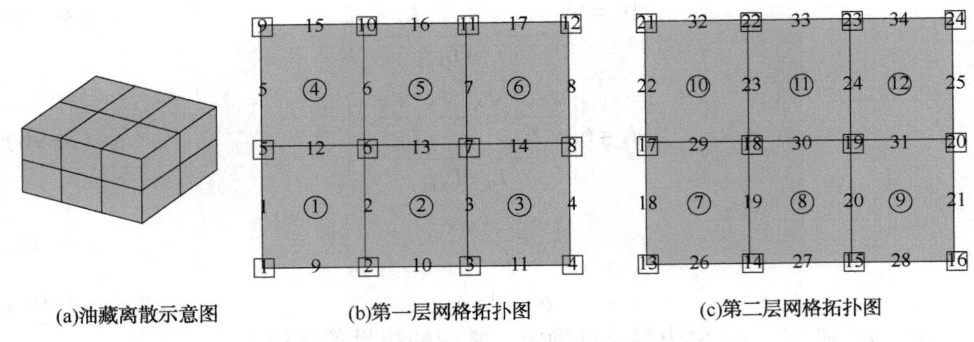

图3-14 单元格、面、边和顶点之间的拓扑关系

六、渗流方程求解

油藏模拟中各种渗流规律均用偏微分方程定量描述，只有在十分理想的条件下才能得到其解析解，因此偏微分方程一般不是采用解析方法，而是采用数值方法求解。常见的数值解法包括有限差分法、有限元法、边界元法(离散示意图如图3-15所示)和控制体积法(又称有限体积法)等。有限差分方法原理简单、理论成熟，是应用最早和最广泛的数值方法，后几种方法精度较高但原理复杂，近几年发展得很快。

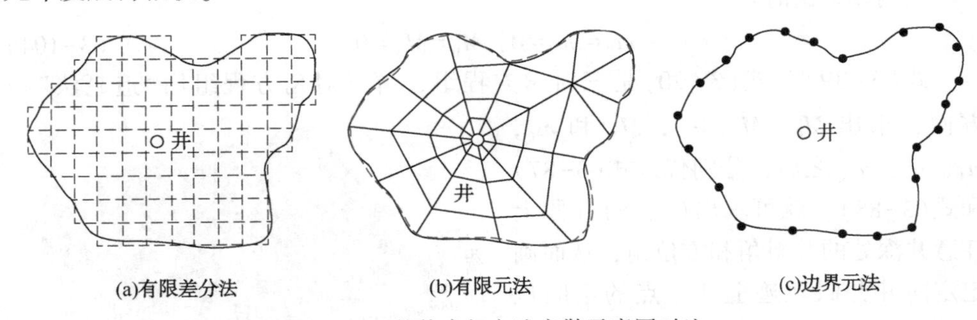

图3-15 数值求解方法离散示意图对比

1. 有限差分法

有限差分法(Finite Difference Method，FDM)是油藏数值模拟中应用最早，也

是迄今为止应用最广泛的一种离散化方法。其基本原理是用 Taylor 级数展开等方法，把连续的定解区域用有限个离散点构成的网格来代替，这些离散点称作网格的节点；把连续定解区域上的连续变量的函数，用在网格上定义的离散变量函数来近似；把原方程和定解条件中的偏微分用差商来近似，积分用积分和来近似。从而建立以网格节点上的值为未知数的代数方程组，即有限差分方程组。有限差分法是一种直接将微分方程问题变为代数问题的近似数值解法，其数学物理概念直观、理论成熟、表达简单、易于编程、易于并行；但不利于求解复杂边界问题、高阶微分方程以及高梯度问题。目前在油藏数值模拟中，无论是单相渗流还是多相渗流、是单组分流动还是多组分流动、是一维流动还是三维流动问题的处理，有限差分法都是一种比较成功和有效的方法。

2. 有限元法

有限元法(Finite Element Method，FEM)最早应用于结构力学，后来广泛应用于流体力学数值模拟等方面。有限元法的基础是变分原理和加权余量法，求解时将计算域划分为有限个互不重叠的单元，然后在每个单元内，选择合适的节点作为求解函数的插值点来构造单元插值函数，将微分方程用变量的插值函数组成的线性表达式表达，借助变分原理或加权余量法，将微分方程离散得到每个单元的代数方程，将所有代数方程组装得到整个求解域的方程组。目前在数值模拟研究中，有限元法已经应用于前缘追踪等问题上，常见的是由变分法和加权余量法发展而来的里兹法和伽辽金法、最小二乘法等。有限元法的优点是可以比较精确地模拟各种复杂的曲线或曲面边界，网格的划分比较随意，可以统一处理多种边界条件。离散方程的形式规范，便于编制通用的计算机程序，但是内存占用和计算量巨大，并行不够直观。

3. 边界元法

边界元法(Boundary Element Method，BEM)是继有限元法之后发展起来的一种新的数值方法，它是在研究域的边界上划分单元，基于控制微分方程的基本解来建立相应的边界积分方程，再结合边界的剖分而得到的离散算式。边界元法以定义在边界上的边界积分方程为控制方程，通过对边界分元插值离散，化为代数方程组求解。边界元法在区域内使用解析解，只需对外边界进行离散，其所需离散网格数量少，具有求解速度快、精度高的优点。

4. 控制体积法

控制体积法(Control Volume Method，CVM)，基本思想是将求解区域划分为一系列不重复的控制体积，并使每个网格节点周围有一个控制体积。将待解的微分方程对每一个控制体积积分，便得出一组离散方程，其中的未知数是网格点上因变量的数值，求解离散线性方程组即可得网格点上未知量的数值。控制体积法的基本思想易于理解，物理意义明确，得出的离散方程要求因变量的积分守恒在任意一组控制体积中都能实现，则在整个计算区域自然也可得到满足，这是控制体积法最大的优点。由于控制体积法从控制体的积分形式出发，对求解区域的剖分同有限元一样具有单元特征，能适应复杂不规则求解区域，离散方法具有差分方法的灵活性。控制体积方法适于流体计算，可以应用于不规则网格。

本书采用控制体积法进行求解，假设油藏被离散成 M 个单元体，N 个射孔段。对于该物理问题，共有 $M+N+1$ 个未知数，分别为：M 个单元体上的压力、N 个射孔段流量及井口流量。联立以上所述公式进行简化，并在时间上离散可得 M 个单元体上质量守恒方程为：

$$\frac{P^{n+1}-P^{n}}{\Delta t}-\frac{1}{c_t\mu\varphi}\nabla\cdot[K\nabla(P^{n+1})]-q_w^n=0 \tag{3-105}$$

式(3-105)中，上标 n 为第 n 个时间步(已知)；上标 $n+1$ 为第 $n+1$ 个时间步(未知)；其中，c_t为综合压缩系数，表达式为：

$$c_t=c_r+c_f \tag{3-106}$$

利用式(3-106)可得 N 个方程，联合式(3-105)可得 $M+N$ 个方程，结合定压生产，可构造 $M+N+1$ 个方程。方程的个数与未知数个数相等，应用 Newton-Raphson 迭代求解方法可得方程组的解。

第3节　三维定向井非稳态压力场及产能计算

一、三维油藏定向井几何模型

1. 油藏基础数据

油藏物理模型如图 3-16、图 3-17 所示，在油藏中任意位置设置一口水平井；油藏渗透率各向异性，考虑储层岩石和流体的压缩性。假设开发前油藏压力为定值，开发过程中油藏温度恒定；单相流体、忽略毛管力及重力的影响。三维盒状油藏尺寸为 1000m×1000m×40m，水平井长度为 200m，水平井位置坐标为 x 轴 500m、z 轴 20m，井跟位于 y 轴 400 处，井趾位于 y 轴 600m 处(水平井位于盒状油藏中间部位)；其他油藏基础参数如表 3-7 所示。

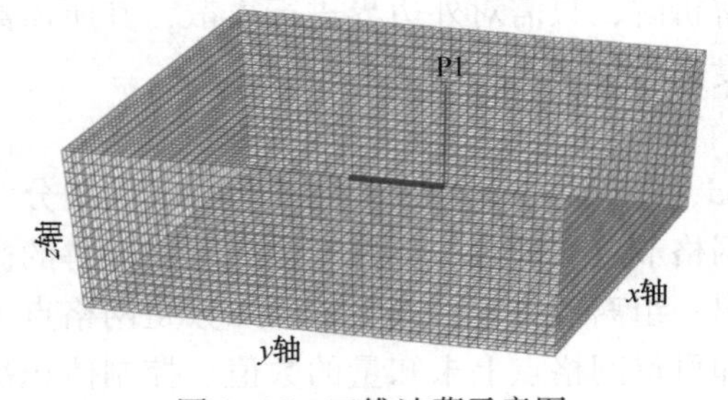

图 3-16　三维油藏示意图

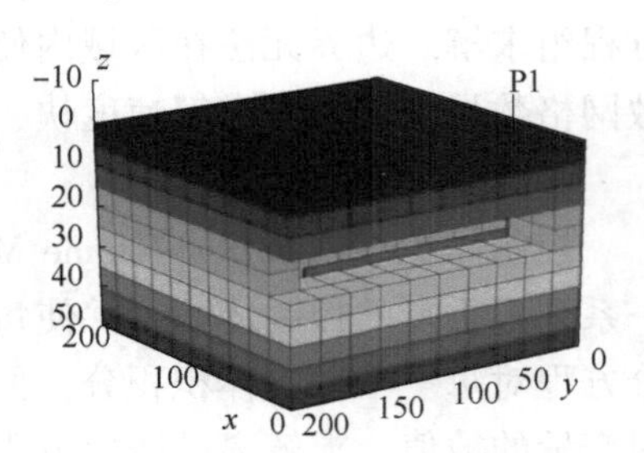

图 3-17　三维油藏示意图(1)

表 3-7 油藏基础参数汇总表

x 方向长度(m)	y 方向长度(m)	z 方向长度(m)	定压生产(MPa)
1000	1000	40	10
原始地层压力(MPa)	流体黏度(mPa·s)	流体密度(kg/m^3)	流体压缩系数(MPa^{-1})
20	10	850	10^{-3}
孔隙度(%)	渗透率($10^{-3}\mu m^2$)	岩石压缩系数(MPa^{-1})	表皮系数
15	30	10^{-6}	1

油藏数值模拟中井模拟设定 Peaceman 井模型，解决储层网格尺寸远大于井筒半径的难点，模拟可压缩、非稳态流动。对于各向异性储层，通过坐标变换将各向异性油藏变换到各向同性的空间中，然后将其椭圆形的等势线近似为圆形等势线，可推导得到等效半径，继续进行产能处理。

2. 模型正确性验证

基于表 3-7 中数据，利用 CMG 2015 IMEX 黑油模块对本模型正确性进行验证，模拟结果如图 3-18 所示。模拟对比结果显示两者在模拟前期有较小的差别，随着开发的进行两者的差别越来越小。两者都采用数值方法对渗流方程进行求解，数值解本身具有一定的误差，导致结果存在较小误差，但整体吻合度较高。

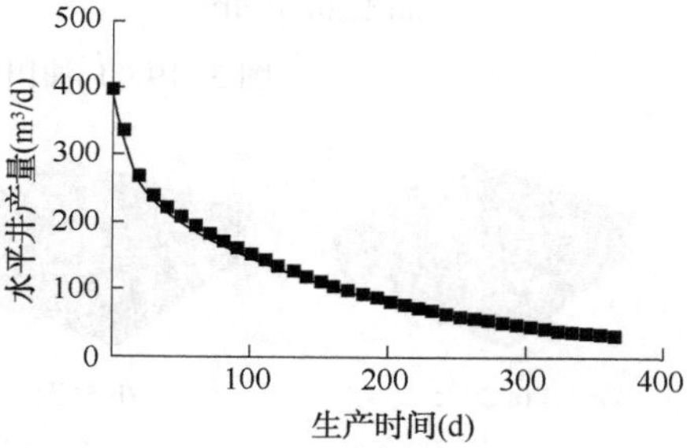

图 3-18 模型与 CMG 软件计算结果对比图

3. 不同储层条件下油藏物性研究

均质油藏为理想化油藏。假设整个油藏具有相同的孔隙度和渗透率。各向异性油藏是指渗透率具有方向性的油藏，即 $K_x \neq K_y \neq K_z$。储层非均质性将直接影响到储层中油、气、水的分布及开发效果。一般认为，非均质性油藏中孔隙度和渗透率满足正态分布。以 F 油田为例，其测井解释孔隙度为 25.4%~33.7%，渗透率为(408~2380)×$10^{-3}\mu m^2$；该三维油藏的孔隙度和渗透率分布如图 3-19 所示。

裂缝型储层常规为平面上方向性强、裂缝以高角度缝为主、一般不能形成裂缝网络的砂岩储层。将裂缝性储层划分为裂缝发育的裂缝区域和不存在裂缝的基质区域，首先利用平行板理论和渗流力学的相关理论，建立裂缝发育区域的渗透率张量模型。设定沿裂缝方向的总流量为基质与裂缝流量之和，获得裂缝性储层的等效渗透率。

二、非稳态压力场储层压力传播规律

1. 均质储层

油藏为均质储层，基础数据如表 3-7 所示。当水平井分别生产 20 天、51

天、101 天、203 天时的压力云图如图 3-20 所示。由图可知储层压力呈椭圆状向外传播，随着生产的进行压力传播范围越来越大且近井地带储层压力最低。

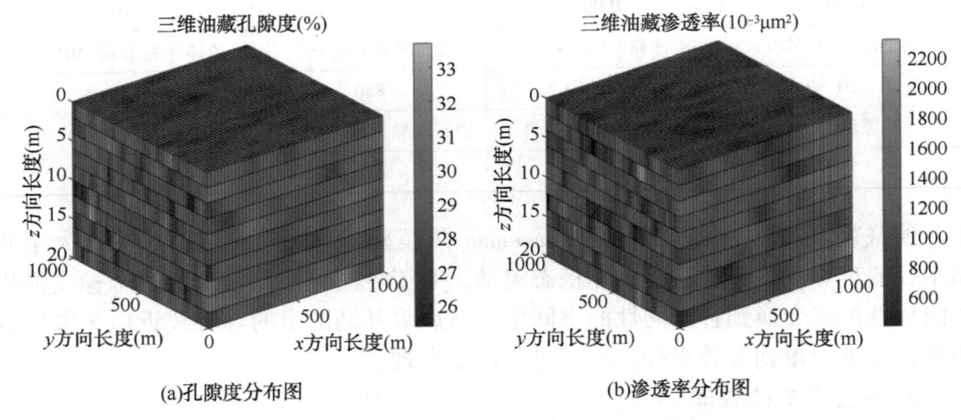

图 3-19 F 油田储层渗透率与孔隙度分布图

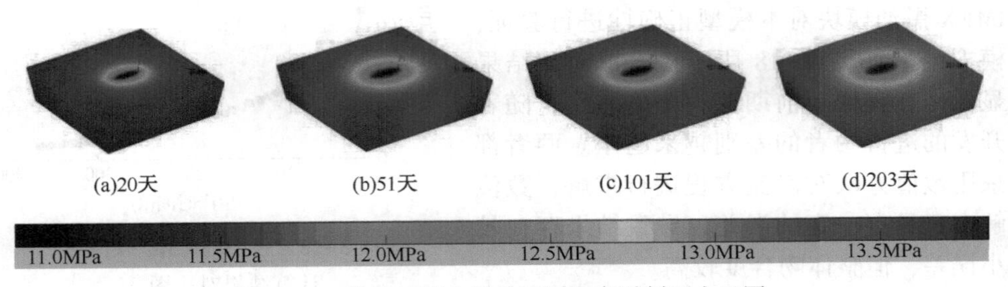

图 3-20 均质油藏水平井不同生产时刻压力云图

2. 各向异性储层 $K_x = 3\times10^{-3}\mu m^2$

当储层渗透率 $K_y = K_z = 30\times10^{-3}\ \mu m^2$、$K_x = 3\times10^{-3}\ \mu m^2$ 时，其他基础数据如表 3-7 所示，水平井分别生产 20 天、51 天、101 天、203 天时的压力云图如图 3-21 所示。与均质储层压力传播相比，由于 x 轴方向渗透率大幅降低，导致 x 轴方向压力传播速度较慢，压力沿 y 轴方向传播速度较快，低压区椭圆的长短轴之比也越来越大。

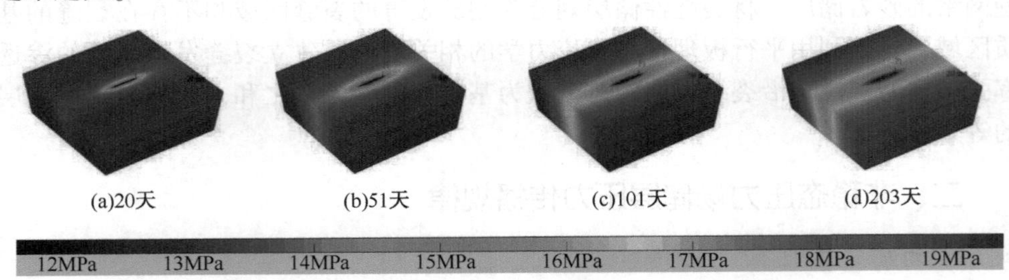

图 3-21 各向异性油藏水平井不同生产时刻压力云图

3. 各向异性储层 $K_y=3\times10^{-3}\mu m^2$

当储层渗透率 $K_x=K_z=30\times10^{-3}\mu m^2$、$K_y=3\times10^{-3}\mu m^2$ 时，其他基础数据如表 3-7 所示，水平井分别生产 20 天、51 天、101 天、203 天时的压力云图如图 3-22 所示。与均质储层压力传播相比，由于 y 轴方向渗透率大幅降低，导致 y 轴方向压力传播速度变慢，压力沿 x 轴方向传播速度加快。

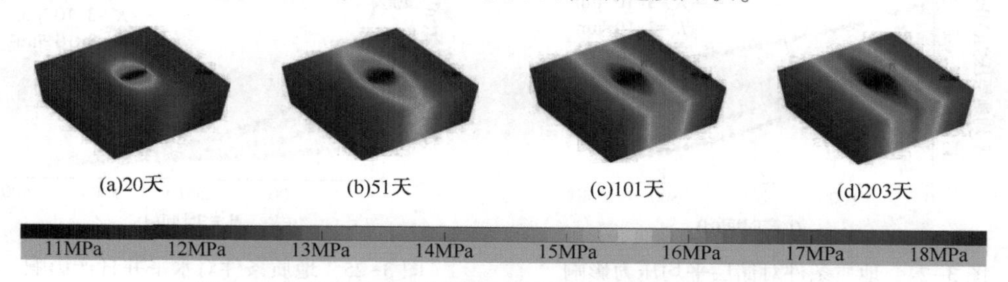

图 3-22　各向异性油藏水平井不同生产时刻压力云图(1)

4. 各向异性储层 $K_z=3\times10^{-3}\mu m^2$

当储层渗透率 $K_x=K_y=30\times10^{-3}\mu m^2$、$K_z=3\times10^{-3}\mu m^2$ 时，其他基础数据如表 3-7 所示，水平井分别生产 20 天、51 天、101 天、203 天时的压力云图如图 3-23 所示。与均质储层压力传播类似，但整体压降速度降低。

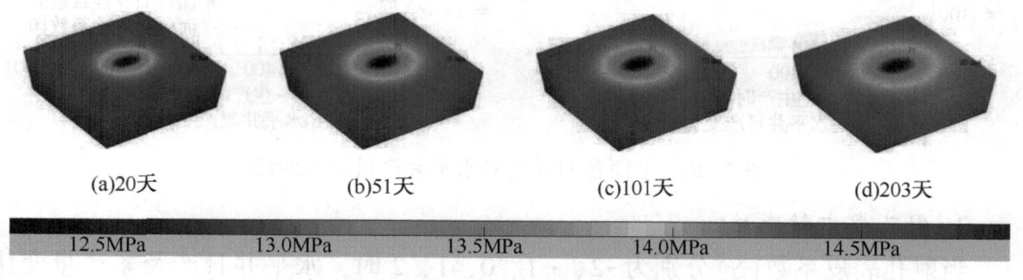

图 3-23　各向异性油藏水平井不同生产时刻压力云图(2)

四种地质条件下储层平均压力变化如图 3-24 所示，均质油藏平均地层压力下降速度最快，当 $K_x=3\times10^{-3}\mu m^2$时，平均地层压力下降速度最慢。与此同时还可得出，水平井对平面渗透率的变化比对垂向渗透率的变化敏感；当平面渗透率存在各向异性时，水平井沿着垂直于渗透率最大的方向布井才能获得高产。通过水平井日产量曲线(见图 3-25)，同样能得出以上认识。

三、产能计算

1. 平面各向异性敏感性

平面各向异性对水平井开发影响较大，在此定义 K_x/K_y 为平面各向异性系数。当平面各向异性系数分别为 1、2、5、10 时，水平井日产及累产量变化如图 3-

26 所示。据此可知，当水平井定井底流压生产时，平面各向异性系数越小，水平井初期日产越大，但产量递减较快。平面各向异性系数越小，水平井前期累产增长越快，后期增长逐渐减缓。

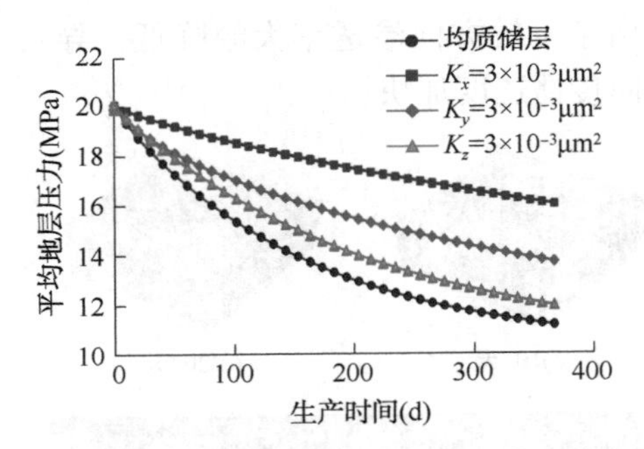

图 3-24　地质条件对储层平均压力影响

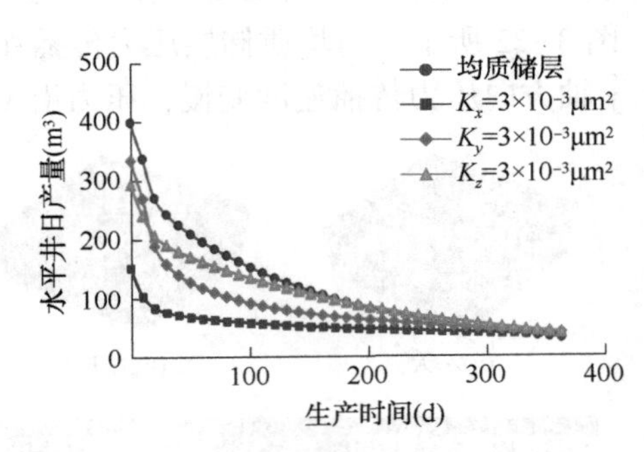

图 3-25　地质条件对水平井日产影响

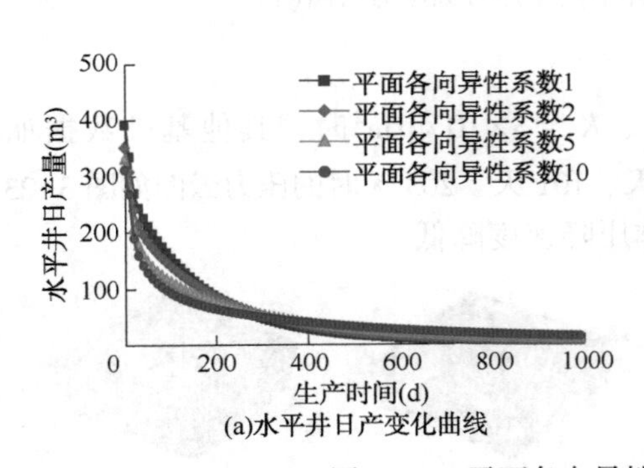

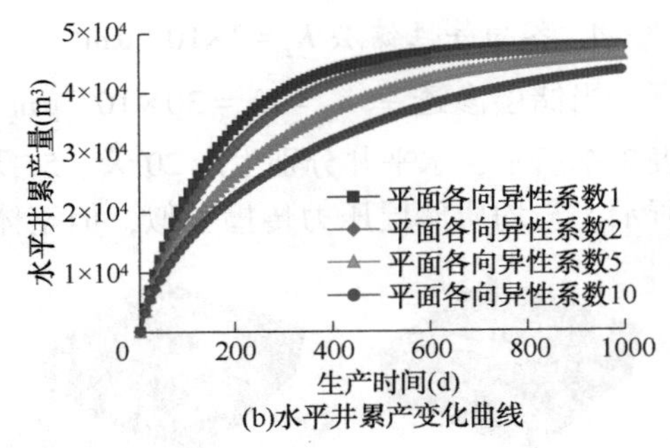

图 3-26　平面各向异性对水平井产量影响曲线

2. 射孔表皮敏感性

当射孔表皮系数(S)分别为−2、−1、0、1、2 时，水平井日产及累产量变化如图 3-27 所示。由此可知，射孔表皮系数越小，水平井初期日产越大，但产量递减较快。射孔表皮系数越小，水平井前期累产增长越快，后期增长逐渐减缓。

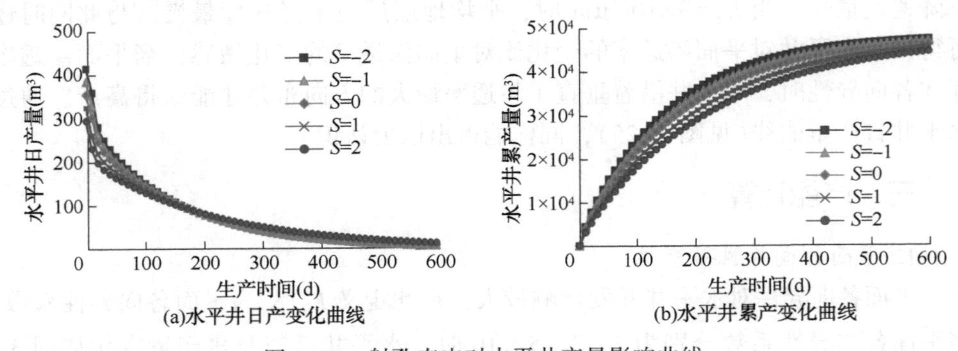

图 3-27　射孔表皮对水平井产量影响曲线

3. 天然裂缝密度敏感性

当储层含有天然裂缝，天然裂缝开度为30μm，天然裂缝密度分别为5条/m、10条/m、15条/m、20条/m、25条/m时，水平井日产及累产量变化如图3-28所示。由图可知，随着裂缝密度的增加，水平井前期日产越大，后期日产下降越快。随着裂缝密度的增加，水平井累产越来越大，但增幅逐渐减小。

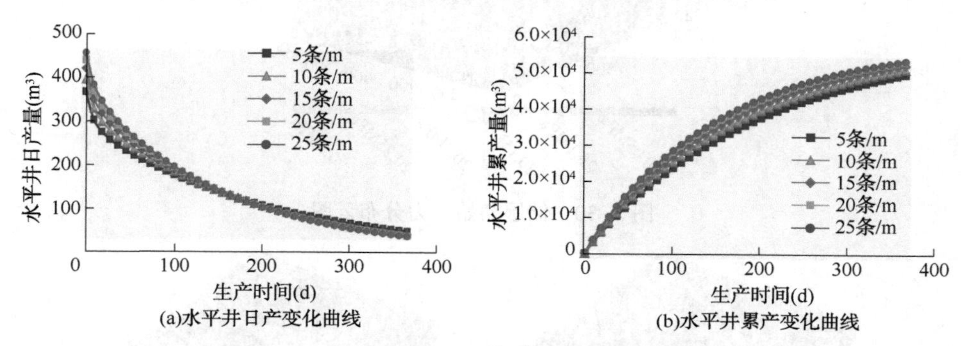

图3-28 天然裂缝密度对水平井产量影响曲线

4. 天然裂缝开度敏感性

当储层含有天然裂缝，天然裂缝密度为5条/m，天然裂缝开度分别为20μm、30μm、40μm、50μm、60μm时，水平井日产及累产量变化如图3-29所示。由图可知，天然裂缝开度越大，水平井前期日产越大，后期日产下降越快。随着天然裂缝开度的增加，水平井累产越来越大，但增幅逐渐减小。

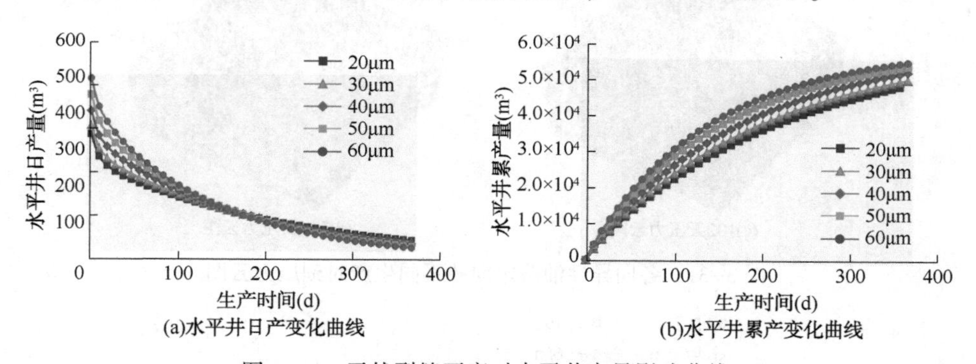

图3-29 天然裂缝开度对水平井产量影响曲线

5. 定向井压力场及产能

假设油藏中有一口定向井。考虑储层流体重力的影响，储层初始压力分布云图如图3-30所示，由于重力作用储层底部压力大于顶部压力。当水平井生产41天、91天、132天及314天时，油藏定向井压力分布云图如图3-31所示。由图可知，随着生产的进行，储层低压区越来越大。由于井眼轨迹的不规则性，因此定向井井身剖面流量变化差异大，如图3-32所示。

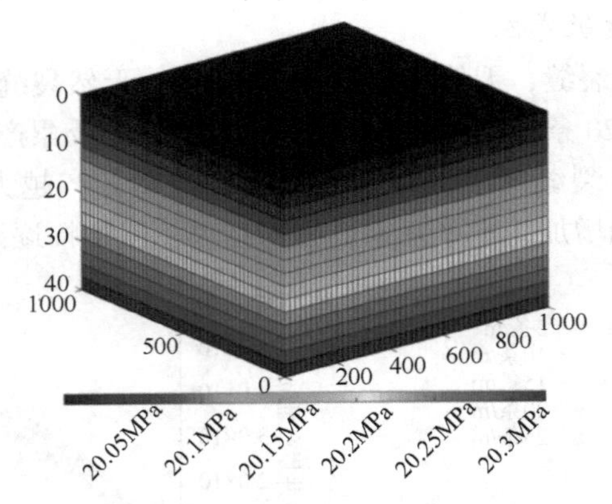

图 3-30　储层初始压力分布云图

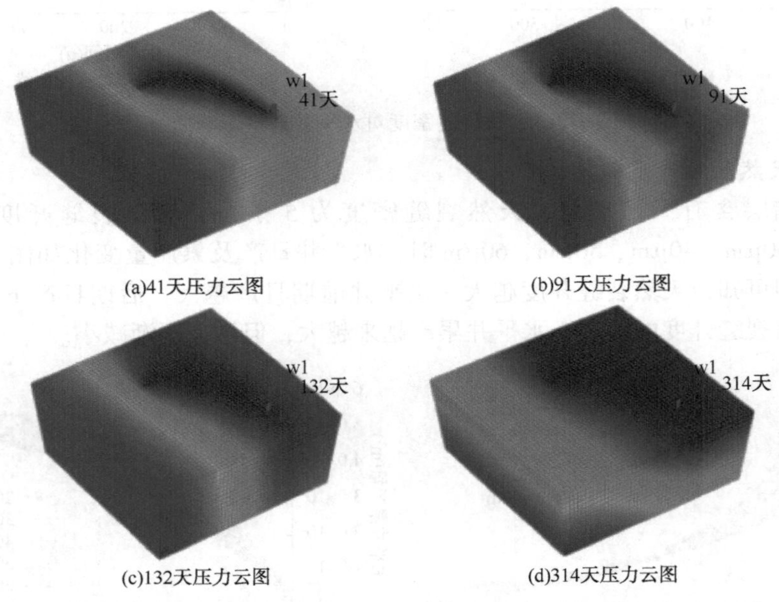

图 3-31　各向异性油藏定向井不同生产时刻压力云图

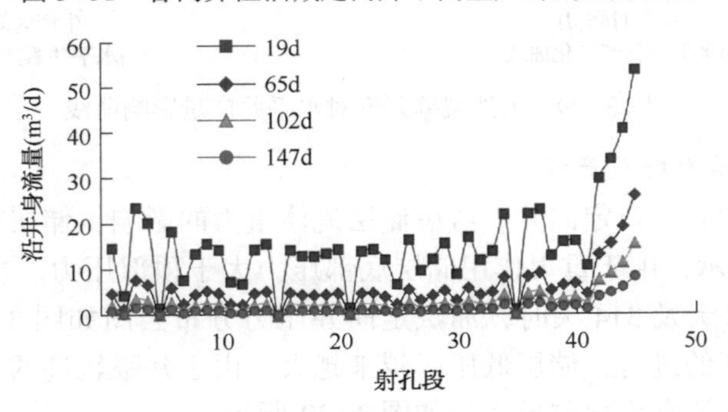

图 3-32　定向井沿井身流量变化曲线

第4章　深水高温高压双层套管射孔完井技术

深水高温高压双层套管射孔完井技术在我国海洋油气钻完井工程领域具有广泛的应用前景。随着我国海上油气田开发技术不断向深水、高温高压领域拓展，复杂难度井的应用逐渐增多，这些井的恶劣环境使常规的单层套管难以满足复杂情况下所施加的非均匀载荷，采用双层套管射孔完井技术可以很好地解决这些问题，该完井技术在提高油气井产能和降低开发成本方面具有重要意义。本章采用理论与数值模拟的方法，对双层套管射孔动力学响应规律进行深入分析，开展双层套管射孔参数的优化设计，为优化射孔设计和提高完井效果提供理论依据。

第1节　射孔冲击载荷作用下双层套管动力学计算方法

根据动力学理论，研究双层套管固井工况下考虑温度影响时套管-水泥环-地层系统温度场、应力场分布规律。综合双层套管射孔工艺，研究射孔对套管-水泥环-地层系统的影响，确定不同外部载荷工况系统应力状态，为射孔过程动态仿真模型构建以及双层套管射孔工艺工况套管穿透临界判据的建立提供理论基础。

一、多层套管-水泥环-地层温度场应力求解

1. 单层圆筒壁温度梯度

一个常物性、无内热源单层圆筒壁，设第 i 层圆环从某一均匀温度受热，内壁温度增加 $T_{i-2}-T_f$，外壁温度增加 $T_{i-2}-T_f$，T_f 为地层温度，无内热源，当温度热流稳定以后 $\left[\dfrac{\partial T_i(r,\ t)}{\partial t}=0\right]$，变温 $T_i(r)$ 应当满足：

$$\nabla^2 T_i=0 \tag{4-1}$$

即：

$$\left(\frac{d^2}{dr^2}+\frac{1}{r}\frac{d}{dr}\right)T_i=0，或\frac{1}{r}\frac{d}{dr}\left(r\frac{dT_i}{dr}\right)=0 \tag{4-2}$$

解得满足 $T_i\mid_{r=R_{i-1}}=T_{i-1}-T_f=\Delta T_{i-1}$ 和 $T_i\mid_{r=R_i}=T_i-T_f=\Delta T_i$ 的解为：

$$T_i(r)=\frac{1}{\ln\frac{R_i}{R_{i-1}}}\left(\Delta T_{i-1}\ln\frac{R_i}{r}-\Delta T_i\ln\frac{R_{i-1}}{r}\right) \tag{4-3}$$

2. *变热导率多层套管温度场求解*

工程上大多数材料的热导率是温度的函数，一般表示为：

$$\lambda=\lambda_0(1+bt) \tag{4-4}$$

对于多层套管，第 i 层圆环的热传导率为 $\lambda_i=\lambda_{0i}(1+b_i t)$，内壁温度为 T_{i-1}，外壁温度为 T_i，内半径为 R_{i-1}，外半径为 R_i，则第 i 层圆环的线热流量表达式为：

$$q_i=\frac{2\pi\lambda_{mi}(T_{i-1}-T_i)}{\ln\frac{R_i}{R_{i-1}}},\ \lambda_{mi}=\lambda_{0i}\left[1+\frac{b_i}{2}(T_{i-1}+T_i)\right] \tag{4-5}$$

式中，λ_{mi}为第 i 层圆环的平均热导率。

多层套管稳定温度场求解的方程为：

$$q_i=q_{i+1}(i=1,\ 2,\ 3,\ \cdots,\ n-1) \tag{4-6}$$

联立 $n-1$ 个方程组，可以求得 $n-1$ 个交界面温度(T_i，$i=1$，2，3，…，$n-1$)，最后可以获得整个温度场分布情况。

3. *多层套管-水泥环-地层圆环温度应力*

边界条件：

$$\sigma_r^1|_{r=R_0}=0 \tag{4-7}$$

$$\sigma_r^n|_{r=R_n}=0 \tag{4-8}$$

应力条件：

$$\sigma_r^i|_{r=R_i}=\sigma_r^{i+1}|_{r=R_i},\ (i=1,\ 2,\ 3,\ \cdots,\ n-1) \tag{4-9}$$

位移协调条件：

$$U_r^i|_{r=R_i}=U_r^{i+1}|_{r=R_i},\ (i=1,\ 2,\ 3,\ \cdots,\ n-1) \tag{4-10}$$

由以上 $2n$ 个方程，可以组成方程组，解出 8 个未知数，从而求得相应的温度分布。

二、多层套管-水泥环-地层结构场应力求解

以弹性力学为基础，考虑多层套管-水泥环与地层组合体，得到系统在非均匀地应力下的应力解。

在地层中，套管在纵向(井眼延伸方向)变形受到限制，因此，可把三维问题简化为平面应变问题。图 4-1 为多层套管-水泥环与地层组合体受力模型，组合体共有 n 层，第 n 层为地层，第 $n-1$ 层为最外层的水泥环，第 $n-2$ 层为最外层套管。第 i 层($i=1$，2，3，…，n)结构的弹性模量为 E_i，泊松比为 μ_i；第 i 层圆环内半径为 R_{i-1}，外半径为 R_i。地层受水平最大主应力为 σ_H，最小主应力为 σ_h，最内层套管内压为 P_0。

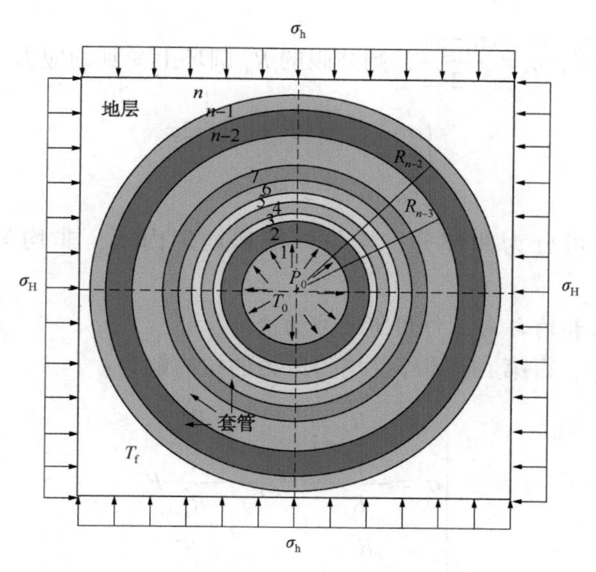

图 4−1　多层套管−水泥环与地层组合体受力模型

1. 受力模型及其简化

在地层中远离水泥环处取半径 R_n，根据圣维南原理，当 R_n 足够大时，该圆周上任意一点在直角坐标中的应力状态为：

$$\begin{cases}\sigma_x=-\sigma_{\mathrm{H}}\\ \sigma_y=-\sigma_{\mathrm{h}}\\ \tau_{xy}=0\end{cases} \tag{4-11}$$

根据极坐标变换公式有：

$$\begin{cases}\sigma_r=\dfrac{\sigma_x+\sigma_y}{2}+\dfrac{\sigma_x-\sigma_y}{2}\cos2\varphi+\tau_{xy}\sin2\varphi\\ \sigma_\varphi=\dfrac{\sigma_x+\sigma_y}{2}-\dfrac{\sigma_x-\sigma_y}{2}\cos2\varphi-\tau_{xy}\sin2\varphi\\ \tau_{r\varphi}=\dfrac{\sigma_y-\sigma_x}{2}\sin2\varphi+\tau_{xy}\cos2\varphi\end{cases} \tag{4-12}$$

代入整理得：

$$\begin{cases}\sigma_r=-\dfrac{\sigma_{\mathrm{H}}+\sigma_{\mathrm{h}}}{2}-\dfrac{\sigma_{\mathrm{H}}-\sigma_{\mathrm{h}}}{2}\cos2\varphi\\ \sigma_\varphi=-\dfrac{\sigma_{\mathrm{H}}+\sigma_{\mathrm{h}}}{2}+\dfrac{\sigma_{\mathrm{H}}-\sigma_{\mathrm{h}}}{2}\cos2\varphi\\ \tau_{r\varphi}=-\dfrac{\sigma_{\mathrm{h}}-\sigma_{\mathrm{H}}}{2}\sin2\varphi\end{cases} \tag{4-13}$$

令 $P_n=\dfrac{\sigma_H+\sigma_h}{2}$，$q_n=\dfrac{\sigma_H-\sigma_h}{2}$，则井眼的 R_n 圆环上受到的应力为：

$$\begin{cases}\sigma_r^n\big|_{r=R_n}=-P_n-q_n\cos2\varphi \\ \tau_{r\varphi}^n\big|_{r=R_n}=q_n\sin2\varphi\end{cases} \tag{4-14}$$

该系统受力可分为两部分，均匀外压和均匀内压，非均匀外压和非均匀剪力。

2. 均匀外压和均匀内压作用下的应力分布

由式(4-14)，得第 i 层圆环受均匀压力的拉梅解为：

$$\begin{cases}\sigma_r^i=-\dfrac{\dfrac{R_i^2}{r^2}-1}{\dfrac{R_i^2}{R_{i-1}^2}-1}P_{i-1}-\dfrac{1-\dfrac{R_{i-1}^2}{r^2}}{1-\dfrac{R_{i-1}^2}{R_i^2}}P_i \\ \sigma_\theta^i=\dfrac{\dfrac{R_i^2}{r^2}+1}{\dfrac{R_i^2}{R_{i-1}^2}-1}P_{i-1}-\dfrac{1+\dfrac{R_{i-1}^2}{r^2}}{1-\dfrac{R_{i-1}^2}{R_i^2}}P_i\end{cases} \tag{4-15}$$

其中，$i=1$，2，3，…，n；$R_{i-1}<r<R_i$；P_{i-1} 为第 i 层内表面的接触压力；P_i 为第 i 层外表面的接触压力。

由极坐标几何方程和物理方程，并考虑均匀内外压作用下圆环无环向位移，可得第 i 层圆环径向位移方程为：

$$U_r^i=r\cdot\varepsilon_\theta^i=\frac{r}{E_i}(\sigma_\theta^i-\mu_i\sigma_r^i) \tag{4-16}$$

在平面应变的情况下，需将上式中的 E 变为 $\dfrac{E}{1-\mu^2}$，μ 变为 $\dfrac{\mu}{1-\mu}$。由系统接触条件可知：

$$U_r^i\big|_{r=R_i}=U_r^{i+1}\big|_{r=R_i}(i=1,2,3,\cdots,n-1) \tag{4-17}$$

代入整理得：

$$\frac{E_{i+1}}{E_i}\left(\frac{2}{\dfrac{R_i^2}{R_{i-1}^2}-1}P_{i-1}-\frac{1+\dfrac{R_{i-1}^2}{R_i^2}}{1-\dfrac{R_{i-1}^2}{R_i^2}}P_i+\mu_iP_i\right)=\left(\frac{\dfrac{R_{i+1}^2}{R_i^2}+1}{\dfrac{R_{i+1}^2}{R_i^2}-1}P_i-\frac{2}{1-\dfrac{R_i^2}{R_{i+1}^2}}P_{i+1}+\mu_{i+1}P_i\right) \tag{4-18}$$

设：

$$a_i=\frac{E_{i+1}}{E_i}\frac{2}{\left(\frac{R_i}{R_{i-1}}\right)^2-1},\quad b_i=\frac{E_{i+1}}{E_i}\left[\frac{1+\left(\frac{R_{i-1}}{R_i}\right)^2}{1-\left(\frac{R_{i-1}}{R_i}\right)^2}+\mu_i\right]-\left[\frac{\left(\frac{R_{i+1}}{R_i}\right)^2+1}{\left(\frac{R_{i+1}}{R_i}\right)^2-1}+\mu_{i+1}\right] \tag{4-19}$$

$$c_i=\frac{2}{1-\left(\frac{R_i}{R_{i+1}}\right)^2} \tag{4-20}$$

上式可以简化为：

$$a_iP_{i-1}+b_iP_i+c_iP_{i+1}=0(i=1,\ 2,\ 3,\ \cdots,\ n-1) \tag{4-21}$$

通过上式可以建立 $n-1$ 个方程组，已知 P_0 和 P_n，因此可以求出 $P_1 \sim P_{n-1}$ 等 $n-1$ 个变量。方程组表达式如下所示：

$$\begin{bmatrix} b_1 & c_1 & 0 & 0 & \cdots & 0 & 0 & 0 & \cdots & 0 & 0 \\ a_2 & b_2 & c_2 & 0 & \cdots & 0 & 0 & 0 & \cdots & 0 & 0 \\ 0 & a_3 & b_3 & c_3 & \cdots & 0 & 0 & 0 & \cdots & 0 & 0 \\ \vdots & \vdots & \vdots & \vdots & \ddots & \vdots & \vdots & \vdots & \ddots & \vdots & \vdots \\ 0 & 0 & 0 & 0 & \cdots & a_i & b_i & c_i & \cdots & 0 & 0 \\ \vdots & \vdots & \vdots & \vdots & \ddots & \vdots & \vdots & \vdots & \ddots & \vdots & \vdots \\ 0 & 0 & 0 & 0 & \cdots & 0 & 0 & 0 & \cdots & a_{n-1} & b_{n-1} \end{bmatrix} \begin{Bmatrix} P_1 \\ P_2 \\ P_3 \\ \vdots \\ P_i \\ \vdots \\ P_{n-1} \end{Bmatrix} = \begin{Bmatrix} -a_1P_0 \\ 0 \\ 0 \\ \vdots \\ 0 \\ \vdots \\ -c_{n-1}P_n \end{Bmatrix} \tag{4-22}$$

相应的简化表达式为：

$$[A]\{P\}=\{X\} \tag{4-23}$$

三、含有射孔的应力场求解

在开展射孔段应力分析时，可以从应力集中的角度出发。应力集中是应力在固体局部区域内显著增高的现象。多出现于尖角、孔洞、缺口、沟槽以及有刚性约束处及其邻域。应力集中会引起脆性材料断裂；使脆性和塑性材料产生疲劳裂纹。在应力集中区域，应力的最大值(峰值应力)与物体的几何形状和加载方式等因素有关。局部增高的应力值随峰值应力点间距的增加而迅速衰减。由于峰值应力往往超过屈服极限而造成应力的重新分配，所以，实际的峰值应力常低于按弹性力学计算出的理论峰值应力。

反映局部应力增高程度的参数有理论应力集中系数 K，它是峰值应力和不考虑应力集中时的应力(名义应力)的比值，它恒大于1，且与载荷的大小无关。对受单向均匀拉伸的无限大平板中的圆孔，$K=3$。由光滑试样得出的疲劳极限和同样材料制成的缺口试样的疲劳极限之比，称为有效应力集中系数，它总小于理论应力集中系数，一般可由后者按经验公式得到它的近似值。

对于套管或水泥环的峰值应力，最终计算公式为：

$$\sigma_{ij}^{\max}=K\sigma_{ij} \tag{4-24}$$

其中，公式中的 K 值，可以查找《应力集中系数手册》进行选值。

本节建立了套管-水泥环-胶结面温度场应力表达式，根据射孔产生的高温，可得到井筒系统因温差而产生的附加应力值。建立了套管-水泥环-胶结面结构场应力表达式，根据射孔产生的高压，可得到井筒系统因压力波动而产生的附加应力值。建立了热固耦合作用下的井筒系统应力场表达式，并从应力集中角度，分析射孔段的应力极值问题。

在上述理论推导的基础上，建立不同压力、不同温度工况射孔过程动态分析模型，确定射孔套管应力场实时分布。基于强度理论，建立双层套管穿透与否临界判据，为套管柱优化设计提供技术支撑。

四、双层套管内压变化影响规律

基于上述理论模型，研究确定了地层压力对第一层套管、第二层套管、第一层水泥环、第二层水泥环径向应力的量化影响规律，如图 4-2 所示。井筒内套管和水泥环径向应力随地层压力的增加而增大。此处地层压力为井下实际地层压力与第一层套管内压的差值。

地层压力对第一层套管、第二层套管、第一层水泥环、第二层水泥环环向应力的量化影响规律，如图 4-3 所示。由图可知，井筒内套管和水泥环环向应力随地层压力的增加而增大。考虑到水泥环为脆性材料，其环向应力较小。此处地层压力为井下实际地层压力与第一层套管内压的差值。

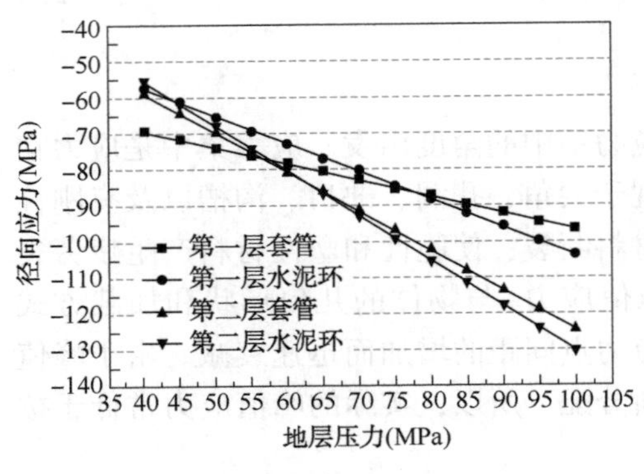

图 4-2　双层套管射孔井筒径向应力与地层压力关系

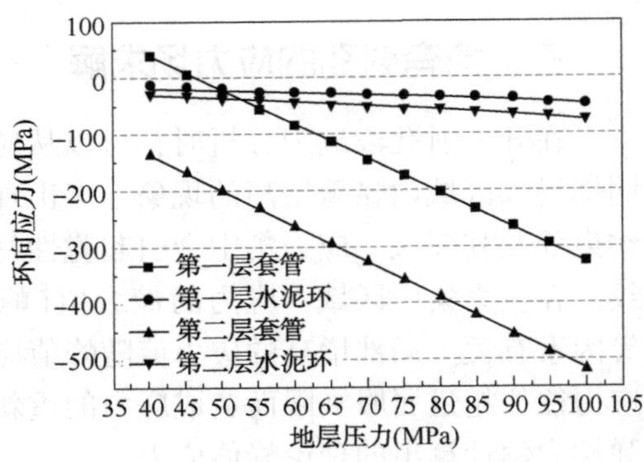

图 4-3　双层套管射孔井筒环向应力与地层压力关系

地层压力对第一层套管、第二层套管、第一层水泥环、第二层水泥环等效应力的量化影响规律，如图 4-4 所示。由图可知，井筒内套管和水泥环等效应力随地层压力的增加而增大。考虑到水泥环为脆性材料，其等效应力较小。根据第四强度理论，第一层套管的等效应力先减小后增加，这是组合体存在的应力协调导致的。此处地层压力为井下实际地层压力与第一层套管内压的差值。

地层压力对第一层套管、第二层套管、第一层水泥环、第二层水泥环 DP 当量应力的量化影响规律，如图 4-5 所示。由图可知，井筒内套管和水泥环 DP 当量应力随地层压力的增加而增大。考虑到水泥环为脆性材料，其等效应力较小。根据 DP 失效准则，第一层套管的 DP 当量应力先减小后增大，这是组合体存在的应力协调导致的。此处地层压力为井下实际地层压力与第一层套管内压的差值。

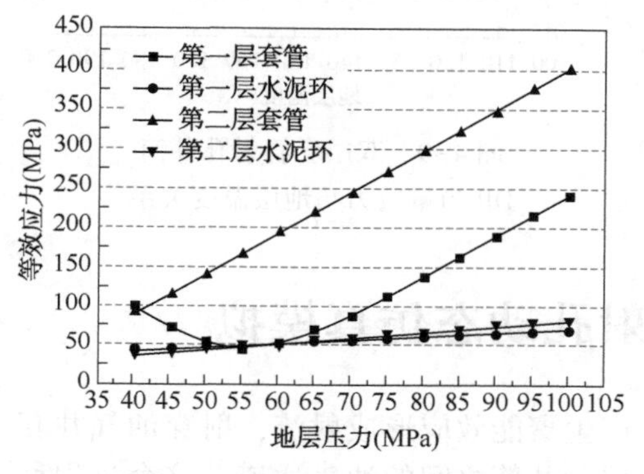

图 4-4　双层套管射孔井筒
等效应力与地层压力关系

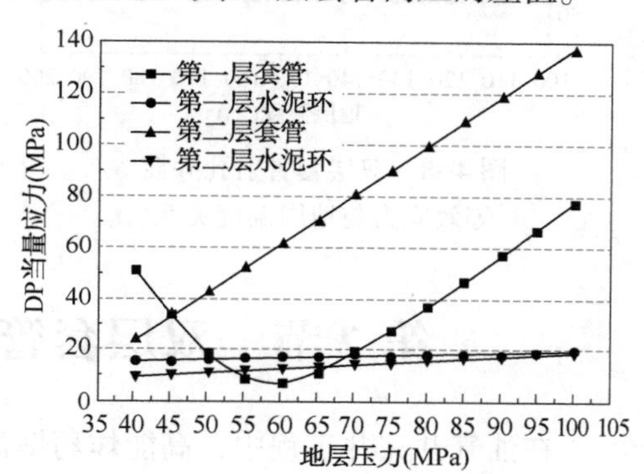

图 4-5　双层套管射孔井筒
DP 当量应力与地层压力关系

五、套管内温度变化影响

基于上述理论模型，确定了地层温度对第一层套管、第二层套管、第一层水泥环、第二层水泥环径向应力、环向应力、等效应力和 DP 当量应力的量化影响规律，如图 4-6~图 4-9 所示。当地层温度为 100~200℃时，温度改变对井筒内应力状态数值的改变较小。

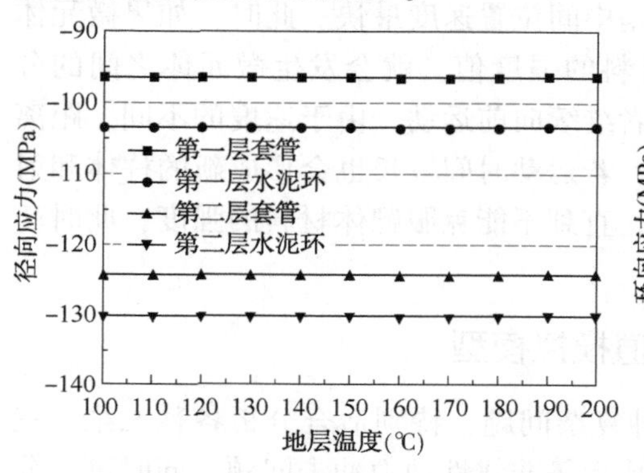

图 4-6　双层套管射孔井筒
径向应力与地层温度关系

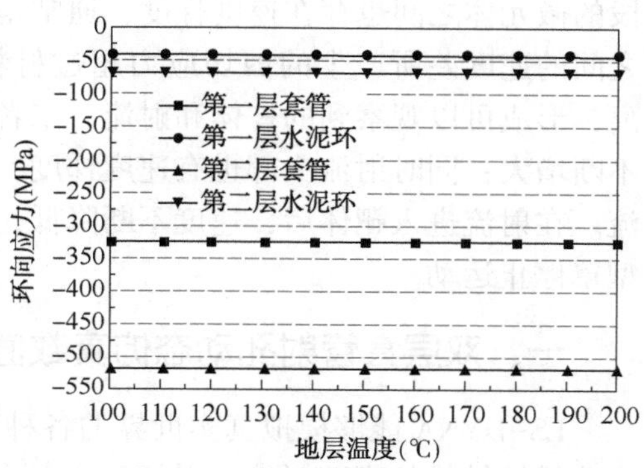

图 4-7　双层套管射孔井筒
环向应力与地层温度关系

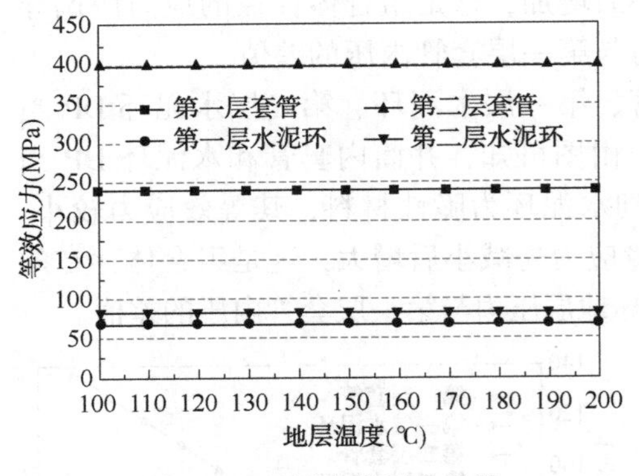

图 4-8　双层套管射孔井筒等效应力与地层温度关系

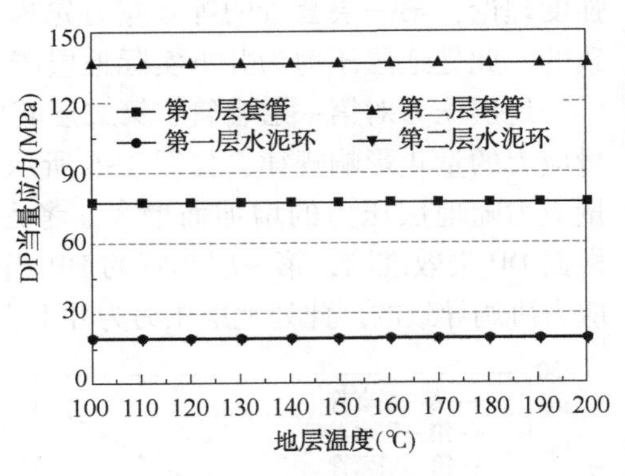

图 4-9　双层套管射孔井筒DP 当量应力与地层温度关系

第 2 节　双层套管射孔动态仿真模拟

在油气井完井工程中，高能炸药爆炸产生聚能效应形成射流，射穿油气井套管壁、水泥环及部分地层，从而形成油气层和井筒之间的油气通道，这个过程称为射孔。油气井射孔质量的好坏对完井工程及石油开采具有重要意义，直接影响到日后油气产量。在射孔技术方面深入研究射孔机理、提出提高射孔质量的解决方案，对提高油气开采效率具有非常重要的工程意义。

对于油气井射孔领域，聚能效应体现在射流以及杵体的形成过程。在轴对称的聚能射流中，药型罩在速度方向上有速度梯度，外层(靠近炸药层)速度先达到最大，之后速度降低，内层由于炸药内能的持续推动，速度不断增加；在药型罩沿着轴线方向运动时，由于药型罩的外层各处受到的能量密度冲击不同，每一段的微元体之间也存在速度梯度，通常是中间位置速度最快。此时，如果微元体之间的速度差所产生的剪切应力超过材料的强度值，就会发生微元体之间的分离，形成可以观察到的杵体和射流，二者继续向前运动，由于速度的不同，距离不断增大；同时射流头部也有速度梯度，若运动时间较长也会形成新的杵体和射流。在射流进入靶体后，速度不断降低，直到不能克服靶体材料的强度，此时药型罩停止运动。

一、双层套管射孔动态仿真数值模拟模型

LS-DYNA 能够模拟真实世界的各种复杂问题，特别适合分析各种二维、三维非线性结构的高速碰撞、爆炸和金属成形等非线性动力冲击问题，同时可以分析传热、流体及流固耦合问题，在工程应用领域被广泛认可，与试验进行的无数次对比证实了其计算的可靠性。LS-DYNA 以 Lagrange 方法为主，兼有 ALE 和

Euler 方法；以显式求解为主，兼有隐式求解功能；以结构分析为主，兼有热分析、流体-结构耦合功能；以非线性动力分析为主，兼有静力分析功能。因此，LS-DYNA 具有强大的分析能力，利用丰富的材料模型库与易用的单元库，通过设置适当的接触方式进行各种分析。LS-DYNA 分析流程包括分析问题的规划、前处理、加载与求解，以及结果后处理及分析等环节，如图 4-10 所示。

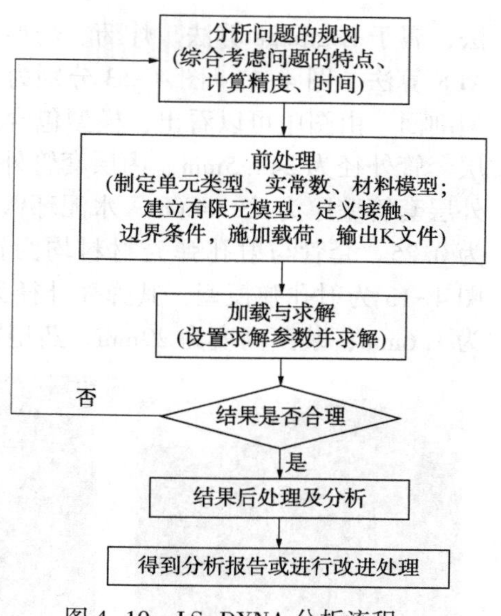

图 4-10 LS-DYNA 分析流程

1. ALE 方法

ALE、Lagrange、Euler 是在数值模拟计算中描述连续体运动广泛使用的三种数值模拟方法。Lagrange 方法所划分的单元网格与结构物体本身是一致的，有限元节点就是物质节点。因此在进行受力分析时，物质结构的变化和网格单元的变化行为是一致的，物质之间不会发生流动到内部的行为。这一优点使得 Lagrange 方法在处理静力学问题，特别是描述边界的运动行为时能够准确刻画，但是 Lagrange 方法的物质结构之间无法流动，使得其在处理大变形、大位移问题中，常常出现网格负体积的问题，导致计算无法顺利进行甚至出现报错。

Euler 方法主要用于刻画流体材料的力学行为，其所划分的网格单元和物质结构之间是相互独立的，网格单元的空间位置始终保持不变。Euler 方法计算的迭代精度没有降低，但是对物质的边界位置描述困难。所以多用于流体计算中，使物质可以在网格之间相互流动。

ALE 方法同时具有 Lagrange 方法和 Euler 方法的优点。它可以像 Lagrange 方法一样在物质结构边界进行描述；同时在物质的内部，它与 Euler 方法类似，实现网格的划分与物质结构的分离。但是它又在 Euler 方法的基础上进行了改进，避免网格畸变的出现。所以这种方法在大变形、高应变的分析计算中得到广泛应用，特别适用于爆炸冲击等动力学问题的描述、求解。ALE 算法的主要特点就是建模划分的网格和几何物质构型的运动是相互独立的，通过这种方法可以实现对物体的运动过程准确刻画，使所划分的网格单元在模拟计算中保持合理的计算形状，具备了 Lagrange 方法和 Euler 方法优点的同时避免了二者的缺陷。

2. 套管射孔模型构建

利用 solidworks 建立三维几何模型，炸药、药型罩、射孔液、射孔弹壳体及管道均采用实体单元。水泥层及射孔弹壳采用 1 号单元算法，即常应力体单元算法，属于 Lagrange 算法。炸药、药型罩及射孔液采用 11 号单元算法，即多物质 ALE 算法。图 4-11～图 4-13 分别为三维实体模型、模型剖面图及射孔弹三维模型剖面。由图中可以看出，模型包含双层套管、射孔弹壳体、炸药及药型罩。双层套管外径为 244.5mm，内层套管外径为 177.8mm，内层套管壁厚为 11.51mm，外层套管壁厚为 13.84mm。水泥环壁厚为 19.51mm，弹性模量为 20GPa，泊松比为 0.25。套管与射孔弹壳材料均为钢材，弹性模量为 205GPa，泊松比为 0.3。图 4-13 为射孔弹模型，其弹壳外径为 44mm，药型罩直径为 38mm，药型罩壁厚为 1.6mm，装药高度为 29mm。药型罩材料为紫铜，密度为 7.96g/cm^3。

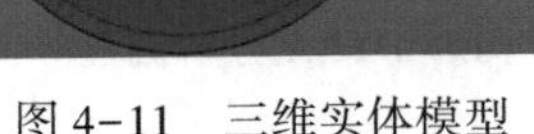

图 4-11　三维实体模型

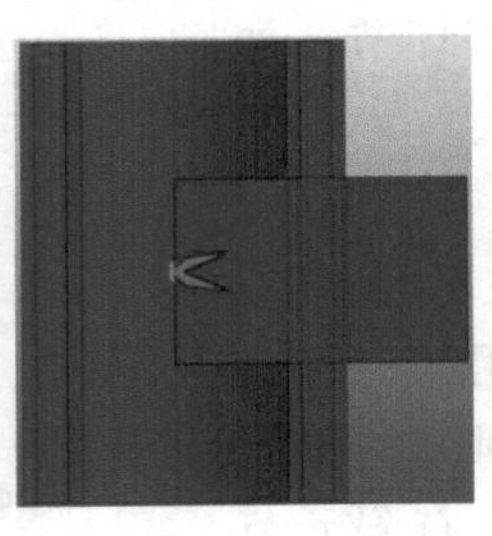

图 4-12　模型剖面图

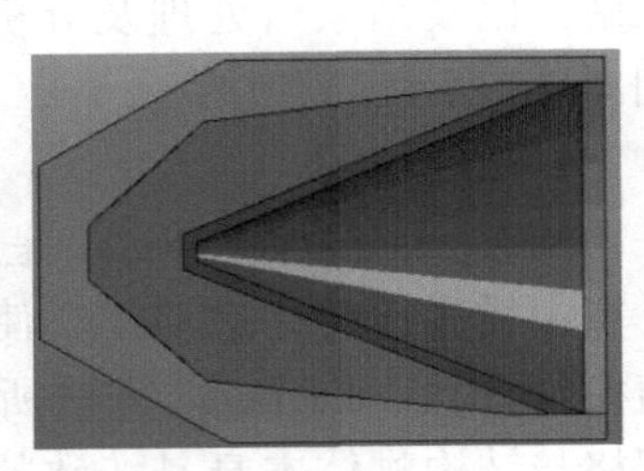

图 4-13　射孔弹三维模型剖面

3. 材料模型与状态方程

材料模型是用来描述材料在载荷作用下所产生的一些特性变化，在进行数值模拟之前，必须选择合理的材料模型与状态方程，其对最终的模拟结果有着非常重要的影响。在双层套管射孔过程中，主要用到炸药、药型罩、壳体、套管、水泥层及射孔液模型。

1）炸药材料模型及状态方程

关于炸药采用 8 号材料模型，炸药类型为 HMX，材料关键字为 * MAT_HIGH_EXPLOSIVE_BURN，并用 * EOS_JWL 状态方程来模拟炸药爆炸过程中压力和比容的关系，即：

$$P=A\left(1-\frac{\omega}{R_1 V}\right)e^{-R_1 V}+B\left(1-\frac{\omega}{R_2 V}\right)e^{-R_2 V}+\frac{\omega E_0}{V} \tag{4-25}$$

式中，V 为炸药爆轰产生物质的相对体积；E_0 为初始比内能；A、B、R_1、R_2、ω 为炸药材料相关的特性。研究中所用炸药材料的主要输入参数如表 4-1 所示。

表 4-1　炸药材料的主要输入参数（单位制：cm-μs-g-Mbar）

密度（g/cm^3）	爆速（m/s）	爆压（GPa）	A	B	R_1	R_2	ω	E_0
1.89	0.911	0.42	7.78	0.071	4.2	1	0.3	1

2）药型罩材料模型及状态方程

选用 * MAT_JOHNSON_COOK 本构模型和 * EOS_GRUNEISEN 状态方程，具

体参数如表 4-2 所示。在油气射孔完井过程中选用紫铜作为药型罩的主要材料。紫铜药型罩比钢质药型罩在同样条件下的穿深要高 20%左右，其在高压情况下延展性良好，能够保持较长的连续时间和聚合。

表 4-2　药型罩材料参数(单位制：cm-μs-g-Mbar)

P(GPa)	G(GPa)	PR	A	B	C	n	m	S_1	S_2
7.96	0.46	0.3	9×10^{-4}	0.0031	0.025	0.31	1.09	1.49	0

其中，* MAT_JOHNSON_COOK 本构模型可以较好地描述材料高应变速率下的变形行为，* MAT_JOHNSON_COOK 本构模型公式为：

$$\sigma_{eq}=(A+B\varepsilon_{eq}{}^{n})[1+C\ln(\dot{\varepsilon}_{eq}^{*})][1-(T^{*})^{m}] \tag{4-26}$$

式中，A，B，n，C，m 为模型参数；σ_{eq}为等效应力；$\varepsilon_{eq}{}^{n}$ 为等效塑性应变；$\dot{\varepsilon}_{eq}^{*}$为无量纲化等效塑性应变率，$\dot{\varepsilon}_{eq}^{*}=\dot{\varepsilon}_{eq}/\dot{\varepsilon}_0$，$\dot{\varepsilon}_0$为参考应变率，$\dot{\varepsilon}_{eq}$为试验中的应变率；$T^{*}=(T-T_r)/(T_m-T_r)$为无量纲化温度，其中 T_r 为参考温度，这里取 293K，T_m 为材料熔点温度，T 为试验温度。方程右边三项分别代表等效塑性应变、应变率和温度对流动应力的影响。

* EOS_GRUNEISEN 状态方程表达式为：

$$p=\frac{\rho_0 C^2\mu\left[1+\left(1-\frac{\gamma_0}{2}\right)\mu-\frac{a}{2}\mu^2\right]}{\left[1-(S_1-1)\mu-S_2\frac{\mu^2}{\mu+1}-S_3\frac{\mu^3}{(\mu+1)^2}\right]}+(\gamma_0+a\mu)E \tag{4-27}$$

$$\mu=\frac{\rho}{\rho_0}-1 \tag{4-28}$$

对于体积变大之后的材料也可以写成：

$$p=\rho_0 C^2\mu+(\gamma_0+a\mu)E \tag{4-29}$$

式中，C 为剪切-压缩波速度(Vs-Vp)曲线的截距；S_1、S_2 和 S_3 为 Vs-Vp 曲线的斜率系数；γ_0 为 * EOS_GRUNEISEN 状态方程的一个常数；a 为 γ_0 与 $\mu=\frac{\rho}{\rho_0}-1$ 的一阶体积修正系数；ρ_0 为正常状态下的介质密度；ρ 为介质压缩后的密度。

3）射孔弹壳体与套管材料模型

射孔弹壳体和套管均采用 * MAT_PLASTIC_KINEMATIC 随动硬化模型描述。该模型的表达式为：

$$\sigma_y=\left[1+\left(\frac{\varepsilon}{C}\right)^{\frac{1}{p}}\right](\sigma_0+\beta E_P\varepsilon_P^{eff}) \tag{4-30}$$

式中，σ_0 为初始屈服应力；ε_P^{eff} 为有效塑性应变；E_P 为塑性硬化模量，$E_P=E_{tan}E/(E-E_{tan})$；C、P、β、E_{tan}、E 为输入参数。各材料具体参数见表 4-3～表

4-5。其中，*E* 为弹性模量，*PR* 为泊松比；*SIGY* 为屈服强度；*ETAN* 为切线模量；*BETA* 为硬化参数；*FS* 为失效应变。

表 4-3　内层套管材料参数(单位制：cm-μs-g-Mbar)

RO(g/cm³)	*E*(GPa)	*PR*	*SIGY*	*ETAN*(GPa)	*BETA*	*SRC*	*SRP*	*FS*	*VP*
7.8	2.05	0.3	0.008662	0	0	0	0	0.15	0

表 4-4　外层套管材料参数(单位制：cm-μs-g-Mbar)

RO(g/cm³)	*E*(GPa)	*PR*	*SIGY*	*ETAN*(GPa)	*BETA*	*SRC*	*SRP*	*FS*	*VP*
7.8	2.05	0.3	0.00758	0	0	0	0	0.1	0

表 4-5　射孔弹壳材料参数(单位制：cm-μs-g-Mbar)

RO(g/cm³)	*E*(GPa)	*PR*	*SIGY*	*ETAN*(GPa)	*BETA*	*SRC*	*SRP*	*FS*	*VP*
7.8	2.05	0.3	0.0078	0.4	0	0	0	0	0

4）水泥层材料设置

HJC 本构模型在 LS-DYNA 软件中对爆炸冲击模拟水泥的破坏模拟响应分析有很好的应用。本构方程包括基本力学参数、应变率参数和损伤参数。基本力学参数用于描述体积应变和不可逆破碎；损伤参数用于描述塑性体积应变、等效塑性应变和压力。水泥层采用 * MAT_JOHNSON_HOLMQUIST_CONCRETE 材料模型。其相关参数如表 4-6 所示。其中，*G* 为剪切模量，*A* 为特征化的内聚强度系数，*B* 为特征化的压力硬化系数，*C* 为应变率系数，*N* 为压力硬化指数，*FC* 为材料准静态的单轴抗压强度，*T* 为最大静水压力，SF_{MAX} 为特征化的最大强度，*ESPO* 为应变率，EF_{MIN} 为塑性应变破坏前的强度值，*PC* 为压溃压力，*UC* 为压溃体积应变，*PL* 为闭锁压力，*UL* 为闭锁体积应变，D_1、D_2 为损伤常量，K_1、K_2、K_3 为压力常量，*FS* 为失效参量。

表 4-6　水泥层材料参数(单位制：cm-μs-g-Mbar)

RO(g/cm³)	*G*(GPa)	*A*	*B*	*PC*	*N*	*FC*(GPa)	*T*(GPa)
2.2	0.123	0.79	1.6	8×10^{-5}	0.61	2.4×10^{-4}	2.7×10^{-5}
ESPO	EF_{MIN}	SF_{MAX}	*C*	*UC*	*PL*(GPa)	*UL*	D_1
1×10^{-6}	0.01	7	0.007	0.001	0.015	0.1	0.04
D_2	K_1	K_2	K_3	*FS*	—	—	—
1	0.85	-1.71	2.08	0.05	—	—	—

5）射孔液材料模型

在 LS-DYNA 中提供一种空材料模式 * MAT_NULL 用来描述具有流体行为的材料(如空气、水等)。该材料模式本身提供了本构模型来描述材料的偏应力(黏性应力)，然后使用状态方程 EOS 来提供压力行为组件，二者共同构成了材料的整个应力张量，水的状态方程采用 * EOS_LINERA_POLYNOMLAN。水的材料参数如表 4-7 所示。

表 4-7　水的材料参数(单位制：cm-μs-g-Mbar)

RO(g/cm^3)	C_0	C_1	C_2	C_3	C_4	C_5	E_0	V_0
1.02	0	0	0	0	0	0	0	1

4. 网格划分与边界条件

由于射孔弹中的药型罩、炸药以及射孔弹弹壳的形状不规则，在网格划分时，首先需要注意不同部分之间的节点过渡问题。同样地，为了保证模型计算时的材料属性以及能量流动能够有效传递，需要保证各个部分之间的网格具有共同的节点。其次，由于射孔弹的轴线垂直于管柱轴线，两者交界位置的网格划分比较复杂，需要有一个过渡的网格划分。因此，在对这个射孔弹模型进行划分时，应遵循从简单到复杂、从局部到整体的原则，网格划分顺序为：药型罩、炸药、射孔弹弹壳，模型各部分网格划分如图 4-14 所示。其中，炸药、药型罩是 ALE 单元网格，射孔弹弹壳是 Lagrange 单元网格。

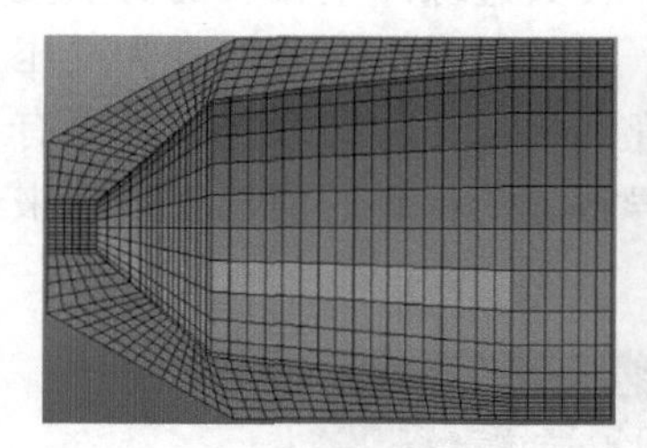

(a)射孔弹弹壳

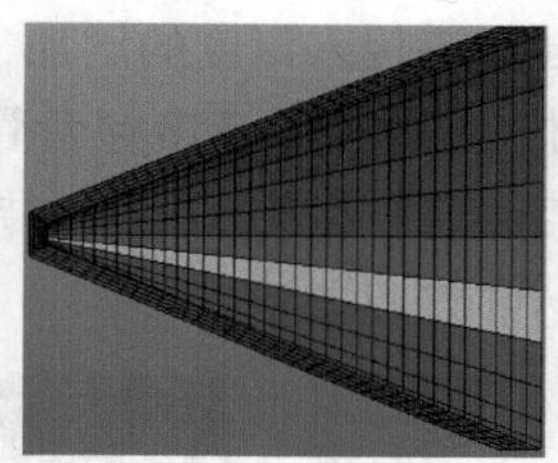

(b)药型罩

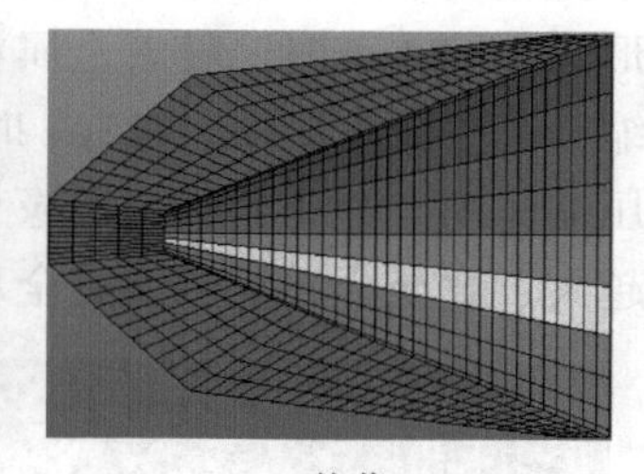

(c)炸药

图 4-14　射孔弹弹壳、药型罩和炸药网格划分

图 4-15 为双层套管网格模型，是 Lagrange 单元网格。从图中可以看出，在金属粒子射孔处进行了局部网格加密。图 4-16 为整体网格模型，包含射孔弹网格、套管射孔网格及流体网格。其中射孔液流体网格为 ALE 单元网格。

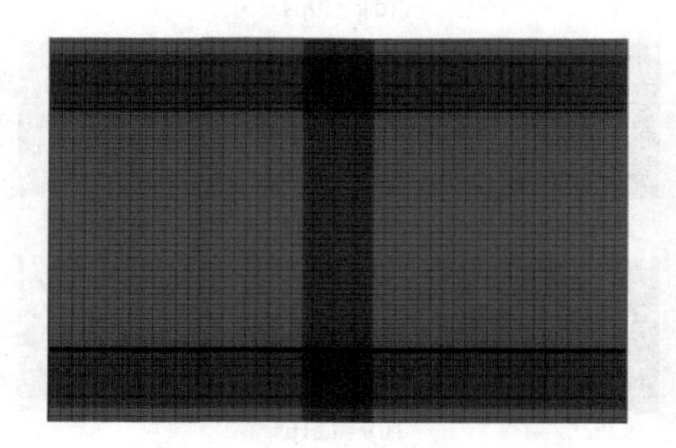

图 4-15　双层套管网格模型

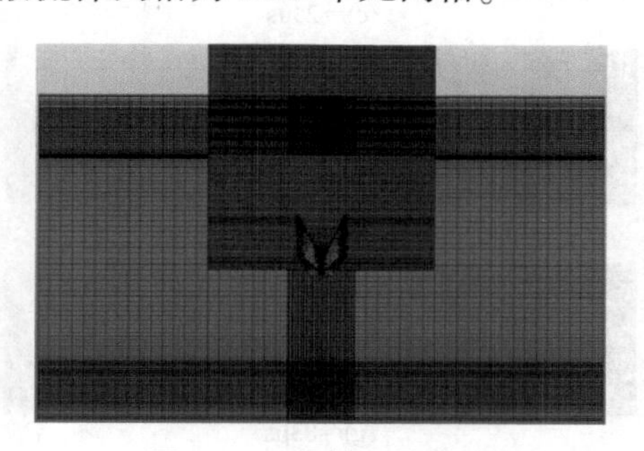

图 4-16　整体网格模型

二、双层射孔管柱-水泥环动力学响应

1. 射孔弹聚能射孔过程

图 4-17 为双层管柱-水泥环射孔过程。由图中可以看出，炸药引爆后产生巨大的压力，压力快速由射孔弹底部向前运动，传递到药型罩。7μs 时，药型罩被压实，顶部开始闭合，而底部尚未移动。13μs 时，在爆轰产物的作用下，药型罩向对称面闭合，向对称面运动的金属壁面在对称面相碰后，药型罩内层的金属被挤出，形成金属射流。23μs 时，金属射流向轴线加速汇聚过程中，药型罩内表面向前倾斜，形成射流，而药型罩的外表面则向后倾斜，形成杵体。射流中向前和向后相分离的点被称为驻点，此时药型罩完全闭合，聚能射流形成；金属射流在运动过程中，由于存在速度梯度，不断被拉伸变长，随着时间的增加，杵体在运动过程中出现一定的“体缩”现象。29μs 时，金属射流的头部开始接触套管内壁，此时由于惯性效应，套管与金属粒子之间产生了很大的压缩应力，金属粒子流开始减速，使与其接触的套管部分加速，套管开始产生塑性形变。与金属粒子流相接触的套管部分与其相邻部分发生相对运动，在其边缘产生较大的剪切变形。29~83μs 时，随着金属粒子流侵入深度的增加，套管材料由受剪切变为受压缩，产生压缩变形。121μs 时，金属粒子流击穿套管，此时其与套管之间不再有压缩作用，金属粒子流边缘与套管材料相互作用，导致套管材料的剪切变形越来越大，直至金属粒子流完全从套管内部冲出。

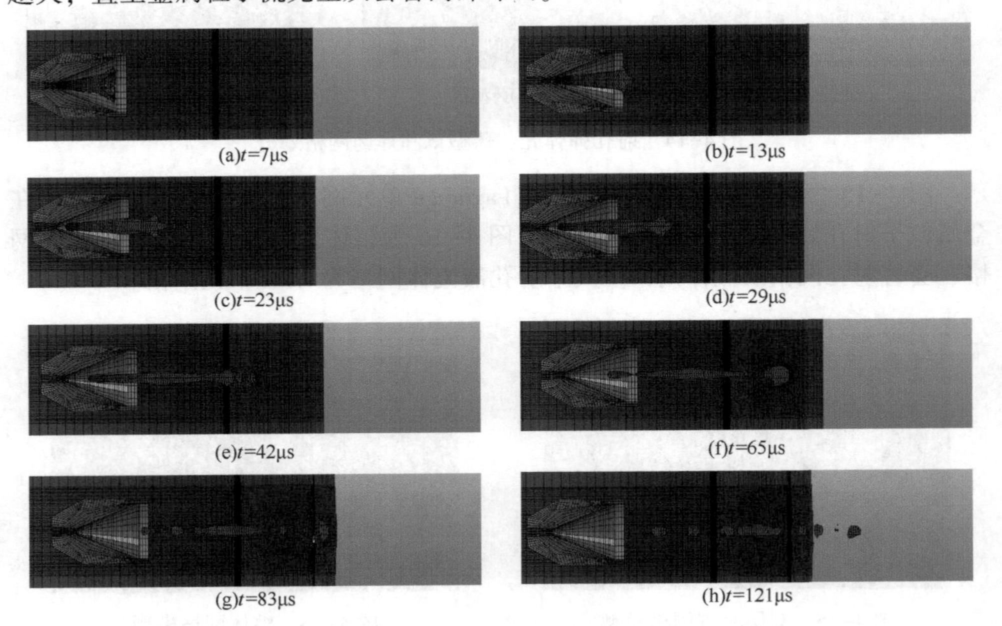

图 4-17　双层管柱-水泥环射孔过程

2. 双层套管力学响应

金属粒子在侵蚀套管时，双层套管开始产生动力响应，内层套管在金属粒子射孔过程中，正面的 Von Mises 应力分布云图如图 4-18 所示。从图中可以看出，爆炸后 15~27μs 时，内层管壁受到爆炸冲击波的影响而出现应力变化，此时套管内壁应力区域较为分散。27μs 时，金属粒子流开始接触内层套管，此时内层套管开始出现应力集中区域，随着射孔过程的进行，管道内部高应力区域以射孔中心为原点逐渐向四周扩大，内层管道逐渐受损。36μs 时，内层套管被击穿，此时高应力区域范围呈发散状，内层套管应力逐渐减小。整个侵蚀过程中，高应力区域呈圆形，最大应力为 862MPa。

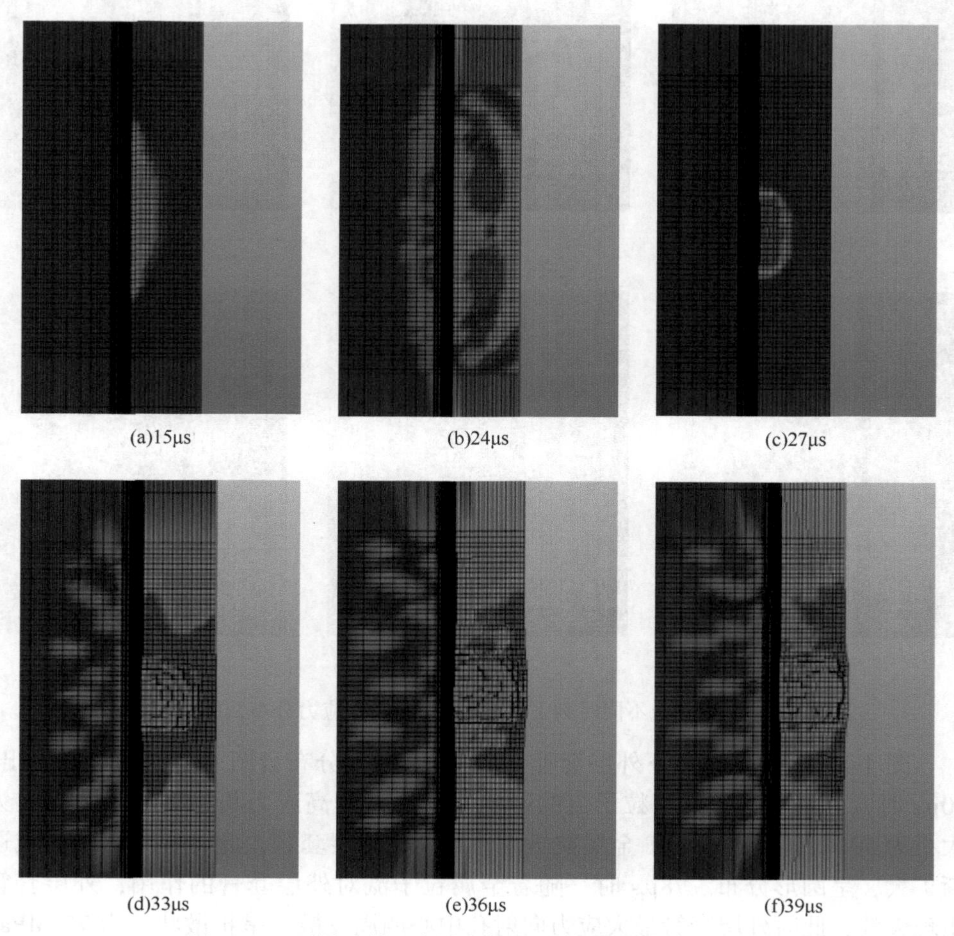
(a)15μs (b)24μs (c)27μs

(d)33μs (e)36μs (f)39μs

图 4-18　不同时刻下内层套管 Von Mises 应力分布云图

图 4-19 为不同时刻下水泥层 Von Mises 应力分布云图。由图中可以看出，在 27μs 时水泥层应力较小，此时部分应力是由于金属粒子流撞击内层管道所传递

而来的。36μs 时，金属粒子流击穿内层套管后逐渐接触水泥层，此时水泥层出现较大应力区域，呈圆形。42μs 时水泥环在金属粒子流作用下逐渐失效，此时高应力区域以射孔中心为圆心呈圆环状。随着射孔过程的进行，环状高应力区域逐渐扩大，于 54μs 时应力范围达到最大，直径为 4cm。78μs 时水泥环被完全贯穿，此时高应力区域消失，环状区域应力逐渐降低。

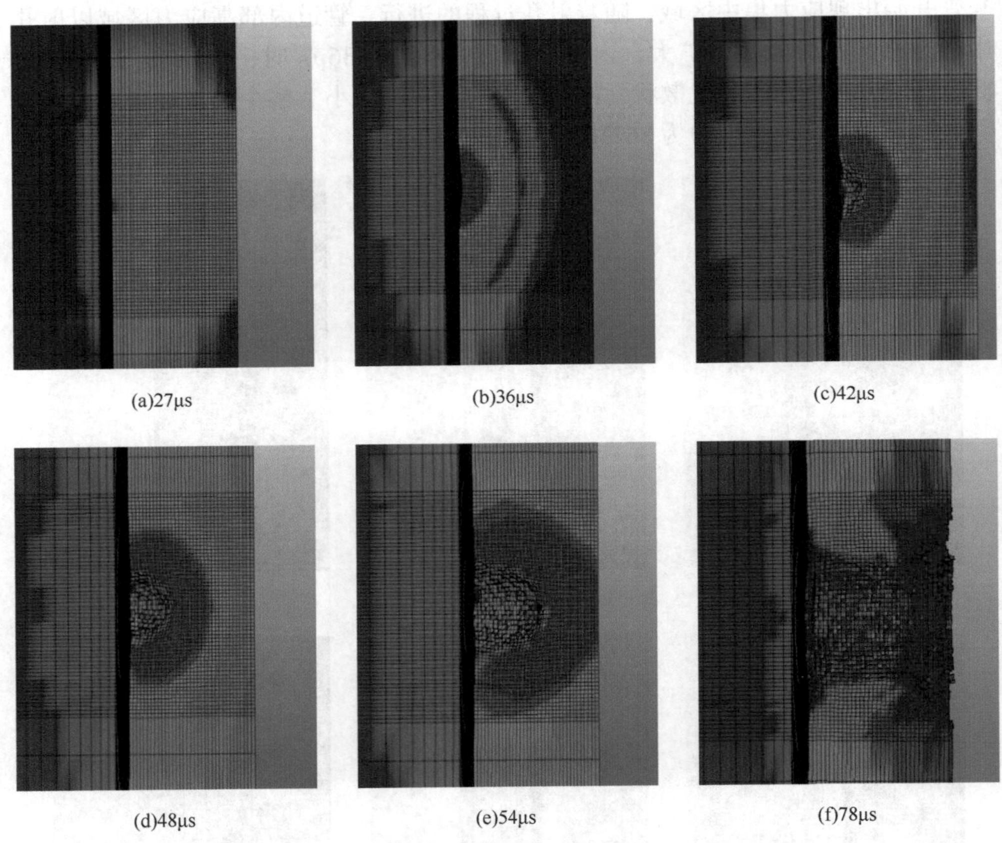

图 4-19　不同时刻下水泥层 Von Mises 应力分布云图

图 4-20 为不同时刻下外层套管 Von Mises 应力分布云图。由图中可以看出，60μs 时，外层套管受金属粒子流的影响出现小范围高应力集中区域，此时应力大小为 597MPa。66μs 时，金属粒子流开始接触外层套管，此时应力集中区域逐渐扩大，呈圆形分布。78μs 时，随着金属粒子流对外层套管的作用，外层套管出现失效，此时外层套管最大应力向射孔中心四周发散，呈扩散状，为 758MPa。84μs 时，外层套管出现小范围贯穿，此时高应力分布区域逐渐扩大，随着射孔半径的逐渐扩大，高应力分布区域也逐渐扩大，至 99.98μs 时，高应力分布区域达到最大。

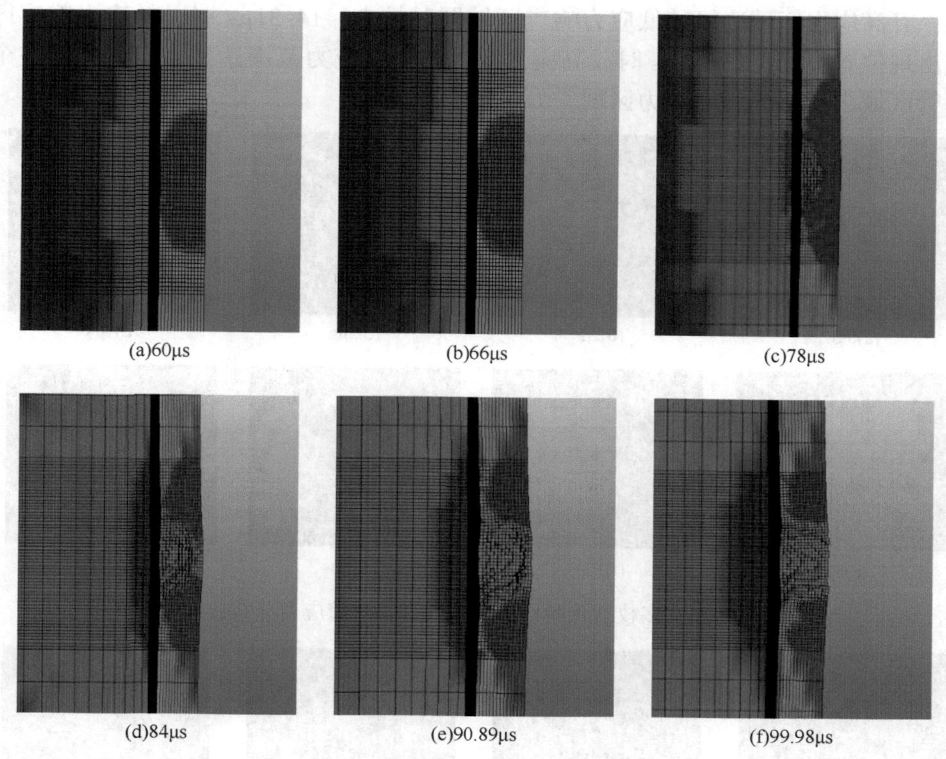

图 4-20 不同时刻下外层套管 Von Mises 应力分布云图

三、多枚射孔弹响应

1. 多枚射孔弹射孔过程

基于上述单枚射孔弹建模以及分析方法，构建 45°相位角下射孔管柱仿真模型，射孔弹孔密为 40 孔/m、20 孔/m 及 16 孔/m。以 40 孔/m 为例探讨多枚射孔弹射孔过程套管应力响应规律，内层套管外壁的应力分布云图如图 4-21 所示。由图中可以看出，多枚射孔弹射孔过程中，套管应力区形状与单枚射孔过程类似，呈圆形分布。在金属射流接触外层套管 0. 87μs 后，套管外壁出现应力响应，随着金属射流侵蚀过程的进行，应力集中区域以孔眼处为中心逐渐扩大；8μs 时，各孔眼的应力集中区域出现相互影响；10～17μs 时，应力集中区域出现相互叠加效果，有些部分的动力响应相互抵消，有些位置的动力响应叠加增强。

图 4-22 为多枚射孔弹作用下水泥层外壁应力分布云图。8. 18μs 时，水泥层外壁出现应力响应，应力区域呈圆形，按照射孔弹的螺旋排布位置，在水泥层外壁也呈螺旋排布响应。可以看出在 8. 86μs 时，射孔孔眼附近出现高应力区域，随着射孔过程的继续，孔眼逐渐扩张，高应力区域以孔眼为中心逐渐向四周扩

大，且高应力区域边缘的低应力响应区域同时扩大；14. 31μs 时，低应力响应区域出现位置叠加；23. 84μs 时，高应力区域消失，应力范围达到稳定，此时整个套管区域出现不同程度应力区域。

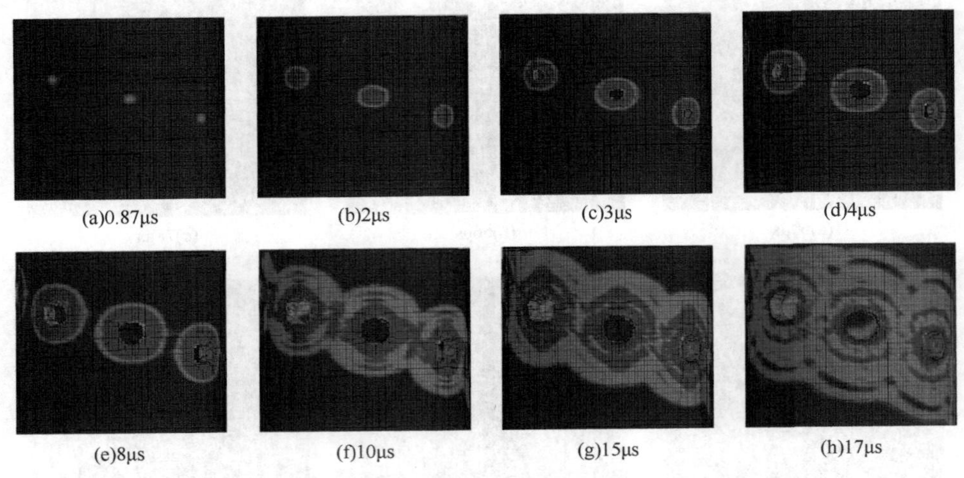

图 4-21　多枚射孔弹作用下内层套管外壁应力分布云图

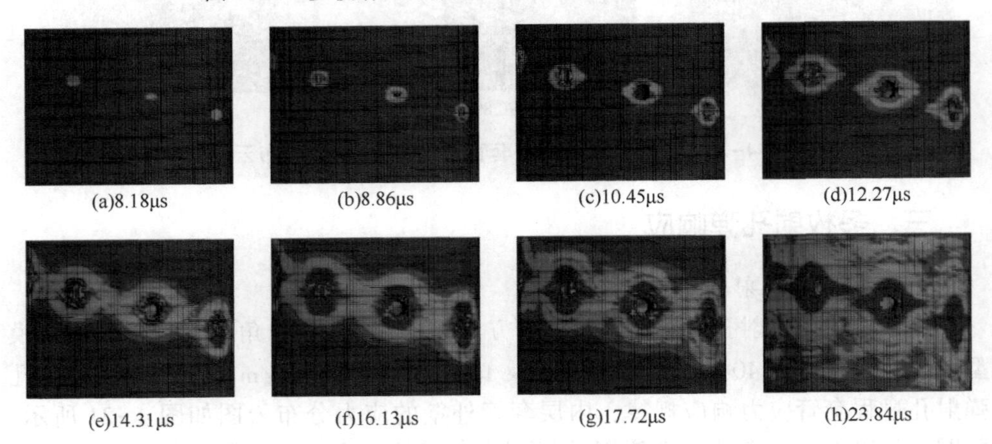

图 4-22　多枚射孔弹作用下水泥层外壁应力分布云图

图 4-23 为多枚射孔弹作用下外层套管外壁应力分布云图。9μs 时，外层套管外壁出现两处应力响应；10μs 时，管壁应力响应区域增多，均呈现圆形，按照射孔弹位置呈螺旋状分布；11μs 时，应力集中区域范围扩大，从射孔中心向四周扩展；12μs 时，圆形应力区域进一步扩大；14μs 时，应力集中区域范围达到最大；17μs 时，应力集中区域逐渐向射孔中心缩小，低应力范围开始扩大，孔眼之间的低应力区域出现位置叠加；22μs 时，应力集中区域逐渐消失，低应力区域进一步扩大、连通，并向其他区域扩散；31μs 时，应力集中区域基本消失，低应力叠加范围达到稳定，几乎布满整个套管表面。

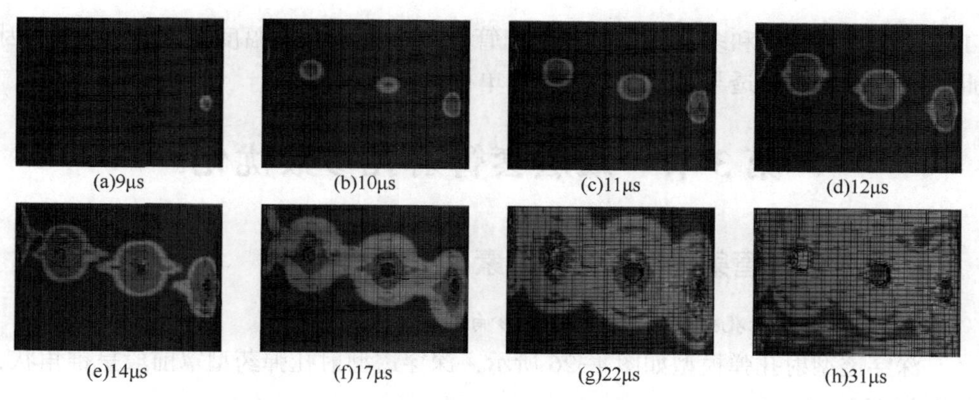

图 4-23　多枚射孔弹作用下外层套管外壁应力分布云图

2. 孔密对射孔的影响

当孔密为 16 孔/m、20 孔/m 与 40 孔/m 时，金属粒子流击穿外层套管后，不同孔密下的射孔过程应力集中区域形状相似，均呈现以射孔中心为原点的圆形分布。经过测量，孔密对射孔孔径影响较小。圆形应力集中区域辐射直径约为 69mm。相邻金属粒子流射孔处应力集中区域距离随孔密增加而减小。当孔密为 16 孔/m 时，相邻高应力集中区域距离为 47mm；当孔密为 20 孔/m 时，相邻高应力集中区域距离为 40mm；当孔密为 40 孔/m 时，相邻高应力集中区域距离为 34mm。这说明，孔密增大时金属粒子流所造成的应力集中区域会出现不同程度的叠加。

双层套管射孔井筒示意图如图 4-24 所示，射孔弹按照初速度 12000m/s 设置，研究多枚射孔弹射孔工况，不同位置处的剩余速度变化规律如图 4-25 所示。

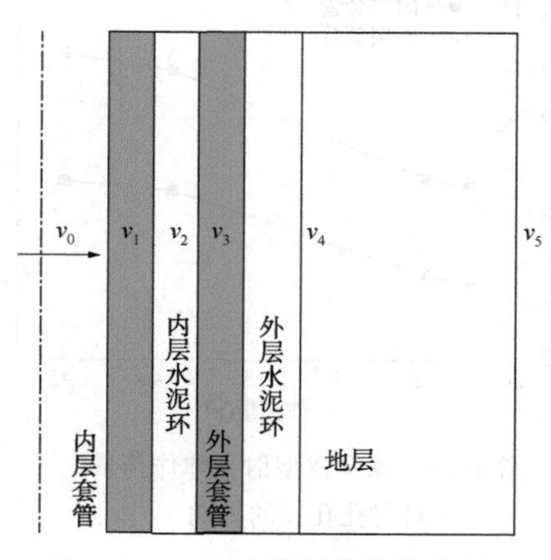

图 4-24　双层套管射孔井筒示意图

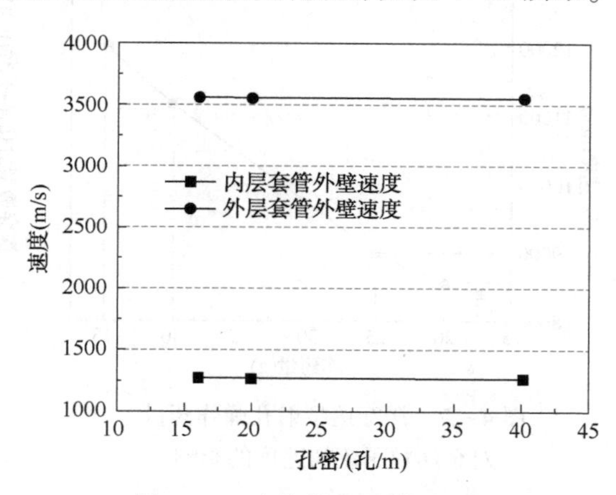

图 4-25　多枚射孔弹射孔工况模拟射孔弹剩余速度变化规律

如图 4-25 所示，采用有限元方法模拟双层套管动态射孔过程，相同初速度工况下单枚射孔弹和多枚射孔弹穿透套管后剩余速度变化幅度在 2.3%之内，因此对于双层套管穿透与否的判断均采用单枚射孔模拟。

第 3 节　双层套管射孔参数优化

一、双层套管射孔参数影响因素

1. 深穿透型射孔弹对穿透性能的影响

深穿透型射孔弹模型如图 4-26 所示，深穿透型射孔弹药型罩前段呈锥角状，角度为 45°～50°。

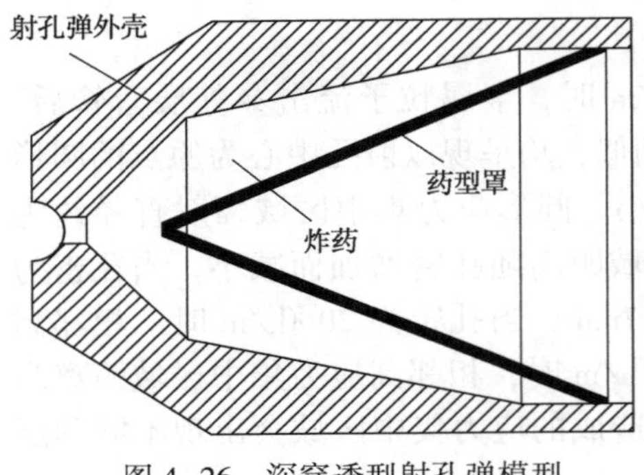

图 4-26　深穿透型射孔弹模型

深穿透型射孔弹炸药量对金属粒子流初速度的影响如图 4-27 所示。通过仿真计算可以得出，金属粒子流初速度与射孔弹炸药量初步呈现正相关的关系。随着炸药量的增加，金属粒子流初速度逐渐增大。

在深穿透型射孔弹条件下，炸药量对射孔孔径的影响如图 4-28 所示。据图可知，在相同射孔弹类型条件下，射孔孔径随炸药量的增加而增加。

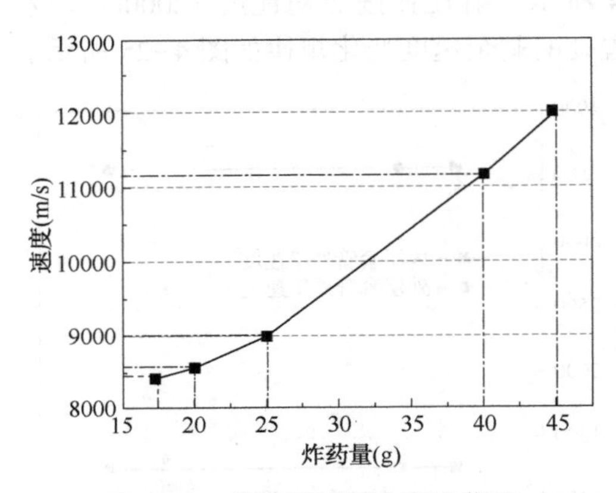

图 4-27　深穿透型射孔弹炸药量对金属粒子流初速度的影响

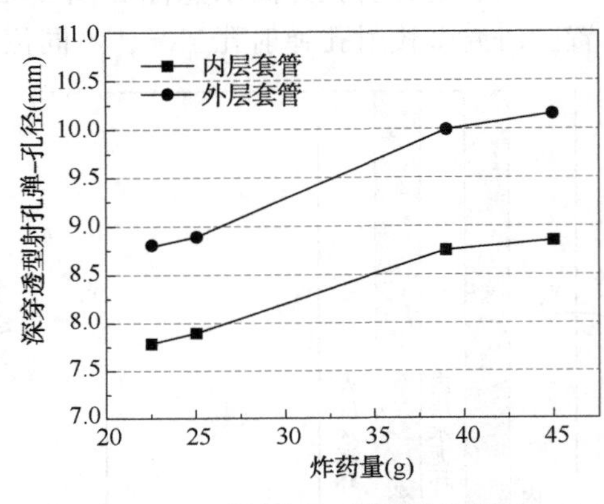

图 4-28　深穿透型射孔弹炸药量对射孔孔径的影响

2. 大孔径型射孔弹对穿透性能的影响

大孔径型射孔弹模型与网格划分以及整体网格模型如图 4-29 所示。

通过改变大孔径型射孔弹炸药量研究金属粒子流初速度随炸药量的变化情

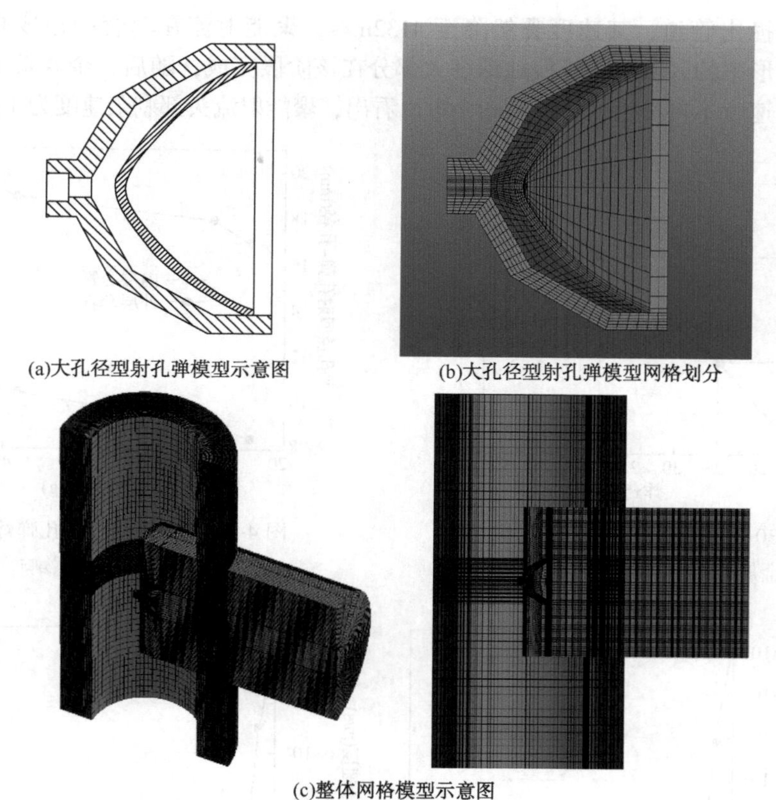
(a)大孔径型射孔弹模型示意图

(b)大孔径型射孔弹模型网格划分

(c)整体网格模型示意图

图 4-29　大孔径型射孔弹

况，如图 4-30 所示。通过仿真计算可以得出，金属粒子流初速度与炸药量初步呈现正相关关系。与深穿透型射孔弹相比，由于大孔径型射孔弹药型罩张角较大，聚能效应较小，因此同样炸药量下，大孔径型射孔弹初速度较小。在大孔径型射孔弹条件下，炸药量对射孔孔径影响如图 4-31 所示。据图可知，大孔径型射孔弹的外层孔径随炸药量的增加而增加，与深穿透型射孔弹相比，同等炸药量下，大孔径型射孔弹所造成的孔径较大。

3. 射孔初速度对穿透性能的影响规律

上述分析表明，炸药量对射孔过程的影响主要体现在金属粒子最大射流速度方面(射孔初速度)。因此，设置金属粒子流最大射流速度为 12000m/s、10000m/s、8000m/s、6000m/s，通过模拟计算 4 种射流速度下，金属粒子流射孔过程中的速度变化，研究金属粒子流在击穿套管过程中的速度折减情况。图 4-32 为不同射流初速度下，金属粒子流速度随时间的变化情况，其中横坐标表示时间，纵坐标表示金属粒子流最大速度的矢量值。从图中可以看出，金属粒子流射流速度均呈现减小的趋势。以初速度 12000m/s 为例，在金属粒子流接触套管 0~4μs 时，聚能射流头部撞击管道，其速度骤然降至4132m/s，聚能射流在套管中造成高温、高压、高变形率的区域。套管侵蚀深度大部分在该阶段完成，随后，金属粒子流从套管射出，速度不再发生变化，从图中可以看出，聚能射流头部剩余速度为1310m/s。

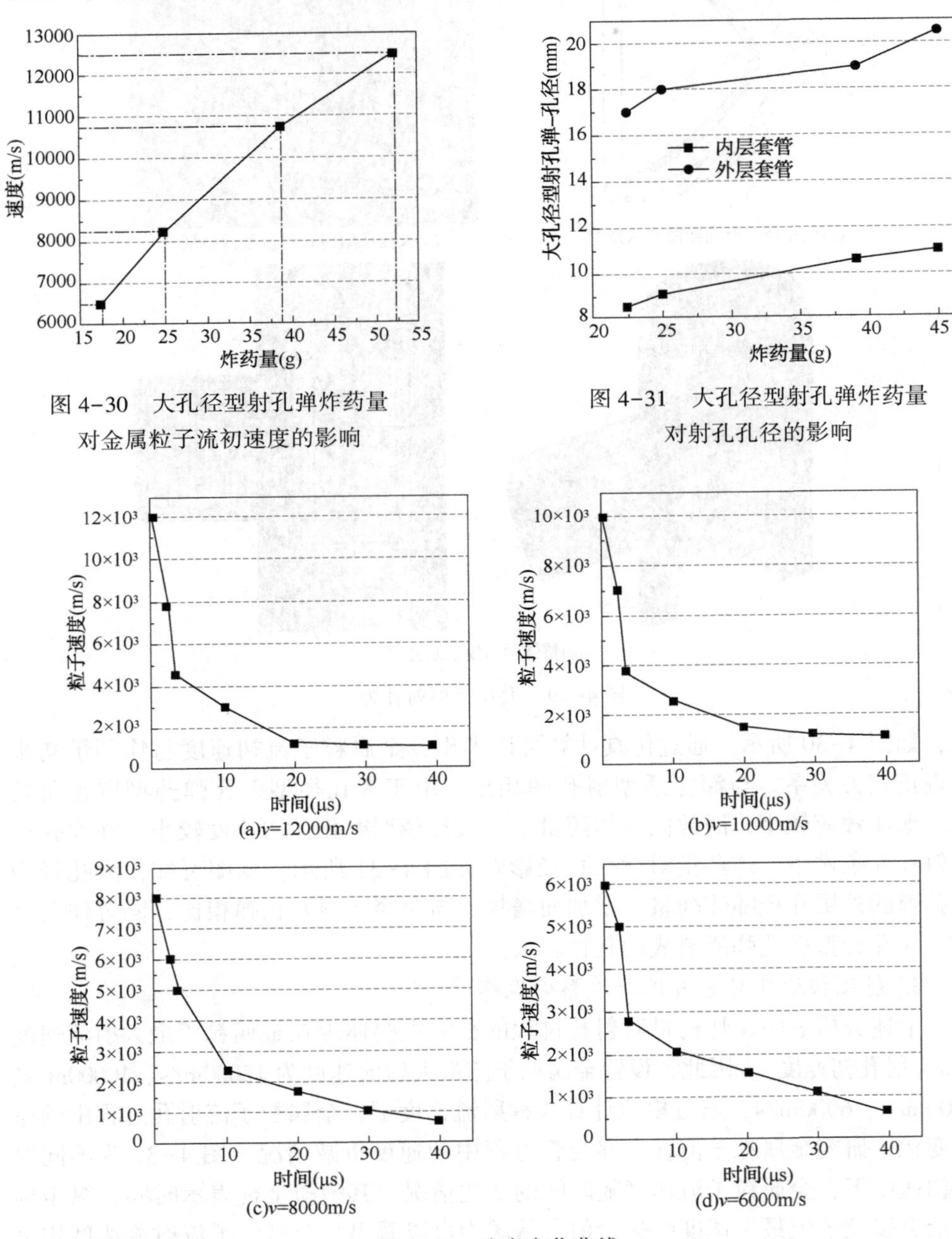

图 4-30 大孔径型射孔弹炸药量对金属粒子流初速度的影响

图 4-31 大孔径型射孔弹炸药量对射孔孔径的影响

(a)v=12000m/s

(b)v=10000m/s

(c)v=8000m/s

(d)v=6000m/s

图 4-32 速度变化曲线

当深穿透型射孔弹金属粒子流初速度为9000m/s，大孔径型射孔弹金属粒子流初速度为8000m/s时，金属粒子流速度与位移变化曲线如图4-33所示。从图中可以看出，在射孔过程中，金属粒子流速度变化趋势呈现出4个阶段，即金属粒子流侵蚀内层套管、水泥层、外层套管及击穿套管。在侵蚀内层套管时，由于内层套管的材料属性，金属粒子流在接触内层套管的瞬间，其速度骤降。随后，金属粒子流继续侵蚀水泥层，由于水泥层对金属粒子流的阻力较小，因此金属粒子流在水泥层中速度减小的幅度较为平缓。当金属粒子流侵蚀模拟地层时，由于模拟地层屈服强度低于内外层套管的屈服强度，因此金属粒子流速度减小的幅度较小。最终，当金属粒子流完成射孔过程时，速度降为零，到达的地层深度即为射孔孔眼深度。

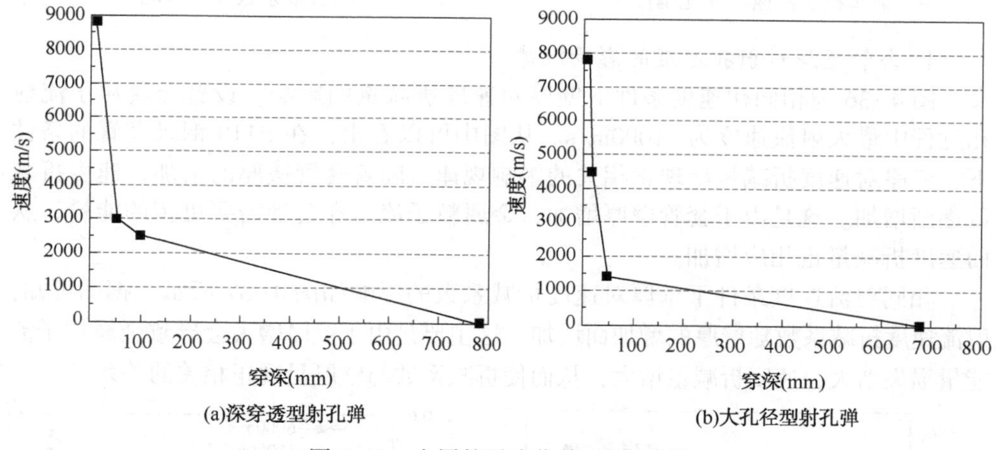

图4-33　金属粒子流位移-速度曲线

图4-34为不同初速度下金属粒子流击穿壁厚为13.05mm的P110钢时速度折减情况。由图可知，速度折减量与初速度成正比，初速度减小，速度折减量也会随之变小。这是由于当金属粒子流初速度较大时，它自身携带的能量较高，在撞击套管的瞬间，能量损失较大。

根据金属粒子流在不同射流初速度下的速度折减曲线，金属粒子流速度折减系数为：

$$k=\frac{\Delta v}{v_0} \tag{4-31}$$

式中，k为折减系数；Δv为速度折减量；v_0为金属粒子流最大射流速度。

不同射流初速度下的折减系数变化情况如图4-35所示。由图可知，金属粒子流射孔过程的速度折减系数在0.48~0.62，呈现小幅度波动状态。

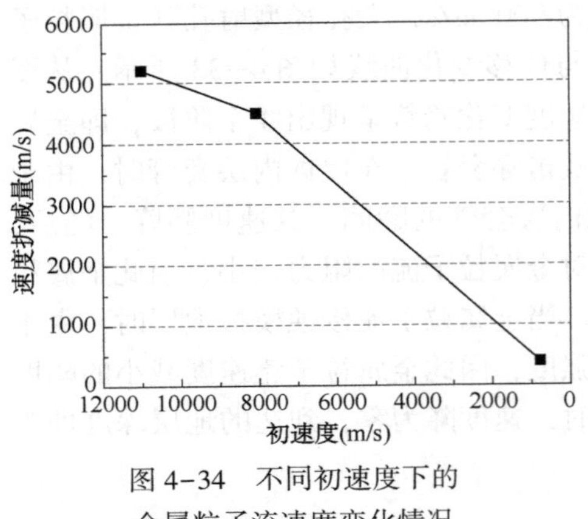

图 4-34　不同初速度下的金属粒子流速度变化情况

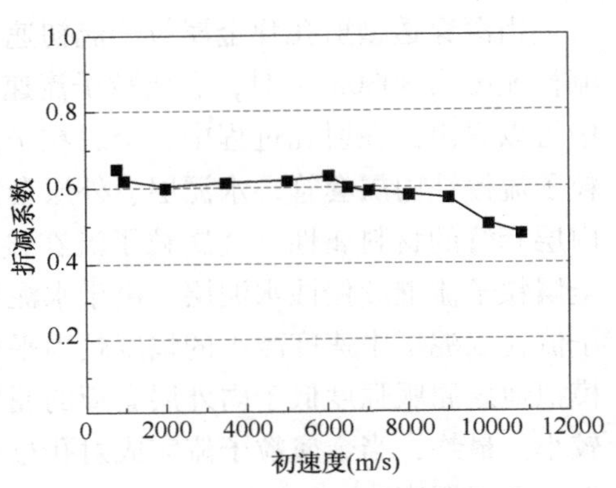

图 4-35　不同射流初速度下的折减系数变化情况

4. *套管壁厚对射孔速度的影响规律*

图 4-36 为相同初速度条件下壁厚对速度折减量的影响。设置金属粒子流射孔过程中最大射流速度为 11000m/s。从图中可以看出，在 P110 钢级套管的条件下，壁厚对速度折减量呈现正相关的影响规律。随着套管壁厚的增加，速度折减量逐渐增加。这是由于套管壁厚增加，金属粒子流击穿套管需要更多的能量，从而速度折减量也相应增加。

相同射流速度条件下壁厚对速度折减系数的影响如图 4-37 所示。据图可知，射流速度折减系数随壁厚的增加而增加，这主要是由于壁厚增大会导致金属粒子流能量损失增大，速度折减量增大，从而使折减系数与壁厚呈现正相关的关系。

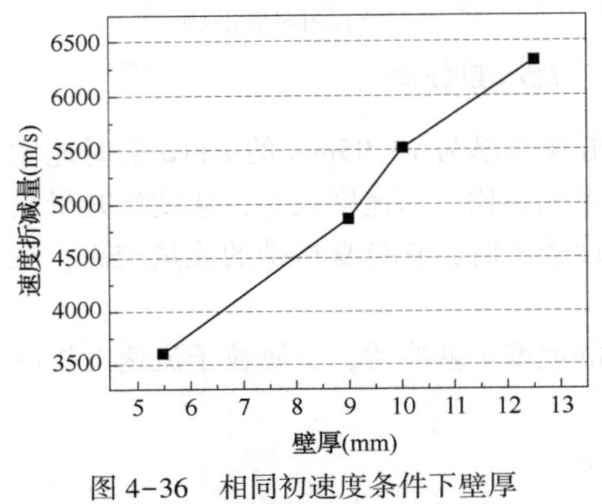

图 4-36　相同初速度条件下壁厚对速度折减量的影响

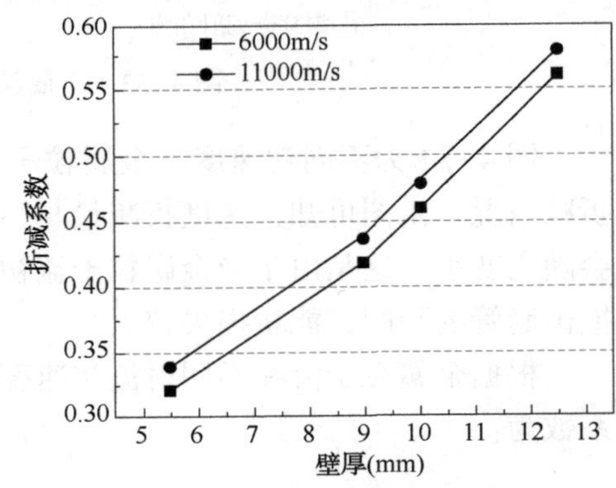

图 4-37　相同射流速度条件下壁厚对速度折减系数的影响

二、射孔对套管的抗挤强度影响

射孔对套管的抗挤强度有很大的影响，其中，地层外载、射孔孔径、射孔密度会不同程度地影响套管的抗挤强度。随着外载的增大，射孔后套管所受外挤力增大，套管产生的最大抗挤应力也随之增大。当外载达到一定的值时，射孔后套管产生的最大抗挤应力达到套管最大屈服强度，则此时套管所受外挤力为满足射孔后套管屈服强度要求的净抗挤强度。分别选取不同孔密(16 孔/m、20 孔/m 和 40 孔/m)、不同孔径(20~25mm)，分析其对射孔后套管屈服强度的影响，并确定满足套管屈服强度要求的净抗挤强度。

1. 地层外载对套管抗挤强度影响

应用 ANSYS 有限元软件，建立不同孔密和不同孔径的射孔套管段有限元模型，施加不同外载得到射孔套管段应力变化及其产生的最大抗挤应力。以孔密为 40 孔/m 的射孔套管为例，模拟得到净外挤力为 1MPa、5MPa、10MPa、15MPa、20MPa 时，射孔套管段的抗挤应力分布云图如图 4-38 所示。

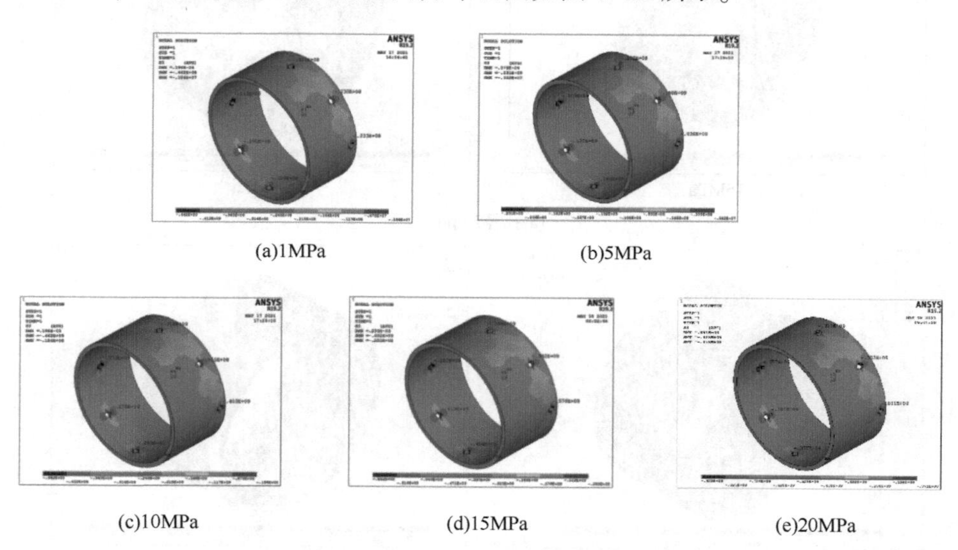
(a)1MPa (b)5MPa

(c)10MPa (d)15MPa (e)20MPa

图 4-38 不同内压下射孔套管段的抗挤应力分布云图

对图分析可知，射孔套管段应力集中分布在射孔孔眼的周围，或两孔眼之间，并由射孔处向外逐渐减小。进一步提取数据得到射孔套管在 0~20MPa 净外挤力下产生最大抗挤应力，0~20MPa 净外挤力下射孔套管最大抗挤应力变化曲线如图 4-39 所示。

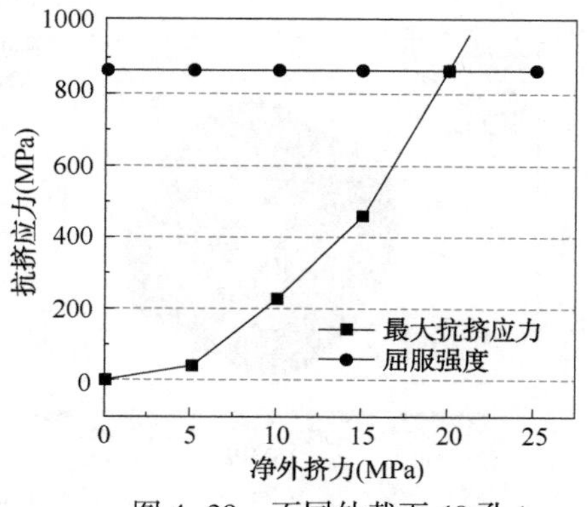

图 4-39 不同外载下 40 孔/m 射孔套管最大抗挤应力变化曲线

分析可知，随着净外挤力的不断增大，射孔套管段产生的应力逐渐增大；当净外挤力增至 20MPa 时，套管最大抗挤强度达到屈服强度，表明 40 孔/m 射孔套管的最大抗挤强度小于20MPa。

2. 射孔孔径对套管抗挤强度影响

应用ANSYS有限元软件，以孔密为40孔/m的套管为例，建立不同孔径(20mm、21mm、23mm、25mm)的射孔套管段有限元模型，并施加不同外载得到射孔套管段抗挤应力及其抗挤应力变化规律。其中，模拟得到孔径值为20mm、21mm、23mm、25mm时，射孔套管段的应力分布云图如图4-40所示。

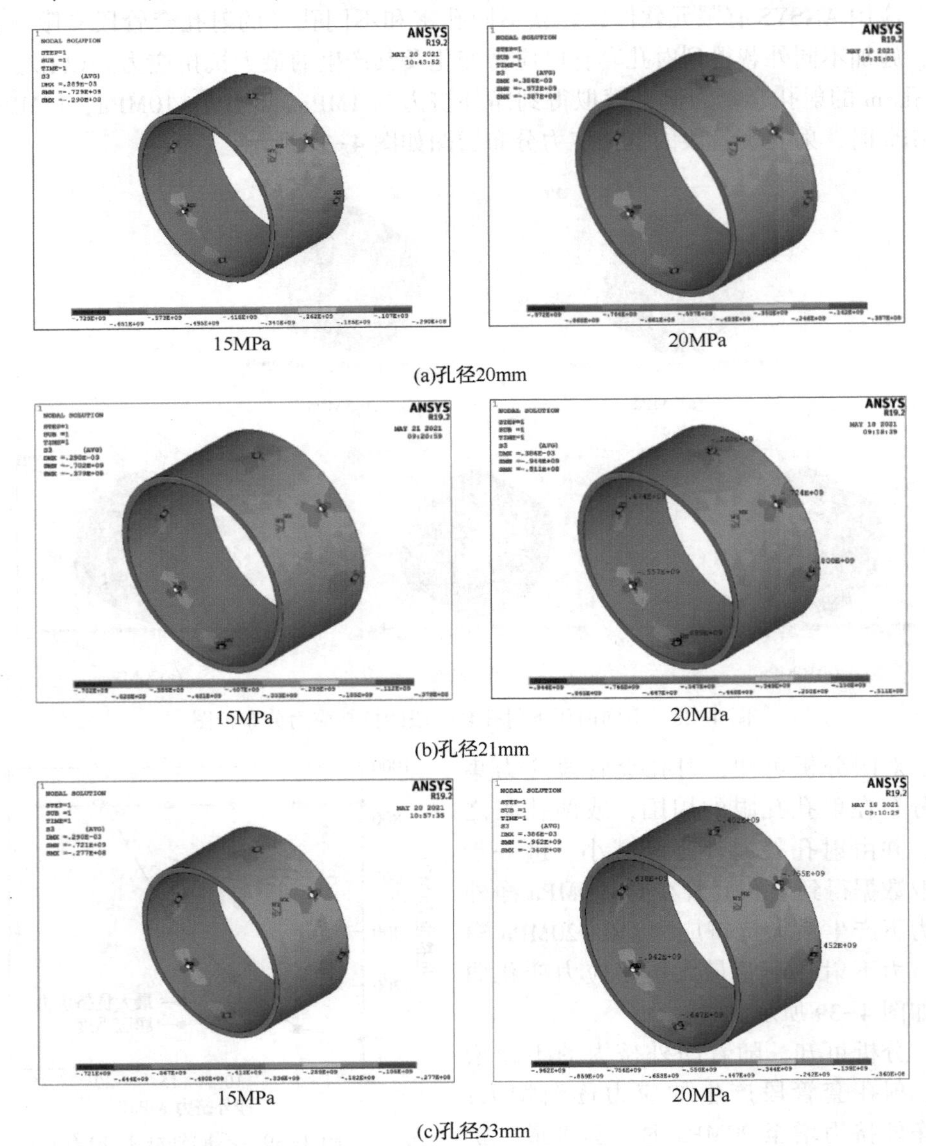

15MPa　　20MPa

(a)孔径20mm

15MPa　　20MPa

(b)孔径21mm

15MPa　　20MPa

(c)孔径23mm

图4-40　不同净外挤力下射孔套管段的应力分布云图

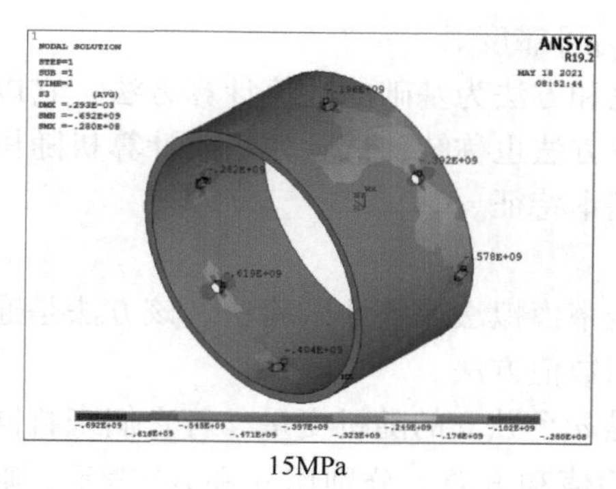

15MPa

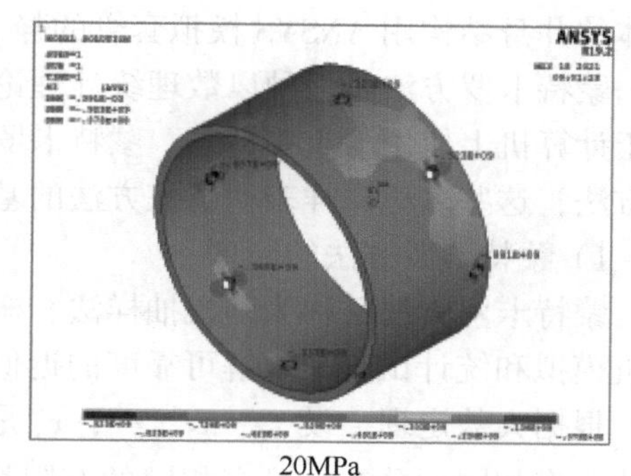

20MPa

(d)孔径25mm

图 4-40　不同净外挤力下射孔套管段的应力分布云图(续)

对图 4-40 分析可知，孔密为 40 孔/m 时，套管内侧应力集中分布在孔眼周围，套管外侧应力集中分布在两孔眼之间。进一步提取数据得到 40 孔/m 孔密套管在 0~20MPa 净外挤力下产生最大抗挤应力值，如表 4-8 所示。

表 4-8　40 孔/m 孔密下不同孔径射孔段套管产生最大抗挤应力值

孔径值(mm)	净外挤力(MPa)			
	5	10	15	20
20	243	486	729	972
21	240	481	721	962
23	236	468	708	944
25	231	462	692	923

对表分析可知，射孔孔密为 40 孔/m 时，套管产生的最大抗挤应力随净外挤力增大而增大；当净外挤力相同时，套管产生的最大抗挤应力随孔径的增大而减小。射孔孔密为 20 孔/m、16 孔/m 时的最大抗挤应力变化规律与 40 孔/m 相同。

三、基于套管强度折减最小的射孔参数优化

1. 套管的强度可靠性分析

通过对现场套管进行强度可靠性分析、考虑强度数据的分散性，从可靠性的角度考察套管是否满足油气井生产要求。所有的套管首先必须满足静强度的要求，即使是承受循环应力的部分，除了进行疲劳强度的计算，也应对循环应力次数少的高应力区进行强度计算。

在上述准备工作的基础上，用蒙特卡罗方法研究套管的可靠性问题。所谓静力可靠性，是指将作用在套管上的载荷处理成不随时间变化的静力载荷，而载荷的大小和套管的承载能力被处理成随机变量。下面将介绍蒙特卡罗方法，并结合

具体的井身结构用 ANSYS 模拟套管的静力可靠度。

蒙特卡罗方法是一种以数理统计理论和方法为基础的数值计算方法，它以适合于计算机上使用为重要标志。蒙特卡罗方法也称统计试验方法或计算机随机模拟方法，这些名称同样表明了该方法的基本特征。

1）蒙特卡罗方法的原理

蒙特卡罗方法又称为随机抽样法、概率模拟法或统计试验法。该方法是通过随机模拟和统计试验来求解可靠度的近似数值方法。

根据大数定理，设 x_1，x_2，…，x_n 是 n 个独立的随机变量，若它们来自同一母体，有相同的分布，具有相同的有限均值和方差，分别用 μ 和 σ^2 表示，则对于任意的 $\varepsilon>0$，有：

$$\lim_{n\to\infty}P\left(\left|\frac{1}{n}\sum_{i=1}^{n}x_i-\mu\right|\geqslant\varepsilon\right)=0 \tag{4-32}$$

另有，若随机事件 A 发生的概率为 $P(A)$，在 n 次独立试验中，事件 A 发生的频数为 m，频率为 $W(A)=m/n$，对于任意的 $\varepsilon>0$，有：

$$\lim_{n\to\infty}P\left[\left|\frac{m}{n}-P(A)\right|<\varepsilon\right]=1 \tag{4-33}$$

蒙特卡罗方法是从同一母体中抽取简单子样来做抽样试验。由式(4-32)和式(4-33)可知，当 n 足够大时，$\sum_{i=1}^{n}x_i/n$ 的概率收敛于 μ，而频率 m/n 则收敛于 $P(A)$,这就是蒙特卡罗法的基础。

2）随机数的产生方法

在运用蒙特卡罗法计算结构的失效概率时，有一个具体问题需要进一步解决，即如何进行随机取样。

随机取样是指从已知分布的母体中随机生成简单子样。为此首先要生成随机数。为了快速、高精度地生成随机数，通常要分两步进行。首先在开区间(0，1)上生成均匀分布随机数，其次在此基础上转换成给定分布变量的随机数。

(1) 均匀分布随机数的生成。

生成均匀分布随机数的方法很多，如随机数表法、物理方法、数学方法等。在计算机上采用数学方法生成随机数是目前应用广泛、发展较快的一种方法，它是利用数学递推公式来生成随机数。数学方法中较典型的有取中法、加同余法、乘同余法、混合同余法和组合同余法等。这些方法中，乘同余法因其统计性能优良、周期长等特点而被广泛应用。

(2) 给定分布变量随机数的生成。

在结构可靠性计算中，通常使用正态分布、对数正态分布及极值型分布。这些分布下的随机数我们可以利用标准均匀分布随机数来生成。

设随机数 u_n 和 u_{n+1} 是(0，1)区间的两个均匀随机数，则可用下列变换得到

标准正态分布 $N(0, 1)$ 的两个随机数 $\dot{x}_n$ 和 $\dot{x}_{n+1}$：

$$\begin{cases} \dot{x}_n = (-2\ln u_n)^{1/2}\cos(2\pi u_{n+1}) \\ \dot{x}_{n+1} = (2\ln u_n)^{1/2}\sin(2\pi u_{n+1}) \end{cases} \tag{4-34}$$

如果随机变量 x 服从一般正态分布 $N(m_x, \sigma_x)$，则随机数 x_n 和 x_{n+1} 的算式可表示为：

$$\begin{cases} x_n = \dot{x}_n \sigma_x + m_x \\ x_{n+1} = \dot{x}_{n+1} \sigma_x + m_x \end{cases} \tag{4-35}$$

式中的随机数 x_n 和 x_{n+1} 成对产生，它们不仅服从一般正态分布，而且相互独立。

2. 数值分析

采用 ANSYS 有限元分析软件进行蒙特卡罗法抽样，对射孔套管进行可靠性分析，应用 ANSYS 软件对射孔套管进行有限元分析的步骤如下：首先建立射孔套管的实体模型；其次根据实际情况选择合适的单元划分网格，生成射孔套管的有限元模型；再次施加边界条件，求解有限元模型；最后利用前述方法生成一组随机数，使其服从作用在射孔套管上的载荷和强度的分布。利用这些随机数生成射孔套管中模拟的载荷与强度值，并计算功能函数值。套管长 1m，实体模型如图 4-41 所示。

与上述模型的约束条件保持一致，左侧施加固定端约束，右侧则无限制。在射孔套管表面施加 150kN 的力，在评估射孔套管的可靠性时，我们主要关注射孔套管的外径、套管的内径、射孔直径、射孔相位角、射孔密度、穿深以及钢材的弹性模量等影响因素，所有因素都服从正态分布。

1）射孔套管的结果处理

（1）射孔参数输入结果分析。

图 4-42~图 4-44 分别为采用抽样方法得到的射孔孔径、相位角，以及穿深的抽样分布结果。图中曲线为采样分布结果拟合得到的正态分布概率密度曲线，抽样结果以及拟合曲线较好地遵循了射孔孔径的分布规律。

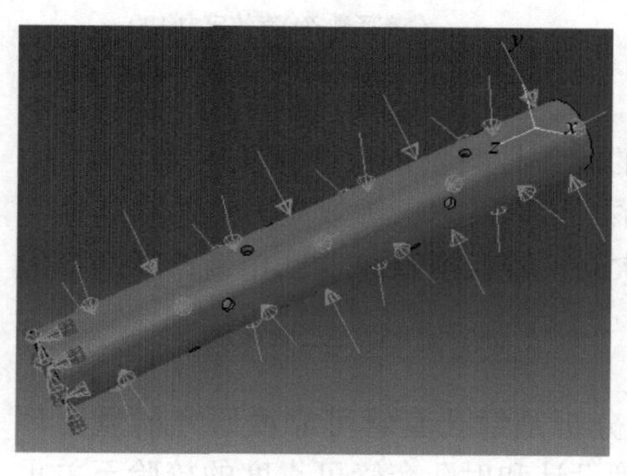

图 4-41　射孔套管模型的约束和受力图

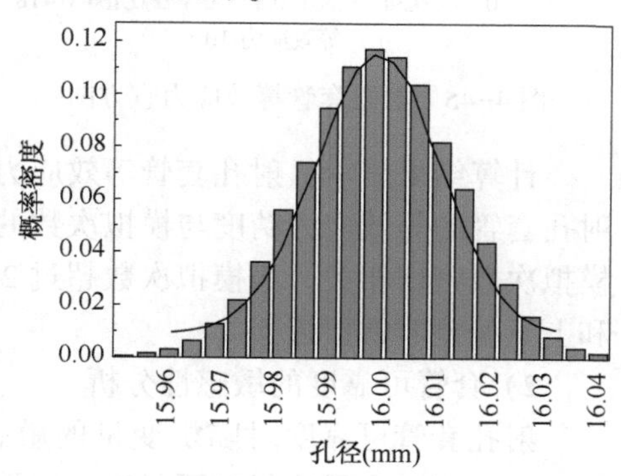

图 4-42　孔径概率分布

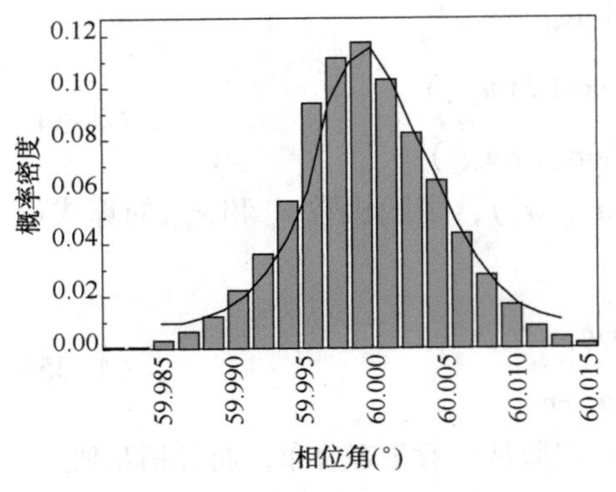

图 4-43　相位角概率分布

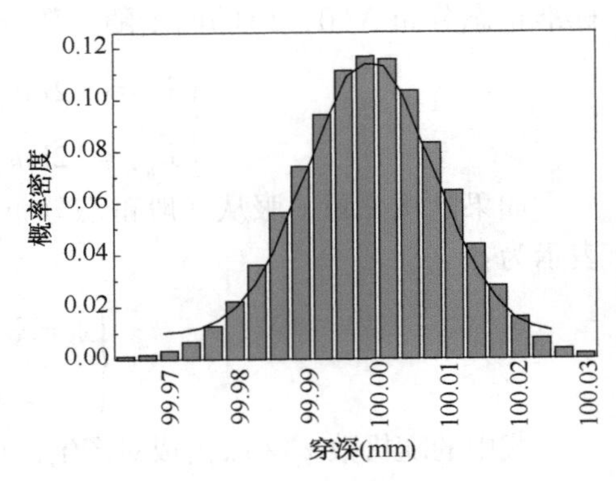

图 4-44　穿深概率分布

(2) 射孔套管输出结果分析。

如图 4-45 所示，射孔套管的最大受力值为 4~5MPa，远未超过屈服强度值。此时射孔套管的可靠度为 1。同时由图 4-46 可见，$Z>0$ 的分布占据了全部空间。尽管在可靠性分析过程中没有考虑到射孔套管的内外压及温度影响，但是根据安全系数法原则，我们可以得出结论：射孔套管安全可靠。

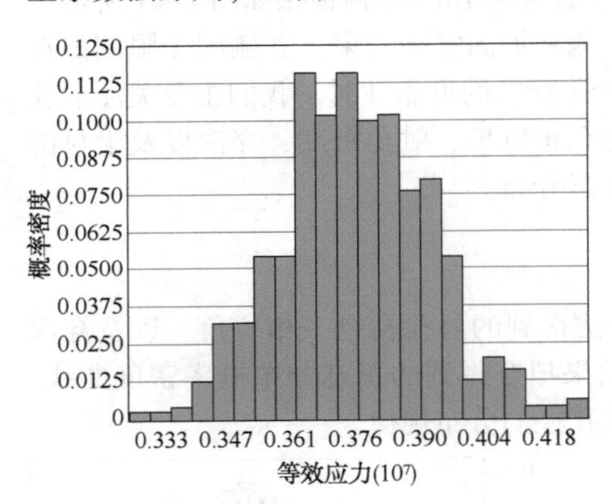

图 4-45　射孔套管等效应力直方图

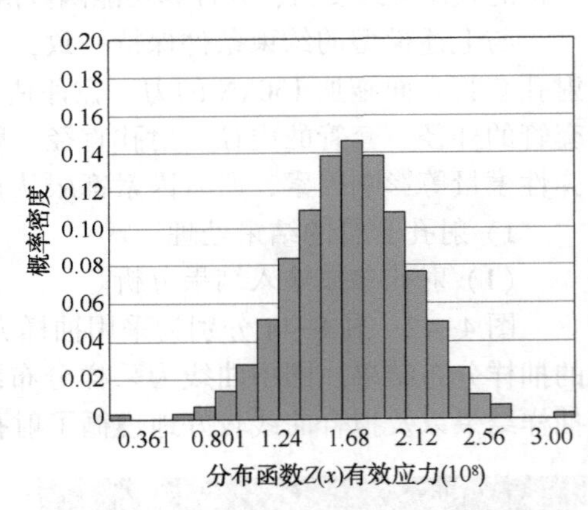

图 4-46　分布函数 $Z(x)$ 有效应力直方图

计算结果显示：射孔套管等效应力点的收敛性与模拟次数相关。图 4-47 为射孔套管的等效应力精度与模拟次数的关系，可以看出，等效应力点的收敛性与模拟次数密切相关。当模拟次数超过 250 次时，其模拟收敛性已相当良好，均值和上下偏差非常接近。

2）套管可靠度的敏感性分析

射孔套管可靠度对随机变量的敏感性分析是射孔套管可靠度研究的重要环节。一方面，为了确保其可靠度，射孔套管设计和射孔套管可靠度的校验至关重要；另一方面，单就估算射孔套管可靠度而言，既可以对射孔套管工程中所提供的数据做出精度上的要求，也可以进一步提高可靠度的计算精度。如果可靠度对某一随机变量的敏感度较高，则对所提供的数据要求更为严格；反之，如果敏感度较低，则该随机变量在计算过程中可视为常数处理，从而节省工作量。随机变量对射孔套管可靠度的影响可以分为两部分：一是随机变量的分布参数，如均值、方差对可靠度的影响，这在敏感性分析中称为分布参数的敏感性；二是当分布参数一定时，随机变量的变化对极限状态方程的影响，从而导致结构可靠度的变化，这种影响称为极限状态方程的影响，相应的敏感性分析称为极限状态方程参数的敏感性。

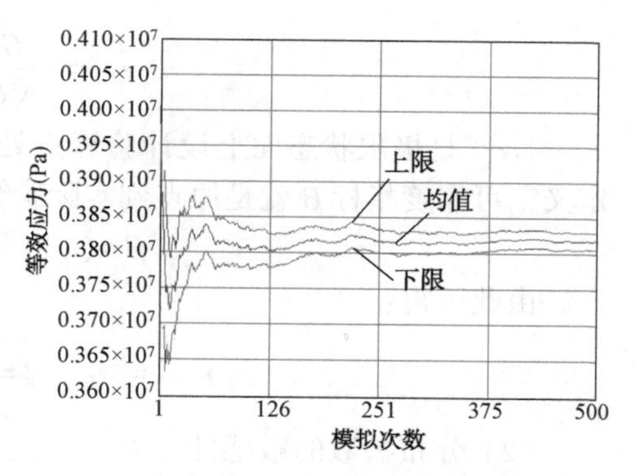

图 4-47　等效应力精度与模拟次数关系

（1）敏感性基本理论。

敏感性分析是一种研究不确定性因素对决策变量影响程度的方法。在决策过程中，我们往往需要考虑各种不确定性因素对决策结果的影响，以制定更有效的应对策略。敏感性基本理论为我们提供了一个框架，有助于我们理解并评估这些不确定性因素的敏感程度。

如果以 σ_s 代表射孔套管的强度，σ_1 为射孔套管的当量应力，则射孔套管的可靠度为：

$$R=P(\sigma_s-\sigma_1) \tag{4-36}$$

令 $g(\{X\})=\sigma_s-\sigma_1$，其中 $\{X\}=\{X_1, X_2, \cdots, X_n\}^T$ 为影响 $g(x)$ 的基本随机变量，其极限状态方程为 $g(\{X\})=0$，将 $\{X\}$ 转化为相互独立的标准正态随机变量 $\{Y\}$：

$$\{Y\}=[T]\{X\}+\{B\} \tag{4-37}$$

极限状态方程 $g(\{X\})$ 相应地成为 $G\{(Y)\}$：

$$G(\{Y\})=g([T]^{-1}(\{Y\}-\{B\}))=g(\{X\}) \tag{4-38}$$

将 $G\{(Y)\}$ 在设计验算点 $\{Y\}^*$ 处展开，有：

$$G(\{Y\})\approx G(\{Y\}^*)+\sum_{i=1}^{n}\frac{\partial G(\{Y\}^*)}{\partial\{Y\}_i}(\{Y\}_i-\{Y\}^*) \tag{4-39}$$

上式是将极限状态面用过设计验算点的切平面代替。设计验算点 $\{Y\}^*$ 可采用如下的迭代格式获得：

$$\{Y\}^{(m+1)}=(\{Y\}^{(m)})^T\{\alpha\}^m\{\alpha\}^m+\frac{G(\{Y\}^{(m)})}{|\nabla G(\{Y\})|}\{\alpha\}^m \tag{4-40}$$

其中：

$$\{\alpha\}^m=\frac{G(\{Y\}^{(m)})}{|\nabla G(\{Y\}^{(m)})|} \tag{4-41}$$

$\{\alpha\}^m$是极限状态面上设计验算点处的法向单位向量。根据一次可靠指标的定义，可靠度指标β就是原点到实际验算点$\{Y\}^*$的距离：

$$\beta=(\{Y\}^{*T}\{Y\}^*)^{1/2} \tag{4-42}$$

由此可得：

$$\{Y\}^*=\{\alpha\}^*\beta=-\beta\frac{\nabla G(\{Y\})}{\|\nabla G(\{Y\})\|} \tag{4-43}$$

(2) 分布参数的敏感性。

设分布参数向量为$\{d\}=\{d_1,\ d_2,\ \cdots,\ d_k\}(k>n)$。则有：

$$\begin{aligned}\frac{\partial\beta}{\partial d_i}&=\frac{1}{2}(\{Y\}^{*T}\{Y\}^*)^{1/2}\frac{\partial(\{Y\}^{*T}\{Y\}^*)}{\partial d_i}=\frac{1}{\beta}\{Y\}^{*T}\frac{\partial}{\partial d_i}\{Y\}^*\\&=\frac{1}{\beta}\{Y\}^{*T}\frac{\partial}{\partial d_i}([T]\{X\}^*+\{B\})\end{aligned} \tag{4-44}$$

由于：

$$\frac{\partial\beta}{\partial d_i}([T]\{X\}^*)\approx\frac{[T]_{d+\Delta d_i}\{\hat{X}\}^*-[T]_{d_i}\{X\}^*}{\partial d_i} \tag{4-45}$$

式中，$[T]_{d+\Delta d_i}$和$\{\hat{X}\}$分别是在分布参数d_i有一些微小增量Δd_i时，相应的转换矩阵和设计验算点。可以证明：

$$\frac{[T]_{d+\Delta d_i}\{\hat{X}\}^*-[T]_{d_i}\{X\}^*}{\partial d_i}\approx\frac{[T]_{d+\Delta d_i}-[T]_{d_i}}{\partial d_i}\{X\}^* \tag{4-46}$$

因此：

$$\frac{\partial}{\partial d_i}[T]\{X\}^*\approx\frac{[T]_{d+\Delta d_i}-[T]_{d_i}}{\partial d_i}\{X\}^* \tag{4-47}$$

由式可得：

$$\frac{\partial\beta}{\partial d_i}\approx\frac{[\nabla G(\{Y\}^*)]^T}{\|\nabla G(\{Y\}^*)\|}\left(\frac{\partial[T]}{\partial d_i}\{X\}^*\right)+\frac{\partial[B]}{\partial d_i} \tag{4-48}$$

若基本随机变量$X_i(i=1,\ 2,\ \cdots,\ n)$互不相关，且$X_i$服从正态分布，其均值为$\mu_X$，标准差为$\sigma_X$，则：

$$\begin{cases}\dfrac{\partial T}{\partial\mu_X}=[0]\\[2ex]\dfrac{\partial B}{\partial\mu_X}=\left(0,\ 0,\ \cdots,\ -\dfrac{1}{\sigma_X},\ \cdots,\ 0\right)^T\end{cases} \tag{4-49}$$

$$
\left\{
\begin{aligned}
&\frac{\partial T}{\partial \sigma_{x_i}}=\begin{bmatrix} 0 & & & & \\ & \ddots & & & \\ & & -\frac{1}{\sigma_{x_i}^2} & & \\ & & & \ddots & \\ & & & & 0 \end{bmatrix} \\
&\frac{\partial B}{\partial \sigma_{x_i}}=\left(0,\ 0,\ \cdots -\frac{\mu_{x_i}}{\sigma_{x_i}^2},\ 0,\ \cdots,\ 0\right)^T
\end{aligned}
\right.
\tag{4-50}
$$

因此：

$$
\frac{\partial \beta}{\partial \mu_X}=\frac{1}{\sigma_X}\frac{1}{\|\nabla G(\{Y\}^*)\|}\cdot\frac{\partial G(\{Y\}^*)}{\partial Y_i} \tag{4-51}
$$

$$
\frac{\partial \beta}{\partial \sigma_X}=\frac{Y_i^*}{\sigma_X}\frac{1}{\|\nabla G(\{Y\}^*)\|}\cdot\frac{\partial G(\{Y\}^*)}{\partial Y_i} \tag{4-52}
$$

若 X_i 不服从正态分布，则可经当量正态化处理成正态随机变量。如果 $X_i(i=1,\ 2,\ \cdots,\ n)$ 并非完全互不相关，则 $\frac{\partial[T]}{\partial d_i}$ 和 $\frac{\partial\{B\}}{\partial d_i}$ 需通过差分计算获得。

（3）算例分析。

同样以前面的射孔套管为例来分析。所考虑的随机变量包括套管内径、套管外径、射孔相位角、射孔孔径、射孔密度、穿深、套管弹性模量、套管屈服强度、套管泊松比。

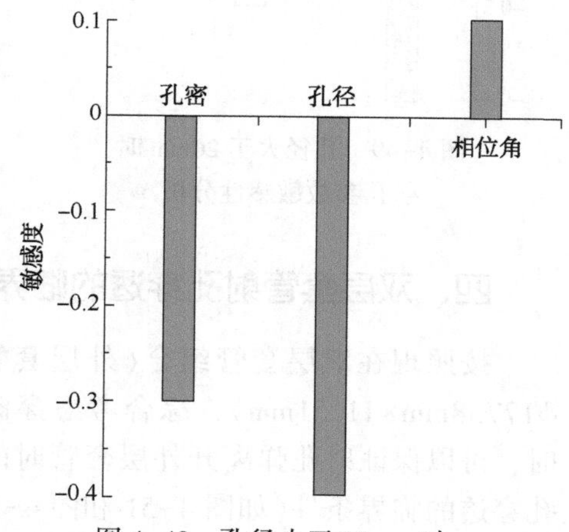

图 4-48　孔径小于 20mm 时射孔参数敏感性分析

由图 4-48 的射孔套管的射孔参数敏感性分析可知，当射孔外径小于 20mm 时，射孔套管孔径是影响套管失效的最主要因素，敏感性为负值，意味着随着外径的增大，射孔套管强度减小；因此射孔套管的可靠度降低。第二个主要因素为孔密，敏感性为负值，即随着孔密的增加，射孔套管强度减小，所以射孔套管的可靠度降低。第三个主要因素是相位角，敏感性为正值，即随着相位角的增大，射孔套管强度增大，所以射孔套管的可靠度增加。

由图 4-49 的射孔套管的射孔参数敏感性分析可知，当射孔外径大于 20mm 时，射孔套管的孔密是影响射孔套管失效的最主要因素，敏感性为负值，意味着随着孔密的增大，射孔套管强度减小，所以射孔套管可靠度降低。第二个主要因素为孔径，敏感性为负值，即随着孔径的增大，射孔套管强度减小，所以射孔套管的可靠度降低。第三个主要因素是相位角，敏感性为正值，即随着相位角的增大，射孔套管强度增大，所以射孔套管的可靠度增加。

综合上述的分析可以看出，当射孔孔径小于 20mm 时，射孔孔径对射孔套管安全性影响最大；而当射孔孔径大于 20mm 时，孔密对射孔套管安全性影响最大。所以在优化射孔设计时，我们要充分考虑孔径这一因素。

由图 4-50 射孔套管的射孔参数敏感性分析可知，射孔参数对产能的影响均为正值，随着射孔参数的增大，产能也在增加。射孔参数中的孔密是影响油气井产能的主要因素，其次为孔径，然后为穿深，最后是相位角。基于上述分析，在以产能最大为目标设计套管射孔参数时，我们应主要考虑射孔密度对产能的影响。

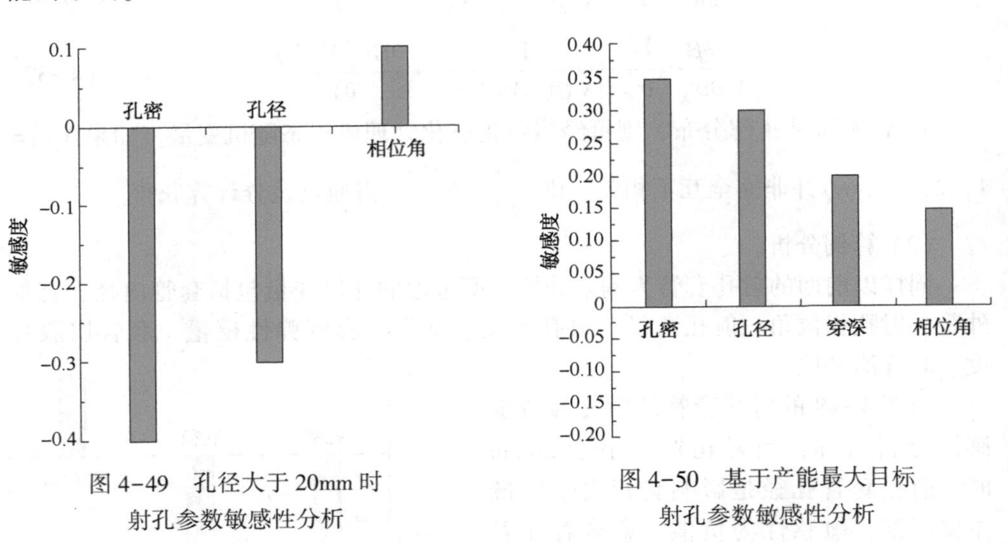

图 4-49　孔径大于 20mm 时射孔参数敏感性分析

图 4-50　基于产能最大目标射孔参数敏感性分析

四、双层套管射孔穿透的临界条件确定

按照现在双层套管组合（外层套管 P110 ϕ244. 5mm×13. 84mm，内层套管 ϕ177. 8mm×11. 51mm），综合考虑穿深及孔径的要求，当初始速度超过 8000m 时，可以保证射孔弹离开外层套管时的速度大于 850m/s，从而确定双层套管射孔穿透的临界条件（如图 4-51 和图 4-52 所示）。

按照射孔弹爆炸时的初始速度与射孔弹炸药量的关系曲线，可以得出：当射孔弹的初始速度大于 8000m/s 时，射孔弹的炸药量大于 25g。综合考虑套管、射孔枪的尺寸以及射孔弹的炸药量大于 25g 的要求，结合现场射孔枪弹技术的成熟度及地层温度压力环境，优选确定了如表 4-9 所示的射孔技术方案。

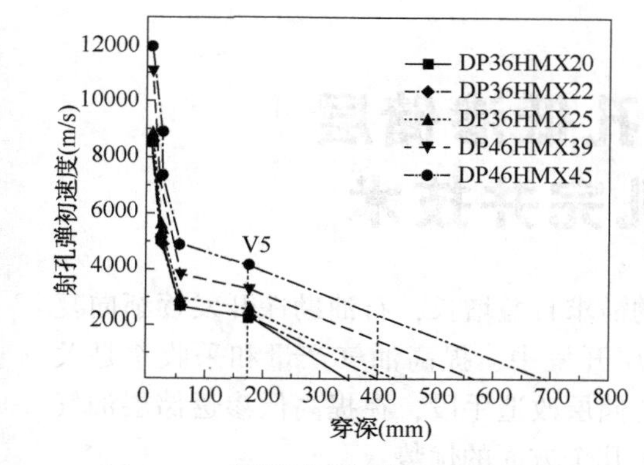

图 4-51　深穿透型射孔弹射孔速度与射孔深度的对应关系

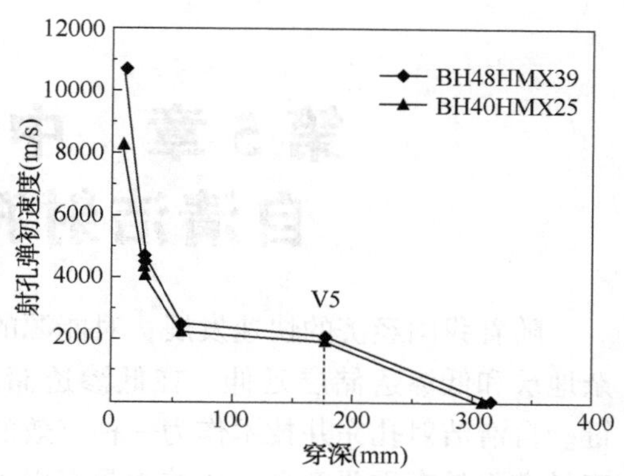

图 4-52　大孔径型射孔弹射孔速度与射孔深度的对应关系

表 4-9　优选确定的射孔技术方案

序号	射孔器型号	装弹类型	孔密（孔/m）	相位角（°）	内层套管孔径（mm）	外层套管孔径（mm）	射孔深度（mm）
1	127BH32H26-105①	DP46HMX45②	16	90	10.16	9.04	780
2	114DP39H16-105	DP46HMX39	16	90	9.90	8.80	640
3	127DP39H30-105	DP46HMX39	20	120	9.96	8.85	630
4	127DP25H30-105	DP46HMX39	30	120	10.01	8.90	610
5	114DP25H30-105	DP36HMX25	30	45/135	8.89	7.88	460
6	114DP25H40-105	DP36HMX25	40	45/135	8.96	7.93	430
7	127BH39H16-105	BH48HMX39	16	90	19.40	10.34	348
8	114BH25H40-105	BH40HMX25	40	45/135	18.15	8.96	309

注：① 系指射孔器 127BH32H26-105：127 表示射孔枪外径（适用于套管内径最小 147mm）；BH 表示大孔径；32 表示射孔弹炸药量，g；H 表示 HMX 炸药；26 表示孔密，孔/m；105 表示射孔器耐压，MPa。

② 系指射孔弹 DP46HMX45：DP 表示深穿透；46 表示药型罩外径，mm；HMX 表示炸药类型；45 表示射孔弹炸药量，g。

第5章 中孔低渗储层自清洁射孔完井技术

随着我国经济的快速发展，对能源的需求日益增长，石油勘探开发逐渐向复杂地层和低渗透储层延伸。在低渗透储层开发中，提高油气产量和采收率是关键。自清洁射孔完井技术作为一种有效的储层改造手段，在提高低渗透储层油气产量方面具有重要意义。该技术具有以下几个方面的优势：

（1）降低井壁稳定性风险：自清洁射孔完井技术在射孔过程中，避免了地层颗粒和碎屑进入射孔孔道，降低了井壁稳定性风险。

（2）简化完井流程：自清洁射孔完井技术无须进行传统的完井作业，如填砂、封隔等，简化了完井流程，降低了完井成本。

（3）适应性强：自清洁射孔完井技术适用于多种低渗透储层类型，具有良好的适应性。

（4）增产效果显著：自清洁射孔完井技术在低渗透储层中应用，可显著提高油气产量，提高采收率。

近年来，自清洁射孔完井技术在国内外多个油田得到了广泛应用，取得了良好的经济效益。在现场应用过程中，针对不同储层特点和井筒条件，不断优化射孔器结构、工艺参数和完井方案，使自清洁射孔完井技术在提高低渗透储层油气产量方面取得了显著成果。

然而，自清洁射孔完井技术在实际应用中也存在一定的局限性，单一的现场打靶试验难以开展深入的定制化研究，不能从射孔弹型、射孔参数、地层参数等细分层面开展大量计算分析，而动态数值模拟却可以有效解决上述问题。目前针对自清洁等新型射孔技术的射孔动态仿真模拟研究难度较大，国内外相关文献鲜有报道。因此，本章开展相关新型射孔技术动态仿真模拟研究，从而与现场打靶试验相配合，全面摸清自清洁射孔技术应用效果、适用性等问题。

第1节 自清洁射孔技术动态射孔数值仿真模拟

射孔数值模拟常规使用 ANSYS 软件 LS-DYNA、AUTODYN 显式动力分析模块进行射孔成形及射孔靶板过程等的模拟。结合多种计算方法用高性能计算机进行高速迭代，例如：计算方法早期有 Lagrange、Euler 和物质点法，以及新兴的 ALE（任意拉格朗日欧拉）和 SPH（光滑粒子流体动力）；研究聚能射流形成及射孔靶体过程中有关的炸药爆轰、材料大变形、流固耦合、井筒力学响应、受力分析问题。数值模拟方法主要包括有限单元法、有限差分法、有限体积法。前两者是目前冲击载荷作用下的动力结构响应数值计算中应用最多的方法。

有限元计算模拟的过程是计算离散化方程的过程，将结构动力学方程离散化：

$$M\ddot{x}(t)=P(t)-F(t)+H(t)-C\dot{x}(t) \tag{5-1}$$

式中，M 为结构质量矩阵；C 为阻尼矩阵；$\ddot{x}(t)$ 为节点的加速度；$\dot{x}(t)$ 为节点的速度；$P(t)$、$F(t)$、$H(t)$ 分别为载荷、内力、沙漏阻力。

将上述离散化的动力学方程用中心差分法求解，具体计算公式如下：

$$\begin{cases}\ddot{x}(t_n)=M^{-1}[P(t_n)-F(t_n)+H(t_n)-C\dot{x}(t_{n-1/2})] \\ \dot{x}(t_{n+1/2})=\dot{x}(t_{n-1/2})+\ddot{x}(t_n)(\Delta t_{n-1}+\Delta t_n)/2 \\ x(t_{n+1})=x(t_n)+\dot{x}(t_{n-1/2})\Delta t_n\end{cases} \tag{5-2}$$

LS-DYNA 采用变步长积分法进行显示求解，每一时刻的积分步长由该时刻的稳定性条件控制方程给出。临界积分时间步长可以表达为：

$$\Delta t^e=\alpha(I^e/c) \tag{5-3}$$

式中，Δt^e 为临界时间步长；α 为时间因子；I^e 为特征尺寸；c 为纵波的波速。

一、自清洁射孔动态射孔有限元模型

数值仿真模拟过程包括：模型构建/分割、网格划分、材料定义、参数输入、模型的计算、计算结果筛选、数据导出以及计算结果的后处理。

自清洁射孔弹的设计思想是通过聚能射孔弹自身的设计来消除射孔压实带影响，其操作与普通射孔器一致，不增加射孔施工作业难度，不增加射孔对井筒的伤害，扩大射孔孔径，产生微裂缝，从而大幅提高射孔孔道的导流性能，形成替代现有聚能射孔弹的新技术。

1. 自清洁射孔模型设计原理

如图 5-1 所示，自清洁射孔弹采用特殊含能材料的金属药型罩，罩内的特殊含能材料和金属组合在射孔弹爆轰产生的金属射流射出射孔孔道之后，随着射流进入孔道，含能材料在数毫秒内产生强烈的放热反应，释放的能量使孔道的压力增加，产生向井筒内的涌流，对孔道的压实带进行冲洗。含能材料反应产生的大量气体和热量改善压实带渗流特性，并将孔道内脱落的岩石碎屑和金属粉末从整个孔道清除，在孔道末端产生裂缝。使油流通

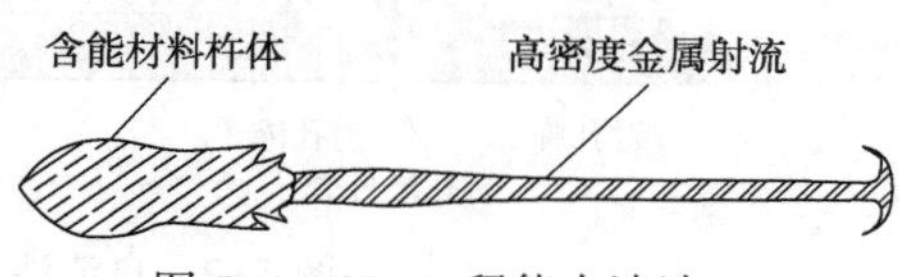

图 5-1　SDPR 释能自清洁射孔弹射流示意图

道得到优化，最终实现清洁孔道、提高导流能力的目标。

含能材料在高温、高压和液体同时存在的条件下会发生放热反应，生成大量气体，并对孔道做功。该反应还包含部分铝热反应，广义上的铝热反应是指由金属粉和金属氧化物组成的混合物相互反应；狭义上主要指铝粉和氧化剂的反应，如铝粉和氧化铁的反应。反应类型为：

$$M+AO\rightarrow MO+A+\Delta H \tag{5-4}$$

铝热反应的特点是燃烧温度高，可达上千摄氏度，能释放出大量的热，且持续时间长。它在弹药销毁及高热度燃烧弹等领域取得了较为广泛的应用。

含能材料作为自清洁射孔弹药型罩的一部分，使射孔弹总能量增加了，但是单发射孔弹的炸药量并未增加，因此实现了安全和高效。所采用的含能材料在射孔过程中安全可靠，在射孔弹爆轰过程中不会产生爆炸和放热反应，因此对射孔枪身、井筒和水泥环没有破坏作用，其操作与普通射孔器一致，既不会增加射孔施工作业难度，也不会增加射孔对井筒的伤害，非常安全。自清洁射孔弹适用于普通射孔枪，不需要特殊储存、运输和操作。孔密和相位角与常规射孔弹都可以相同。含能材料同金属射流同时进入孔道，在毫秒级时间内产生强烈的放热反应，产生大量的气体，直接作用于每个孔道内部，冲洗和清除射孔孔道，因此，在同样能量下，其功效更高。

2. 自清洁射孔物理模型建立

该技术主要是通过射孔弹的关键部件——药型罩进行创新，优化药型罩材料配比，药型罩结构以深穿透结构为基础，确保自清洁射孔弹形成的射流仍然具备深穿透特征，同时将含能反应材料汇集到射流的杵体部分。既保证含能材料在每个射孔孔道中完成释能自清洁反应，又具有良好的穿深性能。自清洁射孔弹仿真计算主要集中在铝镍药型罩的研制上，药型罩形成射流后，射流中会发生二次铝镍反应，在射孔后、孔道内产生高温高压气体，从而扩大岩石中的孔道，实现自清洁效果，仿真模型如图 5-2 所示。

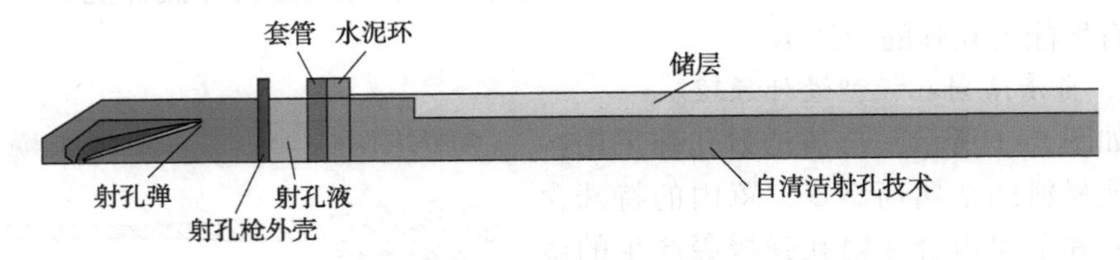

图 5-2　自清洁射孔技术有限元模拟模型

在网格划分时，为了在获得良好模拟结果的同时减少计算时间，须控制单元大小和总数。为此，细化了射孔弹及其周围的模型。射孔弹系统有限元模型中共有 1538218 个节点和 1451279 个单元，模型网格划分如图 5-3 所示，网格划分中主要运用了四面体网格，网格大小为 0.5mm。

根据有限元模型特点，设置对称边界条件以及非反射边界条件，设置完成后边界条件示意见图 5-4。在对称边界条件中当模型具有对称性时，为了缩减模型和降低计算负担，采用 1/2 对称模型进行射孔模拟。非反射边界条件则针对模型周围空气、枪管、套管、水泥环、砂岩靶施加，目的在于消除射孔过程中爆轰波的影响，防止其对射流成型和穿深效果产生干扰。

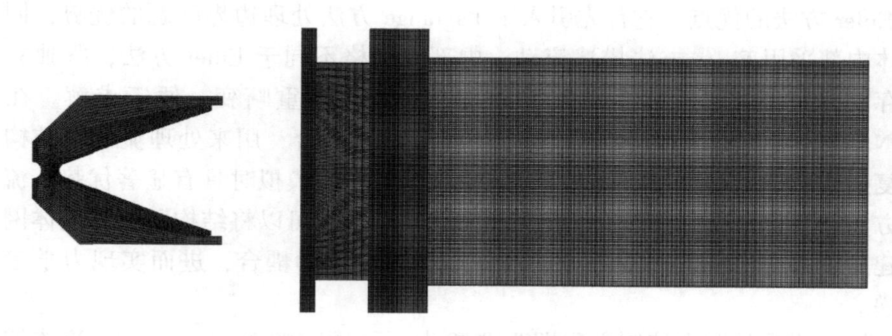

图 5-3　自清洁射孔的网格模型

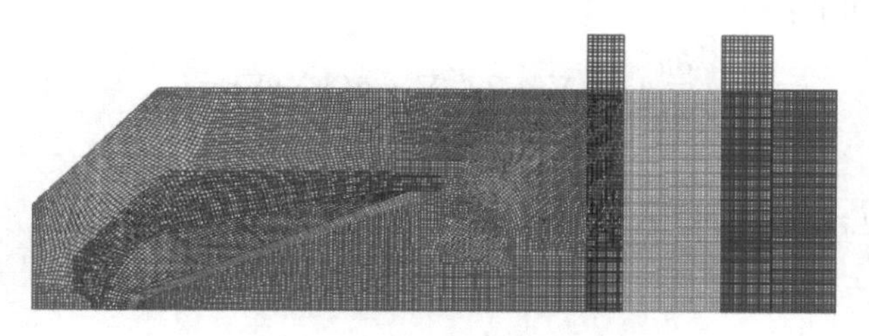

图 5-4　边界条件示意图

（1）在模型外部边界面上施加原始地层孔隙压力。

（2）将井筒内的压力施加在射孔孔眼出口面上，使地层孔隙压力与井筒内压力形成一定的压力差。

二、ALE 流固耦合算法

LS-DYNA 依据采用的坐标类型可以分为 Lagrange 型、Euler 型和 ALE 型。Lagrange 方法主要应用于固体物质的应力应变分析，采用该方法描述的网格完全"雕刻"在物质上，即网格的节点和物质点完全一致，网格的变形即为物质的变形。采用该方法时，物质不会在网格之间流动，该方法最大的优点为可以很容易地处理物质的边界运动，但是，由于该方法的自身局限性，不能处理物体大变形运动，一旦物体发生大变形，网格就会出现严重的畸形，不利于计算进程。例如，数模研究中的壳体、靶板等均采用 Lagrange 算法。

Euler 方法以空间坐标为基础，使用该方法时，网格与物质是独立的，也就是说网格节点为空间的节点，网格形状和空间位置保持不变，因此，物质可在网格中流动，整个模拟过程的迭代模拟精度保持不变。但是该方法在边界问题的处理上较为困难，因此多用于流体的分析。在 LS-DYNA 中，只需将相关实体单元设定为 Euler 算法，并制定输送算法(Advection)即可。

ALE 方法最初出现在模拟流体动力学问题的有限差分方法中，兼具 Lagrange 和 Euler 方法的优点。它首先引入了 Lagrange 方法处理边界问题的优势，同时在物体内部采用 Euler 方法描述流动。内部的网格不同于 Euler 方法，既独立于物质存在，又在求解过程中做适当的变化，避免严重畸变，便于求解。在 LS-DYNA 中，还可将 Euler 网格和纯 Lagrange 网格耦合，用来处理流体与结构在各种复杂载荷下的相互作用问题。该方法在爆炸效应模拟时具有显著优势，流固耦合方法的特点在于，在建立几何模型和网格划分时可以将结构网格和流体网格重叠建立，并通过一定的约束方法实现结构与流体的耦合，进而实现力学参量的传递。

ALE 方法的基本控制方程即为非静止不可压缩的 Navier-Stocks 流体控制方程，具体公式如下：

$$\frac{\partial u}{\partial t}+u\cdot\nabla u-2v^{F}\nabla\cdot\varepsilon(u)+\nabla p=b \tag{5-5}$$

$$\nabla\cdot u=0 \tag{5-6}$$

边界条件与初始条件为：

$$\sigma=-pl+2v^{F}\varepsilon(u) \tag{5-7}$$

$$\varepsilon(u)=\frac{1}{2}[\nabla u+(\nabla u)^{T}] \tag{5-8}$$

再根据质量守恒、动量守恒及能量守恒，就可以得到 ALE 方法的控制方程。参照坐标的方程为：

$$\frac{\partial f(X_i,\ t)}{\partial t}=\frac{\partial f(x_i,\ t)}{\partial t}+w_i\frac{\partial f(x_i,\ t)}{\partial x_i} \tag{5-9}$$

其中 X_i为 Lagrange 坐标，x_i为 Euler 坐标，w_i为相对速度，且 $w_i=v_i-u_i$，v_i是网格速度，u_i是物体速度。

那么 ALE 网格算法的质量守恒方程可以表示为：

$$\frac{\partial\rho}{\partial t}=-\rho\frac{\partial v_i}{\partial x_i}-w_i\frac{\partial\rho}{\partial x_i} \tag{5-10}$$

控制流动区域利用 NS 方程为：

$$\frac{\partial v}{\partial t}=-(\sigma_{ij,j}+\rho b_i)-\rho w_i\frac{\partial v_i}{\partial x_j} \tag{5-11}$$

应力张量可以表示为：

$$\sigma_{ij}=-p\delta_{ij}+\mu(v_{i,j}+v_{j,i}) \tag{5-12}$$

ALE 网格算法的能量守恒方程为：

$$\rho\frac{\partial E}{\partial t}=\sigma_{ij}v_{i,j}+\rho b_i v_i-\rho w_i\frac{\partial E}{\partial x_j} \tag{5-13}$$

由于药型罩在炸药作用下形成聚能射流穿透射孔枪和套管的过程中存在大变形和高速流动，采用 Lagrange 算法会出现单元畸变现象，而 Euler 算法为了精确捕捉固体材料的变形响应需要很精细的网络，这极大地增加了数值分析的成本。综上所述，ALE 算法可以有效地解决大变形和流固耦合问题。

在 LS-DYNA 中，通过关键字 * CONSTRAINED_LAGRANGE_IN_SOLID 实现结构与流体间的耦合。采用流固耦合算法时，往往需要对结构单元进行约束，将结构的相关参数传递给流体单元。LS-DYNA 程序中流固耦合的约束算法主要有加速度约束、加速度和速度约束、速度和加速度法向约束、罚函数约束等。因此，炸药、空气域与药型罩、装药外壳、靶板等的约束均采用流固耦合方法。

三、材料模型的本构关系和状态方程

模拟采用 LS-DYNA 非线性动力学结构数值计算程序，用于真实射孔模拟及有限元分析，需要准备包含材料模型的本构关系和状态方程的关键字文件。

1. 炸药的材料模型及其本构方程

聚能装药采用 HMX 炸药，该 HMX 炸药采用 * MAT_HIGH_EXPLOSIVE_BURN 高能炸药材料模型和 * EOS_JWL 状态方程共同描述(固定搭配)。该 HMX 炸药的材料模型参数如表 5-1 所示。

JWL(Jones-Wikiins-Lee)状态方程通常用来描述炸药的爆炸产物压力与体积关系，压力通常定义为：

$$P=A\left(1-\frac{\omega}{R_1V}\right)\mathrm{e}^{-R_1V}+B\left(1-\frac{\omega}{R_2V}\right)\mathrm{e}^{-R_2V}+\frac{\omega E}{V} \tag{5-14}$$

$$P_s=A\mathrm{e}^{-R_1V}+B\mathrm{e}^{-R_2V}+CV^{-(\omega+1)} \tag{5-15}$$

式中，P 为爆炸产物压力；P_s为等熵膨胀压力；A、B、C 为 P 与 P_s之间的线性常数；R_1、R_2和 ω 为与炸药相关的常数；$V=\rho/\rho_0$，其中 ρ 为炸药的初始密度，ρ_0为爆炸产物的密度；E 为单位体积内能。

表 5-1　炸药的材料模型参数

P(g/cm^3)	P_{cj}(GPa)	D(m·s^{-1})	A(GPa)	B(GPa)	R_1	R_2	$\overline{w}$	E_0	V_0
1.82	30	8300	908.471	19.10836	4.92	1.1	0.34	0.086	1

2. 药型罩的材料模型及其本构方程

药型罩的材料为紫铜，使用 JOHNSON_COOK 模型和 Mie-Gruneisen 状态方程共同描述，该状态方程描述的是 RanKine-Hugoniot 曲线外某点的压力和内能与 Hugoniot 曲线上某点压力和内能的关系。

JOHNSON_COOK 模型是高速碰撞领域常用的模型之一，该模型能够很好地描述与材料的应变、应变率、温度相关的强度变化。函数表达式为：

$$\sigma=(A+B\varepsilon_{\mathrm{p}}^{n})(1+C\ln\varepsilon_{\mathrm{p}}^{n})(1-T_{m}) \tag{5-16}$$

式中，A、B、C、n、m 为材料常数；ε_{p}为等塑性应变。$\varepsilon=\varepsilon_{\mathrm{p}}/\varepsilon_0$为量纲为 1 的等效塑性应变率，熔化温度 T 为：

$$T=\frac{T-T_{\mathrm{r}}}{T_m-T_{\mathrm{r}}} \tag{5-17}$$

式中，T_{r}为参考温度(一般为室温)；T_m为常态下材料的熔化温度。

Mie-Gruneisen 状态方程形式如下：

$$P-P_{\mathrm{K}}(v)=\frac{\gamma(v)}{v}[E-E_{\mathrm{K}}(v)] \tag{5-18}$$

式中，P 为压强；E 为单位质量内能；v 为比容；$\gamma(v)$ 为 Rueneisen 系数；下标“K”代表“冷”状态，冷压$P_{\mathrm{K}}(v)$、冷能$E_{\mathrm{K}}(v)$和 $\gamma(v)$ 都是 v 的单值函数。

将 Hugoniot 曲线上的状态点(E_{H}，P_{H}，v)用 Mie-Gruneisen 状态方程进行等容外推可得到(E_{K}，P_{K}，v)代替(E_{H}，P_{H}，v)作为参考态的状态方程：

$$P=P_{\mathrm{H}}-\frac{(E_{\mathrm{H}}-E_0)\gamma(v)}{v}+\frac{(E-E_0)\gamma(v)}{v} \tag{5-19}$$

将反映(E_{H}，P_{H}，v)状态关系的冲击 Hugoniot 能量方程改写，忽略初始压力($P_0\approx0$)，方程可以表示为：

$$E_{\mathrm{H}}-E_0=\frac{(P_{\mathrm{H}}+P_0)(v_0-v)}{2}\approx\frac{P_{\mathrm{H}}v\mu}{2} \tag{5-20}$$

式中，$\mu=(v_0/v-1)$为压缩度；v_0为初始比容；E_0为初始内能；P_{H}为 Hugoniot 压力。将公式代入可得：

$$P=P_{\mathrm{H}}(1-v\mu/2)+\gamma(v)(1+\mu)\rho_0(E-E_0) \tag{5-21}$$

上式即为冲击 Hugoniot 点(P_{H}，v)或(P_{H}，μ)表示的 Mie-Gruneisen 高压状态方程，方程中包含未知量函数有 $P_{\mathrm{H}}(\mu)$和 $\gamma(v)$，前者由 Hugoniot 曲线确定，后者由 Gruneisen 系数 γ_0和 γ 确定。若给出如下形式的 Hugoniot 公式：

$$D=C_0+S_1u+S_2\frac{u^2}{D}+S_3\frac{u^3}{D^2} \tag{5-22}$$

式中，D 代表冲击波速度；C_0为常温常压无扰动状态声速；u 为冲击波后粒子速度；S_1、S_2、S_3为待定系数。

冲击波关系式为：

$$\rho_0D=\rho(D-u) \tag{5-23}$$

$$P_H = \rho_0 D u \tag{5-24}$$

将上述公式联立，可得冲击波压力的表达式为：

$$P_H = \frac{\rho_0 C_0{}^2 u(u+1)}{[1-(S_1-1)u-S_2u^2/(u+1)-S_3u^3/(u+1)^2]^2} \tag{5-25}$$

可得受压状态下的高压状态方程：

$$P_H = \frac{\rho_0 C_0{}^2 u[1+(1-\gamma_0/2)u-au^2/2]}{[1-(S_1-1)u-S_2u^2/(u+1)-S_3u^3/(u+1)^2]^2}+(\gamma_0+au)E_v,\ u \geqslant 0 \tag{5-26}$$

式中，E_v为初始单位体积的内能增量，$E_v=\rho_0(E-E_0)$；a 为 γ_0的一阶体积修正系数。

定义膨胀状态的方程为：

$$P=\rho_0 C_0{}^2 u+(\gamma_0+au)E_v,\ u<0 \tag{5-27}$$

所以，LS-DYNA 中 Gruneisen 状态方程为：

$$\begin{cases} P_H = \dfrac{\rho_0 C_0{}^2 u[1+(1-\gamma_0/2)u-au^2/2]}{[1-(S_1-1)u-S_2u^2/(u+1)-S_3u^3/(u+1)^2]^2}+(\gamma_0+au)E_v,\ u \geqslant 0 \\ P=\rho_0 C_0{}^2 u+(\gamma_0+au)E_v,\ u<0 \end{cases} \tag{5-28}$$

式中，C_0 为 $V_s(V_p)$曲线的截距；S_1、S_2、S_3 为 $V_s(V_p)$曲线的斜率系数；γ_0为 Gruneisen 常数，a 为 γ_0的一阶体积修正系数。

药型罩材料参数如表 5-2 所示。

表 5-2　药型罩材料参数

P(g/cm^3)	G(GPa)	A(MPa)	B(MPa)	n	C(m·s^{-1})	m
14.0	137	90	250	0.25	0.025	0.1

3. 空气域的材料模型及其本构方程

LS-DYNA 提供 * MAT_NULL 材料模型（空材料模型）结合状态方程来描述具有流体行为的材料（如空气、水）。在空材料参数中提供模型的本构关系计算黏性应力，使用状态方程来计算压力。

模拟中需要考虑冲击波与射流的影响，因此采用 ALE 网格，在此基础上必须建立空气域，为了消除空气域边界效应，避免能量在边界处的反射，因此在空气域边界设置非反射边界，空气介质采用线性多项式（* EOS_LINERA_POLYNOMLAN）状态方程描述，该状态方程表示单位体积内能的线性关系，压力值 P 表示为：

$$P=C_0+C_1\mu+C_2\mu^2+C_3\mu^3+(C_4+C_5\mu+C_6\mu^2)E \tag{5-29}$$

式中，C_0、C_1、C_2、C_3、C_4、C_5、C_6为常数；$\mu=\rho/\rho_0-1$（ρ、ρ_0分别为当前密度和初始密度），如果$\mu<0$，则设置 $C_2\mu^2=0$、$C_6\mu^2=0$。当 $C_0=C_1=C_2=C_3=C_6=0$、

$C_4 = C_5 = C_p/C_v - 1 = \gamma - 1$ 时，就可以用于符合 γ 律状态方程的气体（γ 为比热系数）：

$$P = (\gamma - 1)\frac{\rho}{\rho_0}E_0 \tag{5-30}$$

空气材料参数如表 5-3 所示。

表 5-3　空气材料参数

P(g/cm^3)	C_0(m·s^{-1})	C_1(m·s^{-1})	C_2(m·s^{-1})	C_3(m·s^{-1})	C_4(m·s^{-1})	C_5(m·s^{-1})	C_6(m·s^{-1})	γ_0
1.23	0	0	0	0	0.4	0.4	0	1.4

4. *射孔液的材料模型及其本构方程*

假设在模拟装枪射孔过程中，枪片和套管片的间隙为射孔液环境，为了避免能量在水环境边界处的反射，因此在水域边界设置非反射条件，空气介质也采用线性多项式（*LINERA_POLYNOMLAN）状态方程描述。射孔液材料参数如表 5-4 所示。

表 5-4　射孔液材料参数

P(g/cm^3)	C_0(m·s^{-1})	C_1(m·s^{-1})	C_2(m·s^{-1})	C_3(m·s^{-1})	C_4(m·s^{-1})	C_5(m·s^{-1})	C_6(m·s^{-1})	γ_0
1.23	0	0.02	0.0844	0.08	0.439	1.394	0	1.23

5. *射孔枪外壳的材料模型及其本构方程*

金属外壳及靶板材料均采用 45# 钢，材料模型均使用 *MAT_JOHNSON_COOK 模型和 *EOS_Gruneisen 状态方程共同描述，材料参数如表 5-5 所示。

表 5-5　45# 射孔枪外壳材料参数

P(g/cm^3)	G(GPa)	Y_0(GPa)	A(MPa)	B(MPa)	n	C(m·s^{-1})	m	γ_0
7.83	77.0	1.350	362	36	0.568	0.087	1.13	2.17

6. *砂岩靶的材料模型及其本构方程*

目前岩石冲击爆破模拟的损伤本构模型主要有 HJC 模型、RHT 模型和 JH 模型，HJC 模型可以表述材料在冲击压缩阶段的力学行为，但是岩石爆生裂纹的扩展以拉伸破坏为主，该模型在表征拉伸损伤方面存在缺陷，RHT 模型引入了偏应力张量第三不变量 J3 对破坏面的影响，J3 可定性判定材料应变类型和应力状态。

为了仿真计算射流射孔不同孔隙度和渗透率的岩石，需要针对不同孔隙度和渗透率的岩石开展本构参数的标定，RHT 模型参数如表 5-6 所示。

表 5-6　RHT 模型参数

材料基本物理参数	初始密度(g/cm^3)	2.06
	初始孔隙度(%)	1.12
材料基本强度参数	单轴抗压强度(MPa)	2.0×10^{-4}
	剪压强度比	0.45
	拉压强度比	0.1
	剪切模量(GPa)	0.03
线性强化参数	剪切模量缩减系数	0.3
状态方程参数	孔隙开始压实时压力(GPa)	2.87×10^{-4}
	孔隙完全压实时压力(GPa)	0.55
	孔隙度指数	5.8
	Hugoniot 多项式参数	0.1584
	Hugoniot 多项式参数	0.2661
	Hugoniot 多项式参数	0.1626
	状态方程参数	1.68
损伤软化参数	损伤指数	0.053
	损伤指数	1
	最小失效应变	0.01
弹性屈服面参数	压缩屈服面参数	0.3
	拉伸屈服面参数	0.7
残余强度面参数	残余应力强度参数	1.63
	残余应力强度指数	0.59
失效面参数	失效面指数	1.6
	失效面指数	0.56
	拉压子午比参数	0.54
	罗德角相关指数	0.0105
	压缩应变率指数(μs)	0.014
	拉伸应变率指数(μs)	0.019
	参考压缩应变率(μs^{-1})	3×10^{-19}

该仿真计算中用到的砂岩采用 RHT 模型进行描述，RHT 模型，即 Riedel、Hiermaie 和 Thoma 于 1998 年基于前人关于混凝土力学特性的研究成果所提出的

RHT 混凝土本构模型，该模型融入了与压力相关的弹性极限面方程、失效面方程以及残余强度面方程，主要用于描述混凝土、岩石等在冲击载荷作用下初始屈服强度、失效强度及残余强度的变化规律。红砂岩的 RHT 模型参数如表 5-6 所示，共 38 个参数需进行标定。

RHT 模型材料参数的标定包括基数数据的获取、应变率相关数据的获取、状态方程相关参数的获取、损伤参数的获取以及强度相关参数的获取。

基数数据包括 RO（密度）、FC（单轴抗压强度）、ALPHA（初始孔隙度）、SHEAR（剪切模量）、FT *（FT/FC 拉压强度比）、FS *（剪压强度比），取默认值为 0.18，ALPHA 为多孔材料初始比体积与压缩后密实条件下材料的比体积。RHT 模型中 ALPHA 为初始孔隙度，ALPHA 的定义为岩石样本未压缩情况下和岩石样本压实情况下的体积之比。因此，ALPHA = 1/(1-岩石孔隙度)，假如岩石的孔隙度分别为 0.05、0.1、0.15、0.2、0.25，那么 ALPHA 分别为 1.05、1.11、1.18、1.25、1.33。

应变率相关参数包括 E0C（参考压缩应变率）、E0T（参考拉伸应变率）、EC（失效压缩应变率）、ET（失效拉伸应变率），取默认值，分别为 $E0C=3\times10^{-11}\ \mu s^{-1}$、$E0T=3\times10^{-12}\ \mu s^{-1}$、$EC=3\times10^{19}\ \mu s^{-1}$、$ET=3\times10^{19}\ \mu s^{-1}$。BETAC（压缩应变率指数）、BETAT（拉伸应变率指数）通过公式计算：

$$BETAC=4/(20+3FC) \tag{5-31}$$

$$BETAT=2/(20+FC) \tag{5-32}$$

状态方程相关参数包括 A_1、A_2、A_3、B_0、B_1、T_1、T_2。根据 RanKine-Hugoniot 方程及 Mie-Gruneisen 状态方程，求得状态方程部分参数间关系如下：

$$A_1=\rho_0 {c_0}^2 \tag{5-33}$$

$$A_2=\rho_0 {c_0}^2(2s-1) \tag{5-34}$$

$$A_3=\rho_0 {c_0}^2(3s^2-4s+1) \tag{5-35}$$

$$B_0=B_1=2s-1 \tag{5-36}$$

$$T_1=A_1=\rho_0 c_0^2 \tag{5-37}$$

$$T_2=0 \tag{5-38}$$

式中，A_1、A_2、A_3 为雨贡纽多项式系数；c_0为压力为零时的材料声速，s 为材料参数，c_0和 s 的值可以利用平板撞击试验结果，对测定的材料冲击波速度和波后粒子速度结果进行线性拟合确定。

损伤参数：D_1 和 D_2 分别取值 0.04 和 1.0。

强度相关参数：为 P_{EL}（孔隙开始压实时压力）、P_{CO}（孔隙完全压实时压力，一般为 6GPa）、Q_0（拉压子午比参数）、B（罗德角相关指数）、A 和 N。

$$P_{EL}=FC/3 \tag{5-39}$$

$$Q=Q_0+BP* \tag{5-40}$$

Q_0 和 B 应用文献 $Q_0=0.68$、$B=0.05$。

A 和 N 可通过公式拟合得到：

$$\sigma_f=A\left(P_0-1/3+(A)^{-1/N}\right)^N \tag{5-41}$$

$$P_0=(\sigma_1+2\sigma_3)/3FC \tag{5-42}$$

$$\sigma_f=\sigma_1-\sigma_3/FC \tag{5-43}$$

$$\sigma_1=\sigma_3+FC\left[24(\sigma_3/FC)+1\right]^{0.5} \tag{5-44}$$

其他参数，如 GC *（压缩屈服面参数）、GT *（拉伸屈服面参数）、AF(残余应力强度参数)、NF(残余应力强度指数)、NP(默认 3.0)、XI(默认 0.5)通过试验拟合计算也可取默认值。

结合上述研究分析，对射孔模型各部件的材料模型的本构关系及状态方程设置如表 5-7 所示。

表 5-7 材料模型及状态方程汇总

模型	材料模型	状态方程
炸药	* MAT_HIGH_EXPLOSIVE_BURN	* EOS_JWL
药型罩	* MAT_JOHNSON_COOK	* EOS_GRUNEISEN
空气域	* MAT_NULL	* EOS_LINERA_POLYNOMLAN
射孔液	* MAT_NULL	* EOS_LINERA_POLYNOMLAN
射孔弹壳体	* MAT_PLASTIC_KINEMATIC	—
射孔枪外壳	* MAT_JOHNSON_COOK	* EOS_GRUNEISEN
套管	* MAT_PLASTIC_KINEMATIC	—
水泥环	* MAT_JOHNSON_HOLMQUIST_CONCRETE	—
储层	* MAT_RHT	—
	* MAT_ADD_EROSION	* EOS_JWL
负压空气域	* MAT_NULL	* EOS_LINERA_POLYNOMLAN

四、射流形成及射孔过程

1. 射流形成

建立的自清洁射孔仿真模型中射流形成演化过程，如图 5-5 所示。

2. 射孔过程

采用定义失效单元为 1，以颜色表示失效状态，能够直观观察射孔动态效果，如图 5-6 所示。

以 DP46HMX45 自清洁射孔弹模型为例，设定基础参数如下：围压 30MPa、孔隙度 15%、抗压强度 20MPa、弹性模量 7.3GPa、负压值 7MPa。当射孔模拟时间为 0μs、100μs、200μs、300μs、400μs、500μs、600μs 时，射孔效果云图如图 5-7 所示。

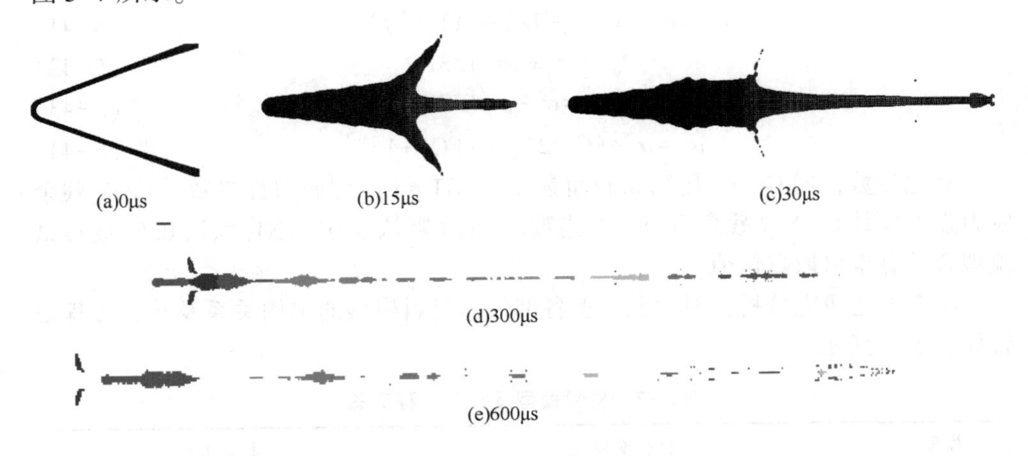

图 5-5　不同时刻射流速度云图

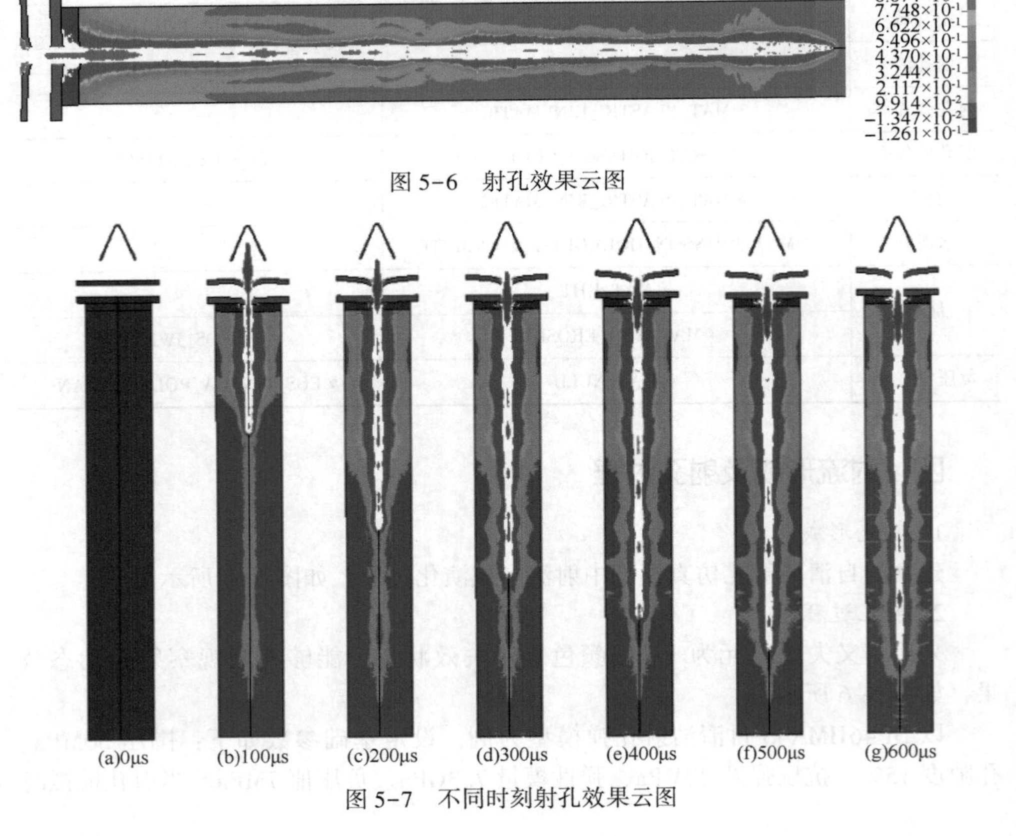

图 5-6　射孔效果云图

图 5-7　不同时刻射孔效果云图

考虑到药量、射孔弹类型、药型罩直径对穿深的直接影响，结合模拟计算时间及精度的考虑，此处设定砂岩靶长度为550mm。

依据图5-8所示，在不同时刻的射孔穿深结果显示，随着射孔时间的增加，射流在形成一段时间内快速射孔砂岩靶形成射孔孔眼，在接近600μs时，穿深增加幅度逐渐降低，此时射孔结束。射孔模拟过程中，自清洁射孔的穿深增长幅度在500~600μs趋于平稳，在此时设定模拟结束时间是合理的。

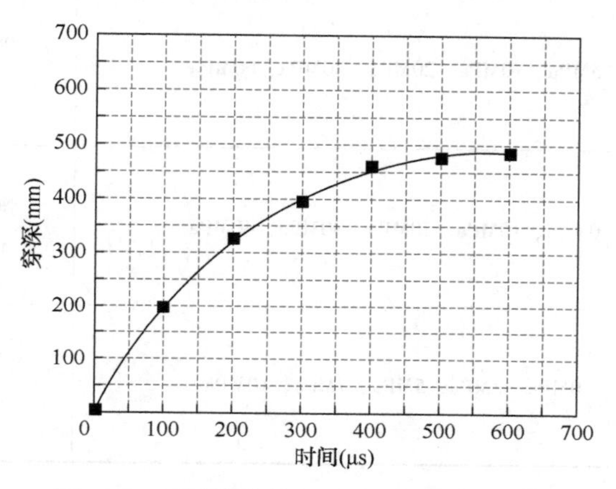

图5-8　不同射孔弹在不同时间的射孔深度

第2节　自清洁射孔技术
对储层物性与岩石力学参数的敏感性

一、动态射孔数值模拟方案

设定套管片厚度为10.36mm，水泥环厚度为20.64mm，制定了自清洁射孔技术、5种弹药类型（DP34HMX20、DP40HMX25、DP43HMX32、DP45HMX40、DP46HMX45）、4种储层参数（孔隙度、弹性模量、抗压强度、负压值）+1个工况参数（围压）、5个变量值，共计125组的动态射孔数值模拟仿真方案，具体如表5-8所示。

表5-8　射孔数值模拟参数取值

参数	储层参数取值范围	其余参数取值
孔隙度	5%、10%、15%、20%、25%	弹性模量：7.25GPa 抗压强度：20MPa 围压：30MPa 负压值：7MPa

续表

参数	储层参数取值范围	其余参数取值
弹性模量	1. 208GPa、2. 417GPa、3. 625GPa、7. 25GPa、14. 5GPa	孔隙度：15% 抗压强度：20MPa 围压：30MPa 负压值：7MPa
抗压强度	5MPa、10MPa、20MPa、30MPa、60MPa	孔隙度：15% 弹性模量：7. 25GPa 围压：30MPa 负压值：7MPa
围压	0MPa、10MPa、20MPa、30MPa、40MPa	孔隙度：15% 弹性模量：7. 25GPa 抗压强度：20MPa 负压值：7MPa
负压值	0MPa、2MPa、5MPa、7MPa、10MPa	孔隙度：15% 弹性模量：7. 25GPa 抗压强度：20MPa 围压：30MPa

二、不同射孔弹对射孔效果敏感性

基于上述所建射孔动态模型，设定基础参数如下：围压 30MPa、孔隙度 15%、抗压强度 20MPa、弹性模量 7. 3GPa、负压值 7MPa。分别模拟不同储层条件(孔隙度、围压、负压、抗压强度、弹性模量)对自清洁射孔技术射孔效果的影响，总结分析影响规律。

自清洁射孔技术五种射孔弹在不同时间的射孔深度如图 5-9 所示。

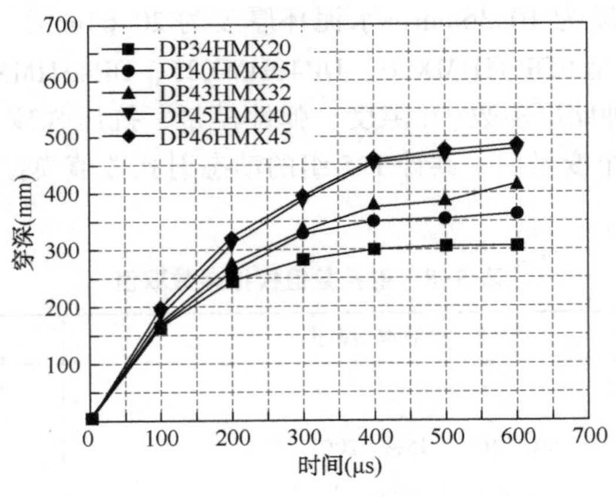

图 5-9　不同射孔弹在不同时间的射孔深度

将距靶口不同位置的孔径射孔效果(见图 5-10)与射孔效果云图(见图 5-7)结合分析，可以发现，自清洁射孔孔径整体较大，扩孔效果显著，但射孔深度较小。射孔孔眼直径均值为 11. 23mm，最大值为 15. 22mm，最小值为 7. 63mm，差值为 7. 59mm。自清洁射孔弹造成的孔眼较规律，整体呈圆柱形，孔眼周围存在压实带。射孔入口段最先受到冲击，随着时间的推移，破坏程度也随之增大，但较射孔孔眼整体而言，可忽略不计。

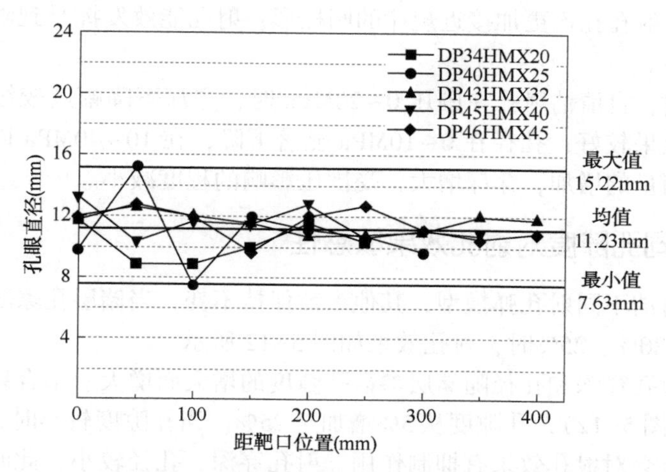

图 5-10　不同射孔弹条件下自清洁距靶口不同位置孔眼直径

三、不同围压对射孔效果敏感性

基于自清洁不同射孔弹模型，其他参数保持不变，当围压分别为 0MPa、10MPa、20MPa、30MPa、40MPa 时，射孔效果如图 5-11 所示。

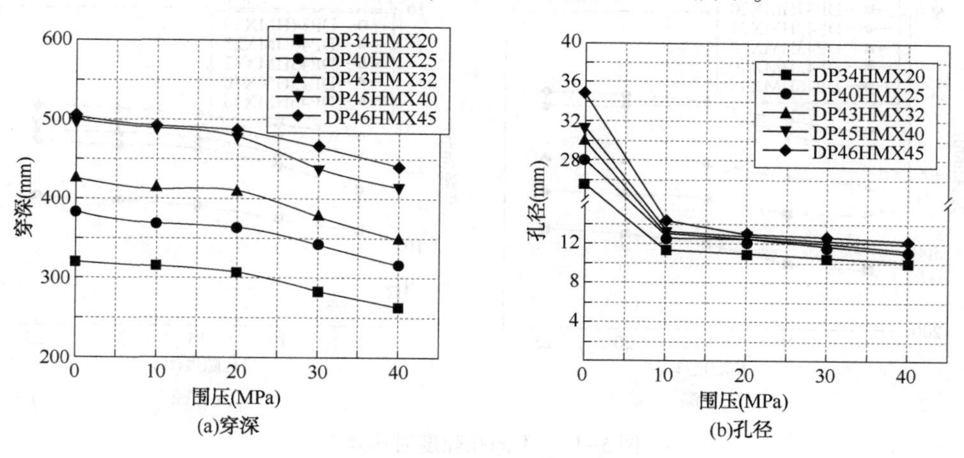

图 5-11　不同围压射孔效果

自清洁射孔穿深和孔径随储层参数围压的增大而减小。结合图 5-11 中射孔穿深与孔径的数值可以看出，当围压为 0MPa 时，射孔弹射孔时受到限制大幅减小，射孔能效得到充分发挥，此时射孔穿深与孔径达到最大。当围压从 10MPa 增加至 40MPa，围压较小时，射孔穿深、孔径较大，射孔后孔眼附近延伸扩展的应力，存在沟通储层天然裂缝的倾向，此时射孔效果较好；当围压增大时，从孔眼入口段开始，围压及射孔对储层具有的双向压迫逐渐增大，近似理解为储层受到压实作用，射孔孔道更加接近规律的圆柱形，射孔能效发挥受到限制，射孔穿深、孔径减小。

综上所述，自清洁射孔在围压 0～20MPa 时，穿深下降幅度较缓，射孔穿深折减较少，效果较好；孔径在 0～10MPa 显著下降，在 10～40MPa 以缓慢速度下降。随着弹药量的增加，穿深增大，受围压影响的程度减小。

四、不同孔隙度对射孔效果敏感性

基于自清洁不同射孔弹模型，其他参数保持不变，当储层孔隙度分别为 5%、10%、15%、20%、25%时，射孔效果如图 5-12 所示。

自清洁射孔穿深和孔径随储层参数孔隙度的增大而增大。结合射孔穿深与孔径的数值(见图 5-12)，孔隙度从 5%增加至 25%。当孔隙度较小时，低孔储层近似为致密储层会对射孔效果有抑制作用，射孔穿深、孔径较小，此时射孔穿深延伸不足，从孔眼入口段开始，炸药对孔眼附加产生压实；当孔隙度增大时，储层近似变得疏松，射孔能效得到发挥，射孔穿深、孔径增大。自清洁射孔具有疏松井眼的效果，射孔后孔眼顶端延伸扩展的应力较大，能够更好地沟通储层天然裂缝，炸药对孔眼附加压实减小，此时射孔效果较好。

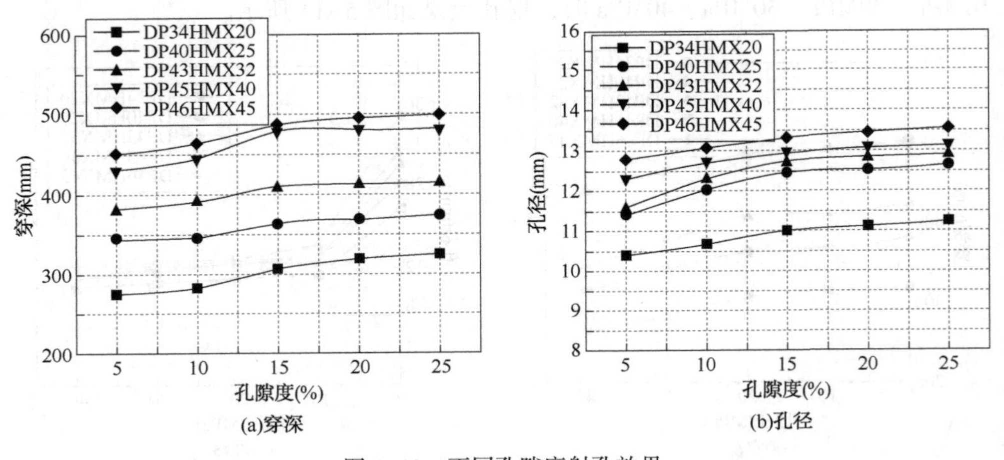

图 5-12　不同孔隙度射孔效果

综上所述，自清洁射孔在孔隙度为 10%～15%时，穿深增加幅度较大；在孔隙度为 5%~15%时，孔径增幅较大。随着弹药量的增加，自清洁射孔孔径增加幅度较大。

五、不同抗压强度对射孔效果敏感性

基于自清洁不同射孔弹模型，其他参数保持不变，当抗压强度分别为 5MPa、10MPa、20MPa、30MPa、60MPa 时，射孔效果如图 5-13 所示。

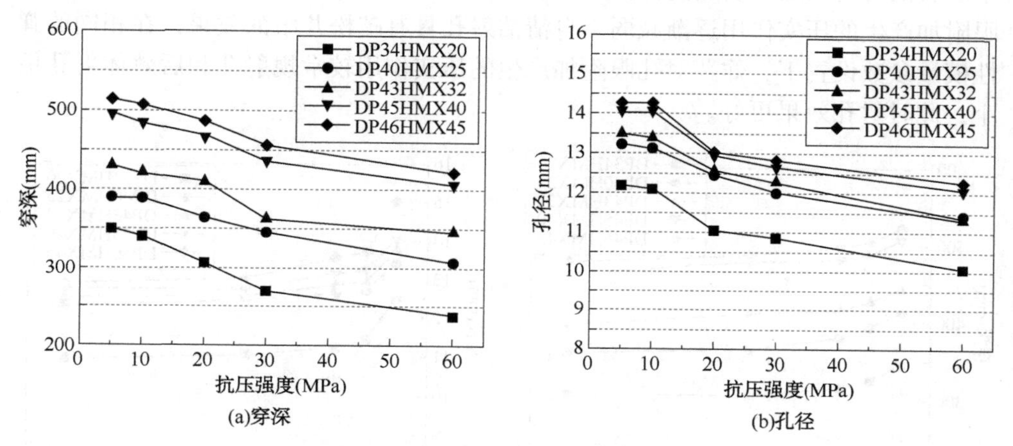

图 5-13　不同抗压强度射孔穿深

自清洁射孔的穿深和孔径随储层参数抗压强度的增大而减小。结合射孔穿深与孔径的数值，在抗压强度从 5MPa 增加至 60MPa 的过程中，当抗压强度较小时，储层在射孔施加时所能承受的强度极限较小，射孔能效得到充分发挥，射孔穿深、孔径较大；当抗压强度较大时，储层会对射孔效果产生抑制作用，射孔穿深、孔径较小，此时射孔穿深延伸不足，从孔眼入口段开始，炸药对孔眼的附加压实作用明显。随着抗压强度的增大，这种压实作用逐渐集中，对射孔效果产生影响。

综上所述，随着弹药量的增加，抗压强度对射孔穿深的影响变小。在弹药量较小时，自清洁的穿深下降幅度较大；随着弹药量的增加，穿深下降幅度变缓。

六、不同弹性模量对射孔效果敏感性

基于自清洁不同射孔弹模型，其他参数保持不变，当弹性模量分别为 1. 208GPa、2. 417GPa、3. 625GPa、7. 25GPa、14. 5GPa 时，射孔效果如图 5-14 所示。

自清洁射孔的穿深和孔径会随着储层参数弹性模量的增大而减小。结合射孔穿深与孔径的数值，弹性模量从 1. 208GPa 增加至 14. 5GPa 时，由于弹性变形阶段岩石的应力与应变关系曲线并非线性，因此储层砂岩具有与金属类弹性材料不同的独特的变形特性，弹性模量用于表示这种变形特性，即弹性模量是衡量岩体抵抗弹性变形能力强弱的尺度之一。当弹性模量较小时，储层在射孔施加相同应力时，其抵抗性能较弱，储层岩石更容易被破坏、压实且难以变形恢复，射孔能效得到发挥，射孔穿深、孔径较大；当弹性模量较大时，储层对射孔效果有抑制作用，此时射孔穿深延伸不足，射孔穿深、孔径较小。随着弹性模量的增大，由于砂岩抵抗射孔爆炸引起的弹性变形的能力增强，从孔眼入口段开始，炸药对孔眼附加产生的压实作用逐渐减弱。自清洁射孔具有疏松井眼的效果，在相同的弹性模量参数设置下，炸药对孔眼附加产生的压实作用较常规射孔和后效体射孔更小，此时射孔效果更好。

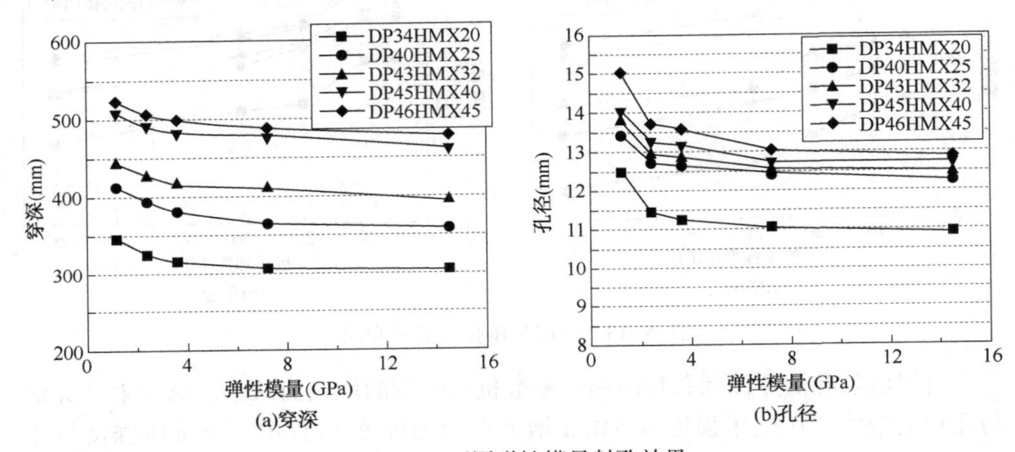

图 5-14　不同弹性模量射孔效果

综上所述，在弹性模量为 1. 2~3. 6GPa 时，自清洁射孔的穿深、孔径下降幅度较陡；当弹性模量大于 3. 6GPa 时，穿深、孔径的下降趋于平缓。

七、不同负压对射孔效果敏感性

基于自清洁不同射孔弹模型，其他参数保持不变，当负压分别为 0MPa、2MPa、5MPa、7MPa、10MPa 时，射孔效果如图 5-15 所示。

负压射孔的瞬间，由于负压差的作用，地层流体产生反向回流，冲洗射孔孔眼，防止孔眼堵塞和射孔液对储层的损害。结合射孔穿深与孔径的数值，随着射孔负压从 0MPa 增加至 10MPa 时，自清洁射孔穿深随射孔负压值的增大而减小。与常规射孔相比，自清洁射孔孔径随射孔负压值的增大而增大。整体占射孔影响比重小。就整体而言，较常规射孔，自清洁射孔穿深有所下降，孔径有所增大。自清洁射孔具有疏松井眼的效果，在相同负压参数设置下，炸药对孔眼附加所产生的压实作用较常规射孔和后效体射孔更小，此时射孔效果更好。

综上所述，负压值影响较小，最终的选择应根据储层情况而定。

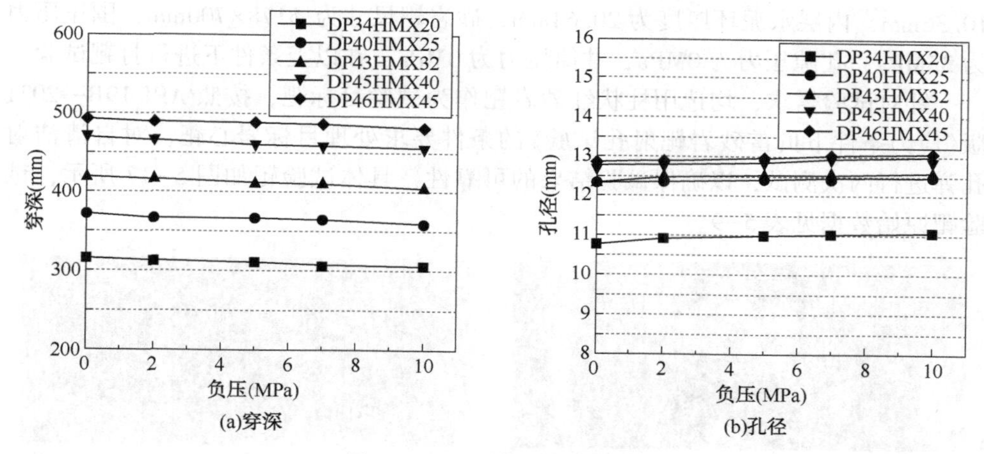

图 5-15　不同负压射孔效果

第 3 节　自清洁射孔技术动态射孔室内试验仿真模拟研究

一、单靶射孔模拟试验方案

1. 试验目的

在模拟储层条件下，选用 SDP46RDX45 自清洁射孔弹，对其进行模拟装枪穿柱状红砂岩靶的性能测试。

2. 试验设备

本次测试对象为 SDP46RDX45 自清洁射孔弹，具体如图 5-16 所示。

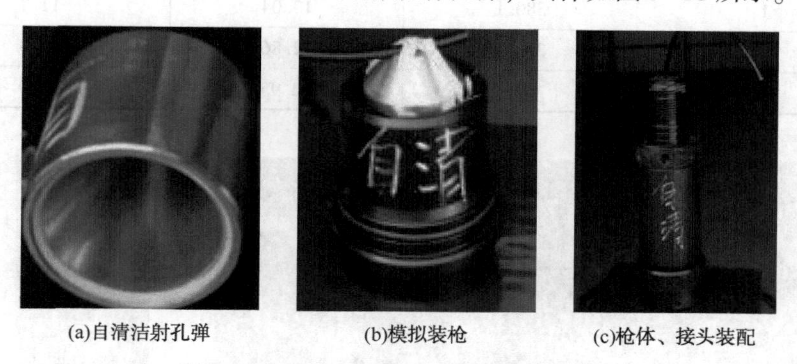

图 5-16　SDP46RDX45 自清洁射孔弹装配

3. 试验方案

采用 SDP46RDX45 自清洁射孔弹，枪管靶片厚度为 5mm，套管靶片厚度为

10.36mm，内层水泥环厚度为 20.64mm，砂岩靶尺寸为 $\phi178\times700$mm，围压压力为 35MPa，孔隙压力为 0MPa，井筒压力为 0MPa，在以上条件下进行打靶试验。

针对试验需求，均选用柱状红砂岩靶作为试验目标靶，按照 API 19B—2021 版《应力条件下贝雷砂岩靶射孔试验》的条件要求处理目标岩心靶，对自清洁射孔弹进行两次测试，以确保试验结果的可靠性，具体试验靶如图 5-17 所示，试验靶原始数据见表 5-9。

图 5-17　目标红砂岩靶

表 5-9　试验靶原始数据

砂岩靶编号	渗透率（$10^{-3}\mu m^2$）	孔隙度（%）	岩石强度（MPa）
自清洁 1#	3.112	8.71	47
自清洁 2#	1.89	9.52	51

4. 射孔弹性能对比

SDP46RDX45 自清洁射孔弹在模拟储层条件下穿红砂岩靶试验结果如表 5-10 和图 5-18 所示。

表 5-10　自清洁射孔弹测试结果　（单位：mm）

序号	红砂岩靶穿深	套片平均孔径	枪片平均孔径
1	380.1	13.04	11.7
2	358.5	12.86	12.3
平均	369.3	12.95	12.0

(a)自清洁试验后靶体示意图

(b)自清洁试验后孔眼放大图

图 5-18　SDP46RDX45 自清洁射孔弹试验后靶体示意图

5. 孔道形态对比

SDP46RDX45 自清洁射孔弹在模拟储层条件下穿红砂岩靶试验后，其冲刷后孔道形态及不同位置孔道尺寸如表 5-11、图 5-19 至图 5-20 所示。可以看出，由于自清洁射孔弹发生二次反应，靶体沿孔道裂开，孔道直径不易测量，但入口处自清洁的扩径较明显。

表 5-11　不同孔道处尺寸数据　（单位：mm）

编号	距靶口不同位置处孔道尺寸						
	0	50	100	150	200	250	300
自清洁 1#	17. 45	15. 43	14. 38	12. 54	12. 32	11. 59	10. 66
自清洁 2#	16. 9	14. 87	13. 59	12. 35	11. 38	10. 455	9. 35

(a)自清洁1#孔道冲刷后示意图

(b)自清洁2#孔道冲刷后示意图

图 5-19　SDP46RDX45 射孔弹孔道冲刷后示意图

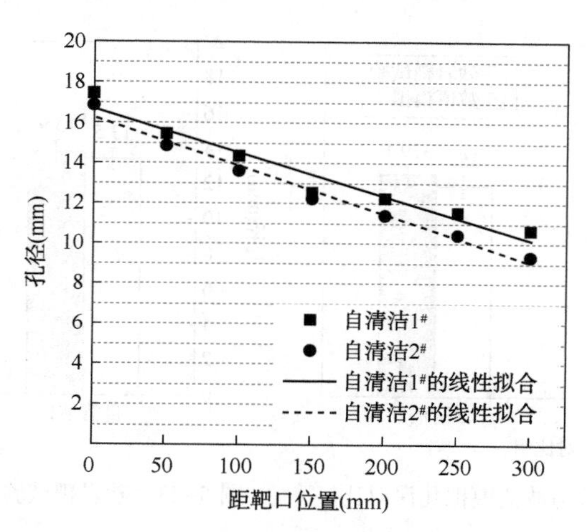

图 5-20　SDP46RDX45 射孔弹试验后靶体孔径对比图

6. 数模与试验对比

对选取试验所用砂岩靶的抗压强度进行自清洁射孔数值仿真模拟，自清洁射孔技术在不同抗压强度下的云图如图 5-21 所示。

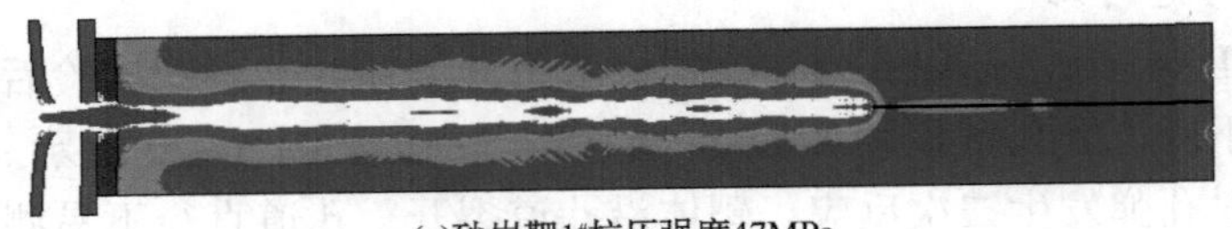

(a)砂岩靶1[#]抗压强度47MPa

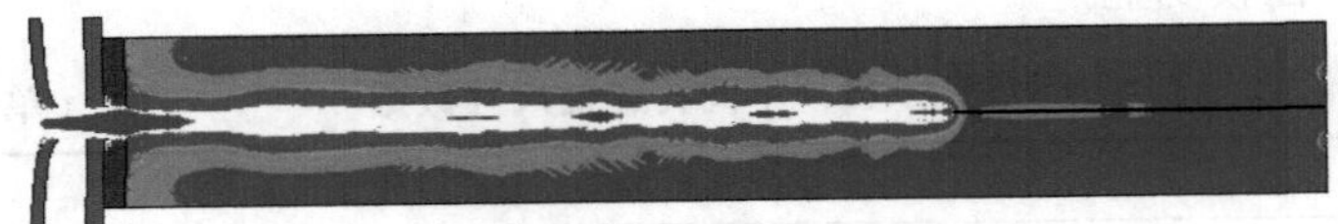

(b)砂岩靶2[#]抗压强度51MPa

图 5-21　数值模拟下射孔技术在不同抗压强度下的云图

试验条件：围压为35MPa；射孔弹型号为SDP46RDX45自清洁射孔弹，岩石靶密度为2.38g/cm^{3}等，进行数值模拟与试验打靶结果对比。如表5-12数值模拟结果所示：孔深、孔径误差小于5.60%。

图5-22和图5-23为砂岩靶试验与数值模拟孔深、孔径对比。

表 5-12　SDP46RDX45 自清洁射孔弹砂岩靶试验与数值模拟对比数据

试验方案	砂岩靶试验		数值模拟		误差	
	孔深(mm)	孔径(mm)	孔深(mm)	孔径(mm)	孔深误差(%)	孔径误差(%)
自清洁 1[#]	380	13.5	398.4	13.9	4.84	2.96
自清洁 2[#]	359	12.7	379.1	13	5.60	2.36

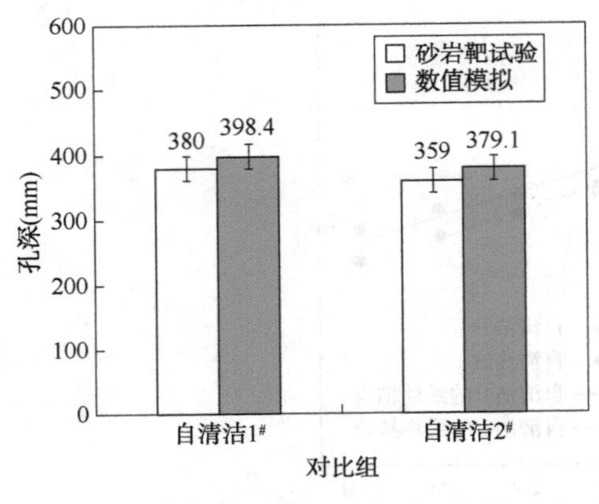

图 5-22　砂岩靶试验与数值模拟孔深对比

图 5-23　砂岩靶试验与数值模拟孔径对比

7. 射孔前后岩心渗透率变化

为了探究不同射孔方式引起的压实作用对储层渗透性的影响，依据GB/T 29172—2012《岩心分析方法》标准，开展了气体流动试验，对砂岩靶进行渗透率测定。

选择两块岩石柱塞平行样进行试验，待射孔结束后，在各柱塞上面沿射孔弹射方向依次均匀钻取3块岩心样品，钻取的试验岩心如图5-24所示。

(a)自清洁1#

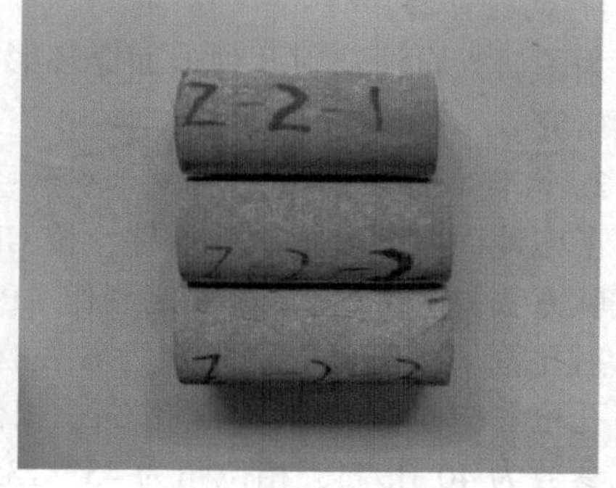

(b)自清洁2#

图5-24　气测试验岩心

结合表5-13和图5-25，自清洁射孔后砂岩靶渗透率为原始渗透率的38.7%~46.6%。

表5-13　气测试验数据

岩样编号	射孔方式	长度(cm)	直径(cm)	气测渗透率($10^{-3}\mu m^2$)
Z-1-1	自清洁	5.766	2.494	1.6136
Z-1-2	自清洁	4.102	2.492	1.3588
Z-1-3	自清洁	3.830	2.498	1.364
Z-2-1	自清洁	4.172	2.492	0.8689
Z-2-2	自清洁	4.410	2.500	0.6937
Z-2-3	自清洁	4.472	2.494	0.6324

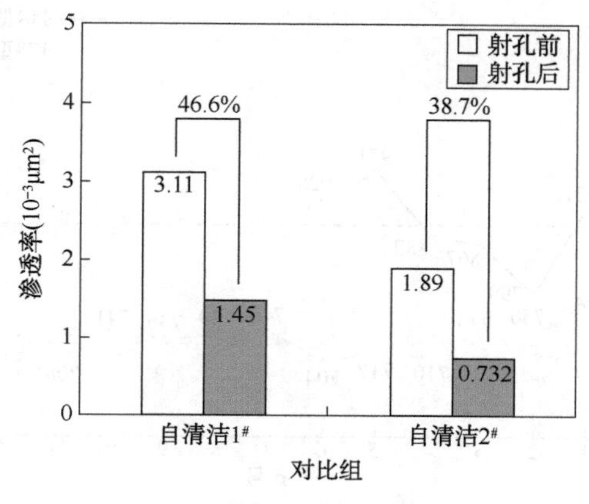

图5-25　射孔前后平均渗透率对比

二、地面全尺寸射孔模拟试验

1. 试验目的

为了研究自清洁射孔弹地面穿环形混凝土靶的性能，进行了地面全尺寸模拟试验研究。

2. 试验准备

考虑地面射孔模拟试验条件，按 GB/T 20488—2006《油气井聚能射孔器材性能试验方法》中第 3. 1. 2 条规定制作 API 标准全尺寸混凝土靶。

射孔枪从枪头至枪尾分别为 6 发自清洁射孔弹(213SD-114H-3HRL)，114 型射孔枪对应射孔参数为 18 孔/m、相位角为 60°、相位为 6；178 型射孔枪对应射孔参数为 40 孔/m、相位角为 45°/135°、相位为 6。

3. 试验结果分析

测量 114 型射孔枪、178 型射孔枪装自清洁射孔弹时，环形靶穿深、环形靶孔径、射孔枪孔径、套管孔径、枪体孔径等的试验结果。

自清洁射孔后孔道形态如图 5-26 所示，孔径扩大显著，孔道清洁。

(a)114型射孔枪

(b)178型射孔枪

图 5-26 自清洁射孔后孔道形态对比

114 型、178 型射孔枪孔号与穿深折线图对比如图 5-27 所示。

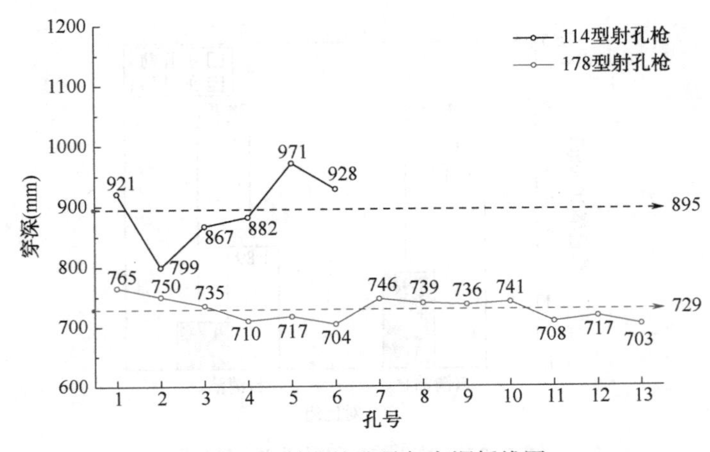

图 5-27 射孔枪孔号与穿深折线图

114 型、178 型射孔枪自清洁的孔径与距靶口位置折线图对比如图 5-28 和图 5-29 所示。

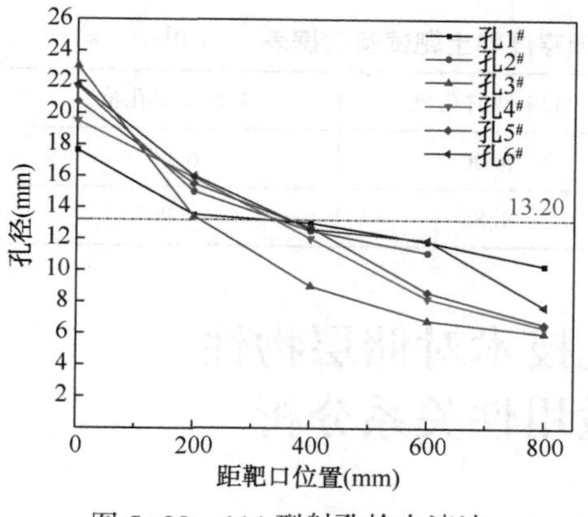

图 5-28　114 型射孔枪自清洁射孔孔径与距靶口位置折线图

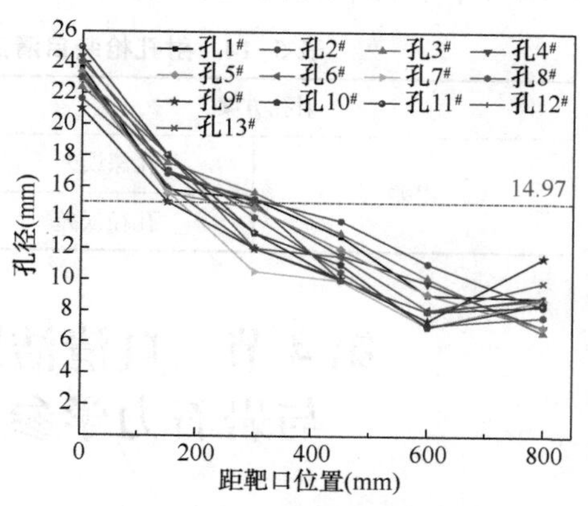

图 5-29　178 型射孔枪自清洁射孔孔径与距靶口位置折线图

图 5-30 能够更为明显地看出：自清洁射孔孔径整体大幅提升。

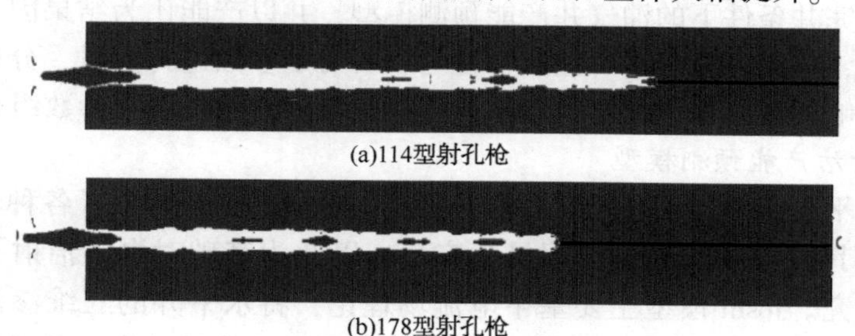

(a)114型射孔枪

(b)178型射孔枪

图 5-30　自清洁孔深、孔径数模研究对比

4. 数模与试验对比

射孔枪混凝土靶试验与数值模拟孔深、孔径对比如图 5-31 所示。

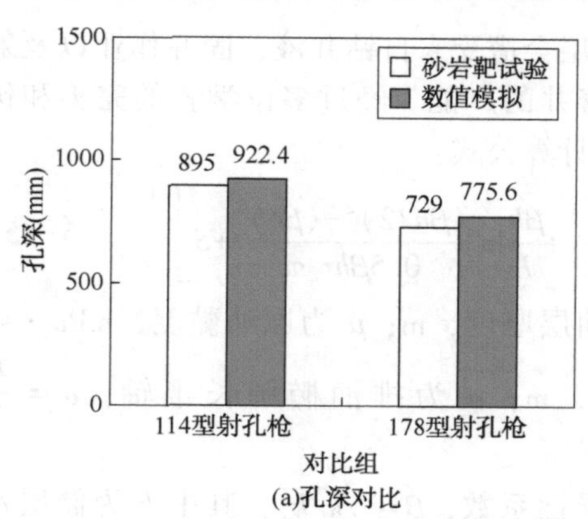

(a)孔深对比

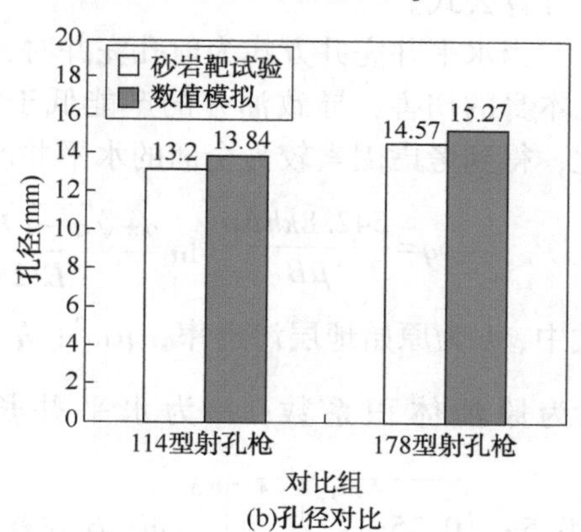

(b)孔径对比

图 5-31　射孔枪混凝土靶试验与数值模拟对比

对比分析：不同射孔枪穿环形混凝土靶，数值模拟与试验打靶结果对比。结果显示：孔深、孔径误差均小于6.40%，如表5-14所示。

表5-14　射孔枪装自清洁射孔弹穿混凝土靶试验数据表　（单位:%）

射孔方案		114型射孔枪	178型射孔枪
误差	孔深误差	3.06	6.40
	孔径误差	4.85	4.80

第4节　自清洁射孔技术对储层物性与岩石力学参数适用性关系分析

一、参数适用性关系分析的理论基础

基于对不同储层特征与不同射孔技术的适用性关系评价分析的需求，建立了自清洁射孔完井条件下的油气井产能预测模型，并以产能比为结果因子，结合正交试验方案，应用方差分析对储层物性与岩石力学参数进行探讨，分析出各因素对产能的影响程度，从而发掘自清洁射孔优化条件或最优射孔参数组合。

1. 自清洁产能预测模型

针对水平井产能预测公式学者们开展了大量研究，并得出了各种不同的产能预测模型，其中，Joshi模型应用最为广泛，以此为基础对自清洁射孔技术中的产能进行研究。Joshi模型主要基于电流场理论，将水平井的三维渗流问题简化为两个相互关联的二维渗流问题，假定水平井的泄油体是以水平井段两端点为焦点的椭圆体，从而得到了水平井产能计算模型。此外根据M. MUSKAT关于油层非均质性和水平井位置偏心距的研究，得出了不考虑水平井污染的理想天然水平井计算公式。

当水平井完井方式为射孔完井时，储层会遭受来自钻井液、固井作业以及射孔本身的伤害，导致油井的产能低于完善井的产能。经过多位学者的完善和优化，得到考虑因素较为全面的水平井产能计算公式：

$$q=\frac{542.8kh\Delta p}{\mu B}\left[\ln\frac{a+\sqrt{a^2-(L/2)^2}}{L/2}+\frac{\beta h}{L}\ln\frac{(\beta h/2)^2-(\beta\delta)^2}{0.5\beta h r_w \pi}+S\right]^{-1} \tag{5-45}$$

式中，k为原始地层渗透率，μm²；h为油层厚度，m；μ为原油黏度，mPa·s；B为原油体积系数；L为水平井长度，m；a为排油椭圆长半轴，$a=\frac{L}{2}\left[0.5+\sqrt{0.25+\left(\frac{2r_{eh}}{L}\right)^4}\right]^{0.5}$，m；$\beta$为各向异性系数，$\beta=\sqrt{k/k_v}$，其中$k$为储层水

平向渗透率，μm^2；δ 为水平井的偏心距，m；r_w 为井眼半径，m；S 为完井总表皮系数；q 为水平井产量，m^3/d；Δp 为生产压差，MPa。

设系数：

$$M=\ln\frac{a+\sqrt{a^2-(L/2)^2}}{L/2} \tag{5-46}$$

$$N=\frac{\beta h}{L}\ln\frac{(\beta h/2)^2-(\beta\delta)^2}{0.5\beta h r_w\pi} \tag{5-47}$$

则产能预测公式简化为：

$$q=\frac{542.8kh\Delta p/\mu B}{M+N+S} \tag{5-48}$$

关于理想水平裸眼完井产能预测模型，考虑到偏心距对产能的影响不大，可取 $\delta=0$，设 $S=0$，$\beta=1$，使公式简化。

在水平井完井过程中，施工操作对地层的伤害不可忽略。T. P. FRICK 等人研究发现，沿水平井井筒方向的由于钻完井过程导致的机械损伤并不均匀。胡平等人则在此基础上建立了考虑砾石充填防砂过渡带影响的水平井产能预测模型，得到的水平井产能计算结果与油井实际产能较为接近，但该模型显示井筒内由趾端向跟端方向的产能不断下降。这种现象是由于跟端长期和钻井液接触，受到的污染较为严重，而趾端受到的污染较小，所以沿着水平井生产段的表皮系数是变化的。假设表皮系数沿井筒呈线性分布，此部分的表皮系数计算较复杂。为简化研究，取水平井污染区整段表皮系数的平均值作为本研究中钻井污染带的表皮系数。

将污染带半径视为油藏垂直平面径向流的内边界半径，该区渗透率视为油藏原始渗透率；在孔眼未射穿的污染带，流体呈垂直平面径向流，外边界半径为污染带半径，内边界半径为井筒半径与孔深之和，钻井液滤失产生污染带，导致渗透率降低。

假设污染带轴切面外缘为一次函数，方程为：

$$y=Ax+b \tag{5-49}$$

式中，x 为井筒中心轴向坐标，m；y 为井筒径向坐标，m；A 为轴切面外缘函数的斜率，无因次；b 为污染带的最大半径，m。

假设地层中的流动为线性流，则任意半径 r 处的流速为：

$$v=\frac{qB}{2\pi rL} \tag{5-50}$$

式中，q 为油井流量，m^3/d。

非线性二项式渗流方程为：

$$\frac{dp}{dr}=\frac{\mu v}{k_{pz}}+U\rho v^2 \tag{5-51}$$

式中，p 为压力，MPa；r 为径向半径，m；ρ 为原油密度，kg/m^3；U 为污染带紊流速度系数，m^{-1}。理想条件下 $U=0$，得：

$$\mathrm{d}p=\left(\frac{\mu qB}{2\pi rLk_{\mathrm{pz}}}+\frac{U\rho q^2B^2}{4\pi^2r^2L^2}\right)\mathrm{d}r \tag{5-52}$$

将式(5-52)两端积分，得到污染区的平均流动压降：

$$\begin{aligned}\Delta p&=\frac{1}{L}\int_0^L\int_{r_\mathrm{w}+l_\mathrm{p}}^{Ax+b}\left(\frac{\mu qB}{2\pi rLk_{\mathrm{pz}}}+\frac{U\rho q^2B^2}{4\pi^2r^2L^2}\right)\mathrm{d}r\mathrm{d}x\\&=\frac{\mu qB}{2\pi Lk_{\mathrm{pz}}}\left[\ln\frac{AL+b}{r_\mathrm{w}+l_\mathrm{p}}+\frac{b}{AL}\ln\frac{AL+b}{b}-1\right]+\frac{U\rho q^2B^2}{4\pi^2L^2}\left[\frac{1}{A^2L}\ln\frac{AL+b}{b}-\frac{1}{(r_\mathrm{w}+l_\mathrm{p})^2L}\right]\end{aligned} \tag{5-53}$$

式中，k_{pz}为污染区的渗透率，μm^2；l_p为孔眼深度，m；前半部分为层流紊流速度系数。

由董长银等人的基本产能公式可得到附加压降与表皮系数的关系。

对于油井，不同完井方式下的水平井产能比是指特定完井方式下的采油指数与裸眼完井条件下采油指数的比值。裸眼完井条件下的采油指数为：

$$J_0=\frac{2\pi kh\Delta p}{\mu Bf(x)} \tag{5-54}$$

其他完井方式下的采油指数：

$$J=\frac{2\pi kh\Delta p}{\mu B[f(x)+S]} \tag{5-55}$$

根据产能比定义：

$$PR=\frac{q}{q_0}=\frac{f(x)}{f(x)+S} \tag{5-56}$$

J_0为自然条件下(裸眼)油井水平井的采油指数，m^3/(Pa·s)；J 为特定完井方式下油井水平井的采油指数，m^3/(Pa·s)；PR 为特定完井方式下水平井的产能比。

根据上述分析，要计算产能比，只要计算出不同完井方式下的表皮系数即可。

故设定污染区的平均流动压降为 Δp_1，如式(5-57)所示。

$$\begin{aligned}\Delta p_1&=\frac{q}{J_{\mathrm{pz}}}=\frac{q\mu B}{2\pi kL}[f(x)+S]\\&=\frac{q\mu B}{2\pi kh}\left\{\frac{h}{L}\frac{k}{k_{\mathrm{pz}}}\left(\ln\frac{AL+b}{r_w+l_\mathrm{p}}+\frac{b}{AL}\ln\frac{AL+b}{b}-1\right)+\frac{U\rho qBkh}{2\pi\mu L^2}\left[\frac{1}{A^2L}\ln\frac{AL+b}{b}-\frac{1}{(r_w+l_\mathrm{p})^2L}\right]\right\}\end{aligned} \tag{5-57}$$

污染区表皮系数：

$$S_{pz}=\frac{h}{L}\frac{k}{k_{pz}}\left(\ln\frac{AL+b}{r_w+l_p}+\frac{b}{AL}\ln\frac{AL+b}{b}-1\right)+\frac{U\rho qBkh}{2\pi\mu L^2}\left[\frac{1}{A^2L}\ln\frac{AL+b}{b}-\frac{1}{(r_w+l_p)^2L}\right] \tag{5-58}$$

假设：钻井污染带表皮系数模型为圆柱形 $A=0$，$U=0$，则公式简化为：

$$\Delta p_1=\frac{q}{J_{pz}}=\frac{q\mu B}{2\pi kh}[f(x)+S]=\frac{q\mu B}{2\pi kh}\left[\frac{h}{L}\frac{k}{k_{pz}}\ln\left(\frac{b}{r_w+l_p}\right)\right] \tag{5-59}$$

进而得到：

$$S_{pz}=\frac{h}{L}\frac{k}{k_{pz}}\ln\left(\frac{b}{r_w+l_p}\right) \tag{5-60}$$

为了预测自清洁射孔水平井的产能，在 Joshi 推导水平井产能公式所用模型的基础上，根据实际射孔效果，假设射孔清洁井眼并形成微裂缝，恰好解除压实带，形成高渗层。在射孔高渗层中，流动表现为围绕孔眼的径向流，外边界半径为射孔波及半径，内边界半径为孔眼半径。结合上述射孔特点，考虑了孔深、孔径、孔密、相位、污染带的半径与污染程度、压实带的厚度与压实损害程度、水平井水平段长度等因素对产能的影响，建立了自清洁射孔完井产能预测模型，如图 5-32、图 5-33 所示。

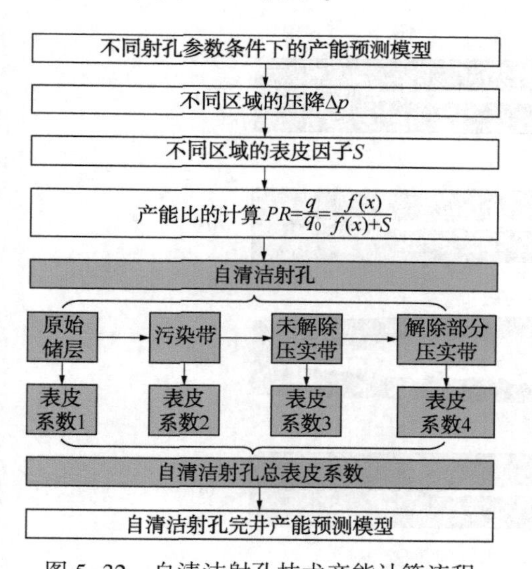

图 5-32　自清洁射孔技术产能计算流程

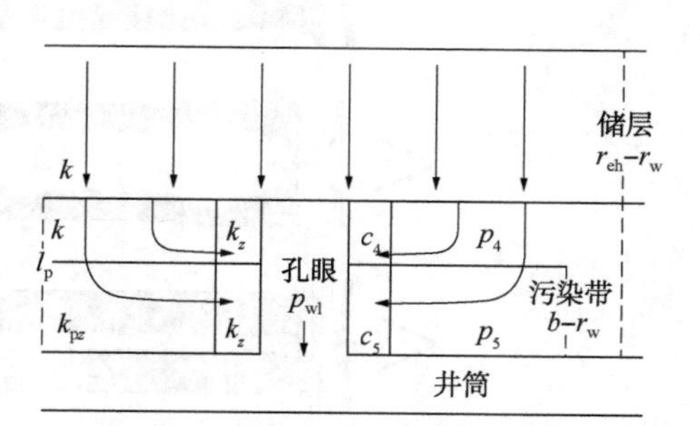

图 5-33　自清洁射孔完井产能预测模型

单个孔眼周围的污染带区域的表皮系数：

$$S_{p_4}=\frac{h}{(l_p+r_w-b)}\left(\ln\frac{h_p}{r_z+r_p}\right)+\frac{U\rho qBkh}{2\pi\mu\,(l_p+r_w-b)^3}\left(\frac{1}{r_z+r_p}-\frac{1}{h_p}\right) \tag{5-61}$$

$$S_{p_5}=\frac{h}{(b-r_w)}\frac{k}{k_{pz}}\left(\ln\frac{h_p}{r_z+r_p}\right)+\frac{U\rho qBkh}{2\pi\mu\,(b-r_w)^3}\left(\frac{1}{r_z+r_p}-\frac{1}{h_p}\right) \tag{5-62}$$

压实带区域的径向流动：

$$S_{c4}=\frac{h}{(l_p+r_w-b)}\frac{k}{k_z}\left(\ln\frac{r_z+r_p}{r_p}\right)+\frac{U_c\rho qBkh}{2\pi\mu\ (l_p+r_w-b)^3}\left(\frac{1}{r_p}-\frac{1}{r_z+r_p}\right) \tag{5-63}$$

$$S_{c5}=\frac{h}{(b-r_w)}\frac{k}{k_z}\left(\ln\frac{r_z+r_p}{r_p}\right)+\frac{U_c\rho qBkh}{2\pi\mu\ (b-r_w)^3}\left(\frac{1}{r_p}-\frac{1}{r_z+r_p}\right) \tag{5-64}$$

综上所述，自清洁射孔产能计算公式如下：

$$q_3=\frac{542.8kh\Delta p}{\mu B\left[M+N+\frac{1}{n_s L}\left(\frac{1}{S_{p4}+S_{c4}}+\frac{1}{S_{p5}+S_{c5}}\right)^{-1}\right]} \tag{5-65}$$

式中，r_p为孔眼半径，cm；k_{pz}为污染区的渗透率，μm^2；n_s为孔密，孔/cm；l_p为孔眼深度，m；r_z为自清洁高渗层半径，cm；k_z为自清洁高渗层的渗透率，μm^2；

2. 数值模拟正交试验过程

根据射孔参数变量及正交试验因素和水平数设计要求，在可控参数中，筛选出4种影响参数进行分析，包括孔隙度、剪切模量、抗压强度、围压。选用并制作$L^{25}(5^4)$正交试验设计表，进行数值模拟正交试验，射孔效果云图如图5-34所示。

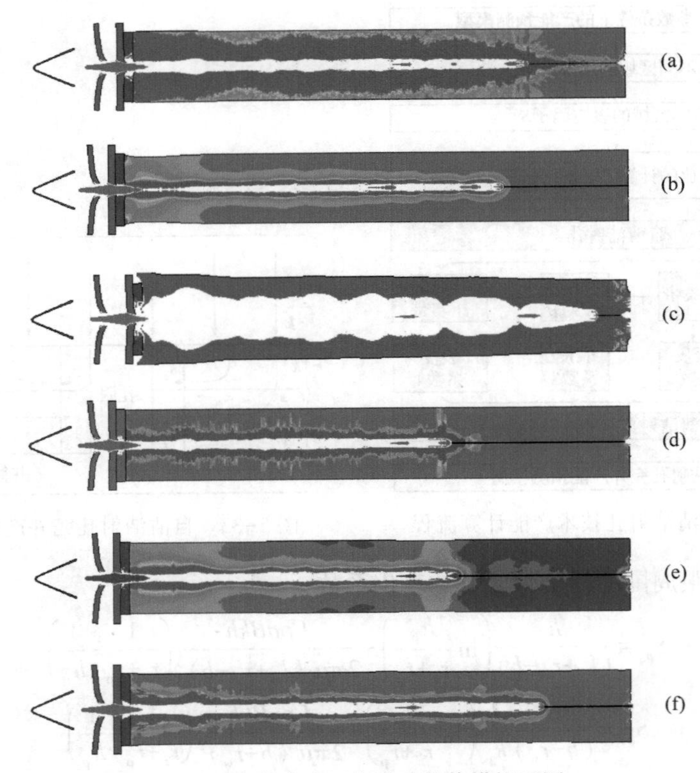

图5-34　自清洁正交试验数值模拟云图

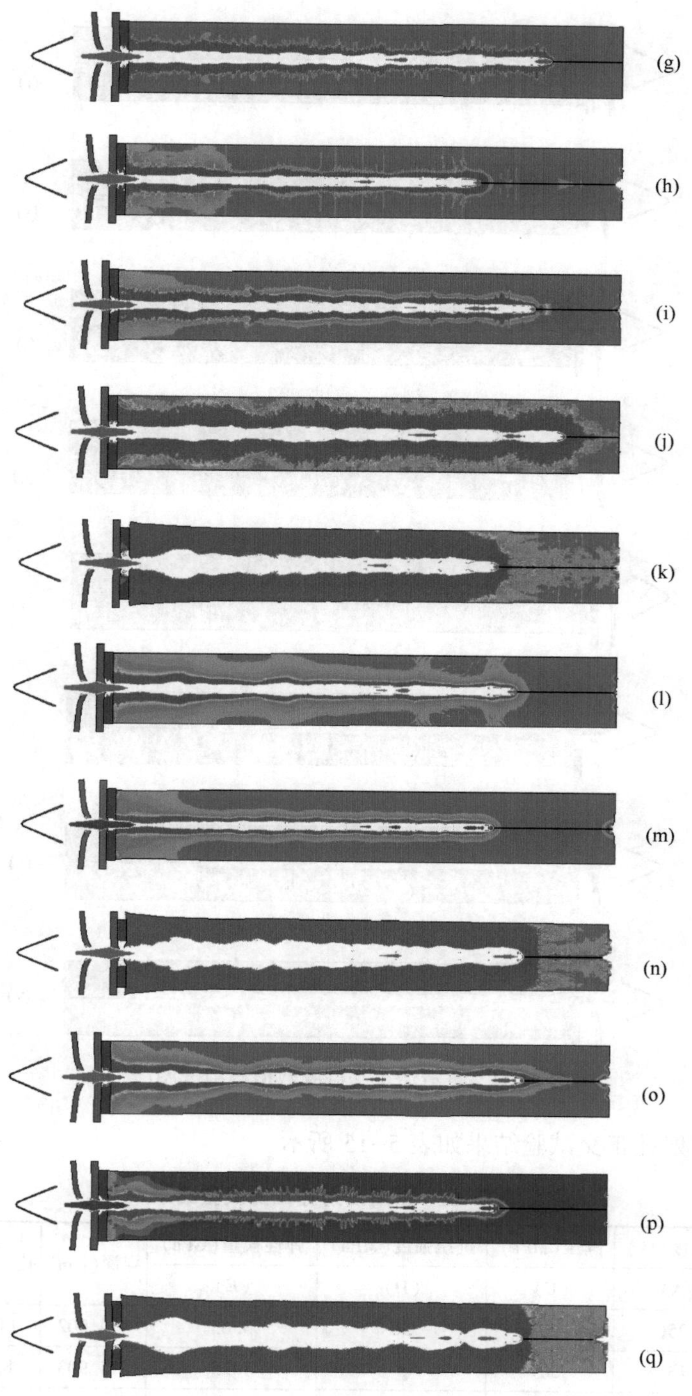

图 5-34　自清洁正交试验数值模拟云图(续)

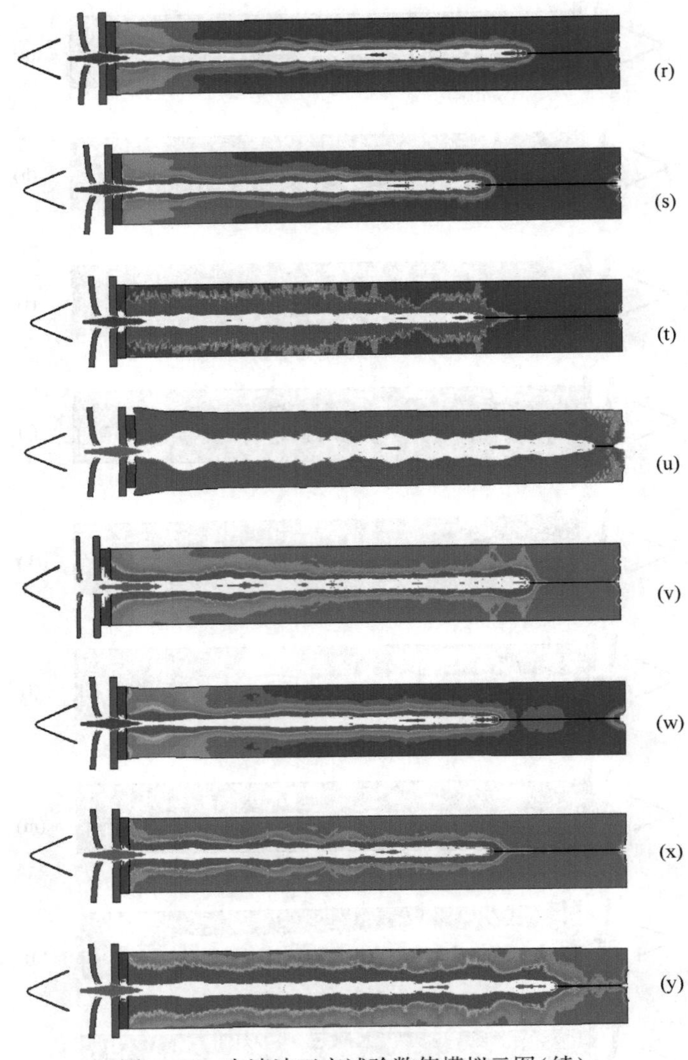

图 5-34　自清洁正交试验数值模拟云图(续)

自清洁射孔正交试验结果如表 5-15 所示。

表 5-15　自清洁射孔正交试验结果

序号	孔隙度(%)	围压(MPa)	抗压强度(MPa)	弹性模量(GPa)	穿深(mm)	孔径(mm)	产能比
	(A)	(C)	(D)	(E)			
1	25	30	30	3.63	434.302	14.486	1.02699
2	15	30	5	14.5	411.903	8.689	1.02042
3	5	0	5	1.2	495.234	45.691	1.02294

续表

序号	孔隙度(%)	围压(MPa)	抗压强度(MPa)	弹性模量(GPa)	穿深(mm)	孔径(mm)	产能比
	(A)	(C)	(D)	(E)			
4	5	10	60	3. 63	350. 372	12. 247	1. 02383
5	10	20	20	7. 25	357. 594	10. 688	1. 02678
6	5	30	20	2. 4	449. 755	14. 089	1. 02417
7	25	20	60	1. 2	464. 289	14. 690	1. 02603
8	25	40	20	14. 5	386. 567	10. 163	1. 02007
9	10	30	10	1. 2	453. 197	13. 809	1. 02515
10	15	10	20	1. 2	482. 985	16. 667	1. 02241
11	10	0	60	14. 5	401. 083	19. 591	1. 02156
12	20	10	10	14. 5	432. 496	13. 825	1. 02133
13	25	10	5	7. 25	412. 896	10. 269	1. 0208
14	15	0	30	7. 25	436. 054	26. 451	1. 02614
15	15	20	10	3. 63	447. 320	13. 655	1. 02598
16	20	40	30	1. 2	429. 206	13. 621	1. 02204
17	20	0	20	3. 63	437. 370	27. 722	1. 02628
18	15	40	60	2. 4	443. 280	11. 685	1. 02115
19	5	20	30	14. 5	393. 749	12. 422	1. 02053
20	20	30	60	7. 25	394. 005	13. 795	1. 02526
21	25	0	10	2. 4	499. 025	30. 121	1. 02404
22	10	40	5	3. 63	473. 468	11. 621	1. 0211
23	5	40	10	7. 25	408. 995	11. 076	1. 02644
24	20	20	5	2. 4	464. 398	16. 216	1. 02442

进行正交试验后，对结果进行分析，使用方差分析(也称极差分析)研究自清洁射孔技术对储层物性与岩石力学参数射孔适用性关系情况。

二、参数适用性关系

1. 自清洁射孔孔隙度适用性关系

依据正交试验特性，自清洁射孔在不同孔隙度下进行试验的条件完全一致，可直接进行比较。在图 5-35 中，以产能比作为结果因子计算所得水平 k 值波动较大，这表明孔隙度因素的水平变动对产能比有显著影响。自清洁射孔在孔隙度为 15%~25%时射孔 k 值较大，此时该孔隙度对产能比正向反馈最佳，即为此条件下的最优参数。

2. 自清洁射孔围压适用性关系

依据正交试验特性，自清洁射孔在不同围压下试验的条件完全相同，可直接进行比较。图中以产能比作为结果因子计算所得水平 k 值波动较大，这表明围压因素的水平变动对产能比有较大的影响。如图 5-36 所示，自清洁射孔在围压为 10~20MPa 时，射孔 k 值最大，此时该围压对产能比的正向反馈最佳，即为此条件下的最优参数。

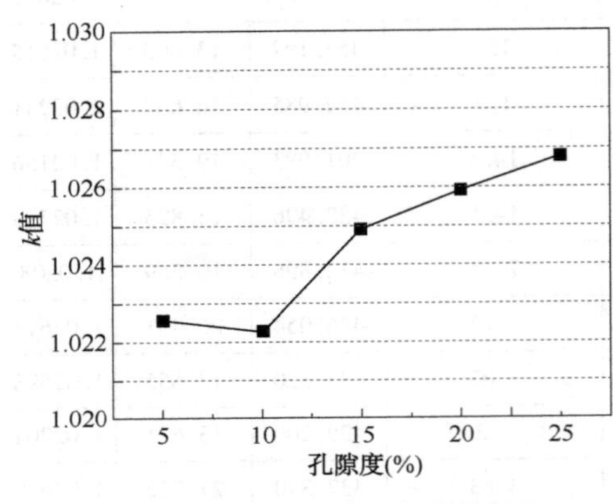

图 5-35　以产能比作为评分结果的孔隙度 k 值

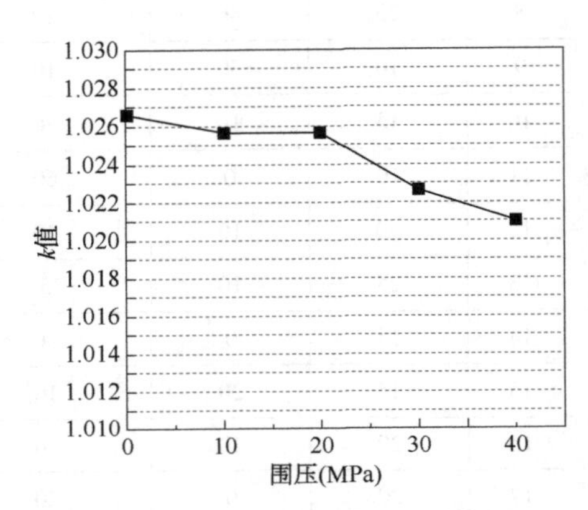

图 5-36　以产能比作为评分结果的围压 k 值

3. 自清洁射孔抗压强度适用性关系

依据正交试验特性，自清洁射孔在不同抗压强度下试验的条件完全相同，可直接进行比较。图中以产能比作为结果因子计算所得的水平 k 值存在波动，这表明抗压强度因素的水平变动对产能比有影响。如图 5-37 所示，自清洁射孔在抗压强度为 20~60MPa 时，射孔 k 值明显提升，此时该抗压强度对产能比的正向反馈较好，即为此条件下的最优参数。

4. 自清洁射孔弹性模量适用性关系

依据正交试验特性，自清洁射孔在不同弹性模量下试验的条件完全相同，可直接进行比较。图中以产能比作为结果因子计算所得的水平 k 值存在波动，这表明弹性模量因素的水平变动对产能比有影响。如图 5-38 所示，自清洁射孔在弹性模量为 2. 4~3. 63GPa 时，射孔 k 值最大，此时该弹性模量对产能比的正向反馈最好，即为此条件下的最优参数。

结合因子排序及射孔 k 值大小对参数范围进行优化，优化范围结果如表 5-16 所示。

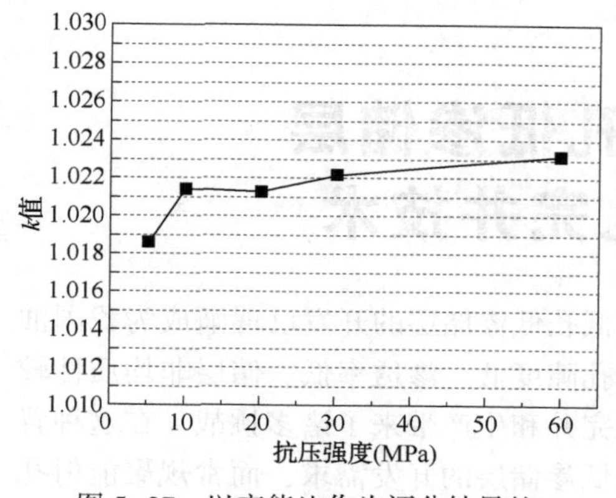

图 5-37　以产能比作为评分结果的抗压强度 k 值

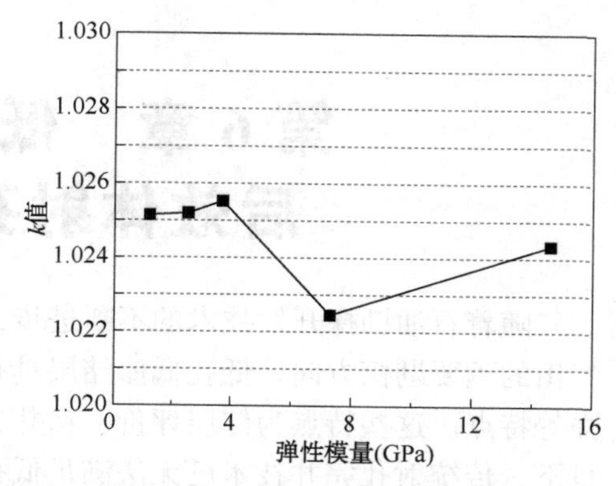

图 5-38　以产能比作为评分结果的弹性模量 k 值

表 5-16　自清洁射孔技术与储层物性参数的适用性关系

射孔技术	孔隙度(%)	渗透率($10^{-3}\mu m^2$)	围压(MPa)	抗压强度(MPa)	弹性模量(GPa)
自清洁	15~25	10~1000	10~20	20~60	2.4~3.63

第6章 低孔低渗储层后效体射孔完井技术

随着石油勘探开发技术的不断进步，低孔低渗储层的开发已逐渐成为我国油气田的重要勘探方向。低孔低渗储层具有孔隙度低、渗透率低、储层非均质性较强等特点。这些特点为储层评价、钻井、完井和生产带来了诸多挑战。在这种背景下，传统射孔完井技术已无法满足低孔低渗储层的开发需求，而常规聚能射孔则普遍存在压实损坏带、渗流阻力大、产能无法有效释放等问题。因此，研究后效体新型射孔技术对低孔低渗储层的油气产出具有重要意义。

后效体射孔完井技术是一种具有广泛应用前景的新型射孔完井技术。通过优化射孔参数、射孔工具和完井工艺，后效体射孔完井技术能够在降低储层伤害、提高产能、降低井筒完整性风险等方面展现出显著优势。随着低孔低渗储层开发技术的不断进步，后效体射孔完井技术在国内外油气田的应用将越来越广泛。

基于第5章关于中孔低渗储层自清洁射孔完井技术研究的结论与经验，本章将进一步探讨低孔低渗储层后效体射孔完井技术的研究。

第1节 后效体射孔技术动态射孔数值仿真模拟

一、后效体射孔动态射孔有限元模拟分析模型

后效体射孔技术是一种将射孔与高能气体压裂两项作业相结合并一次性完成的射孔技术，该技术采用由射孔弹(如图6-1所示)和在前端的高能火药舱组成的复式射孔弹，如图6-2所示。

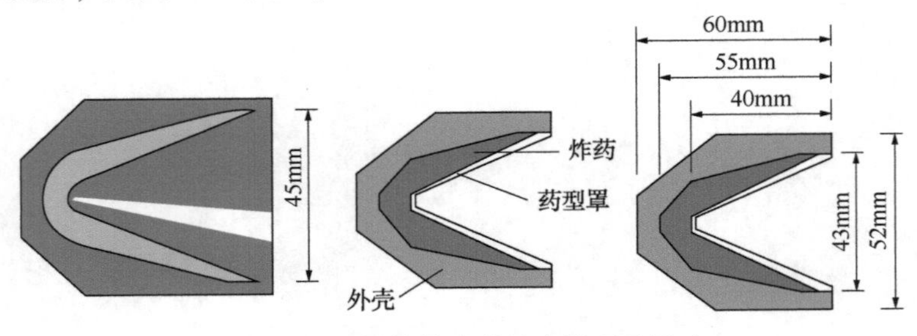

图6-1 后效体射孔弹基本模型及尺寸

1. *后效体射孔模型设计原理*

后效体射孔的技术原理如下：射孔弹引爆后，射孔弹装药爆轰压垮药型罩形成金属射流。金属射流以数千米每秒的速度射出，在射孔枪、套管、水泥环及油层中射出孔道。当射孔弹装药爆轰波到达射孔弹边缘时，药型罩和装药爆轰产物以较快的速度向前运动。当爆轰产物击中前舱外侧的高能火药环时，高能火药环点燃。高能火药环点燃后，产生巨大压力，推动中心部分运动，并从前舱前部的圆孔中喷出，填充在射流形成的孔道中。随着装药向前运动，由于枪内高压环境作用，已开始活化并部分点燃。到孔道后，空间变小，压力剧增，随即装药开始剧烈反应，燃烧爆炸，在孔道中形成 80～100MPa 的压力。在这个压力作用下，孔道周围的岩层产生多条裂缝。由于爆炸过程中孔道内压缩波和稀疏波交替作用，孔道壁上接受的力既有压力又有拉力，而岩层中的抗拉强度很低，通常只有抗压强度的几十分之一到十几分之一。因此，在这个既有压力又有拉力的作用下，射孔过程中在孔道周围留下的污染带及压实层得以缓解与疏松。这样，在前舱内装药的作用下，孔道周围的污染带已清除，孔道周围的裂缝得以形成，用于裂缝延伸的增效药块开始点燃，大量的高能气体畅通无阻地进入孔道周围的岩层里，使岩层中的裂缝延伸，为岩层中油气的流出提供了更多的通道。

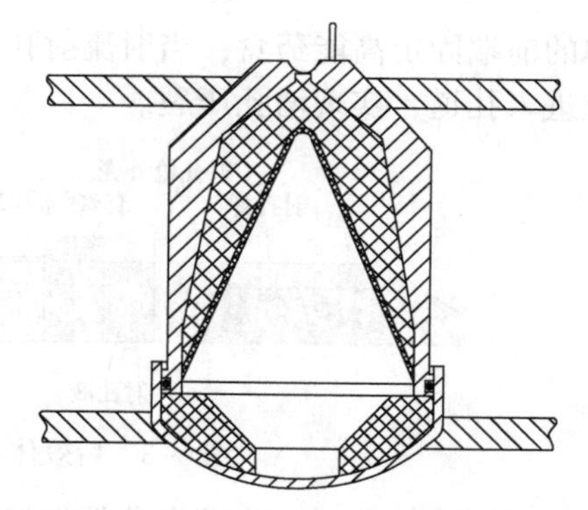

图 6-2　后效体射孔弹整体结构示意图

后效体射孔弹具有以下技术特点：

（1）复式射孔弹是将高能火药和低爆速炸药混合制作的高能药饼置于射孔弹药型罩前端，使其与射孔弹同轴，射孔弹引爆后，高能药饼滞后爆燃，由于两者同轴，高能药饼的极小碎块直接进入射孔孔眼中进行爆燃，对地层进行压裂、爆炸，从而最大限度地消除近井污染带并形成多条网状裂缝，与天然裂缝进行沟通，对射孔孔道进行延伸，从而达到增产的目的。

（2）加压固定射孔孔道，限制其弹性恢复。由于射流形成孔道的时间极短，其变形尚未完全到位。高能气体压力脉冲作用时间长，有助于巩固射孔孔道，并限制其弹性恢复。

（3）在钻井和固井过程中，有时产层会遭受较严重的污染，如射孔孔道不能达到理想深度，油气渗流到井筒将受到影响。复式射孔弹在燃烧后产生的高能气体再次发挥作用，有助于消除近井带的地层污染，增加穿透深度。

2. *后效体射孔物理模型建立*

后效体射孔模型如图 6-3 所示，在后效体射孔建模设定时，通常在常规射孔弹的前端固定高能药盒，当射流射孔时引燃高能药盒，产生高能气体，气体随射流进入孔道，实现增孔压裂。

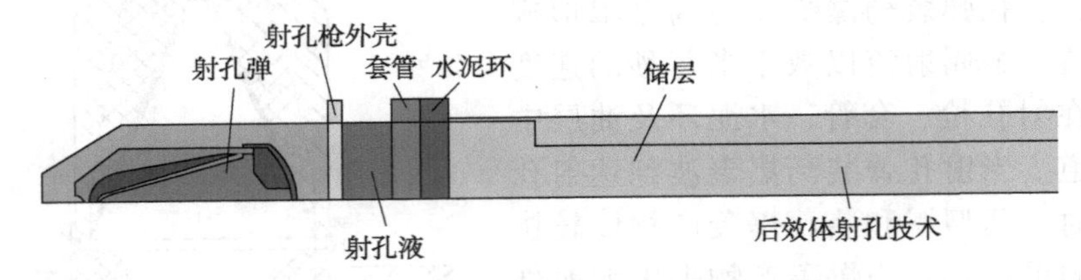

图 6-3　后效体射孔技术有限元模拟模型

在网格划分时，为了在获得良好模拟结果的同时减少计算时间，须控制单元大小和总数。因此，细化了射孔弹及其周围的模型。射孔弹系统有限元模型共有 1837873 个节点和 1695939 个单元，模型网格划分如图 6-4 所示，网格划分主要采用四面体网格，网格大小为 0. 5mm。

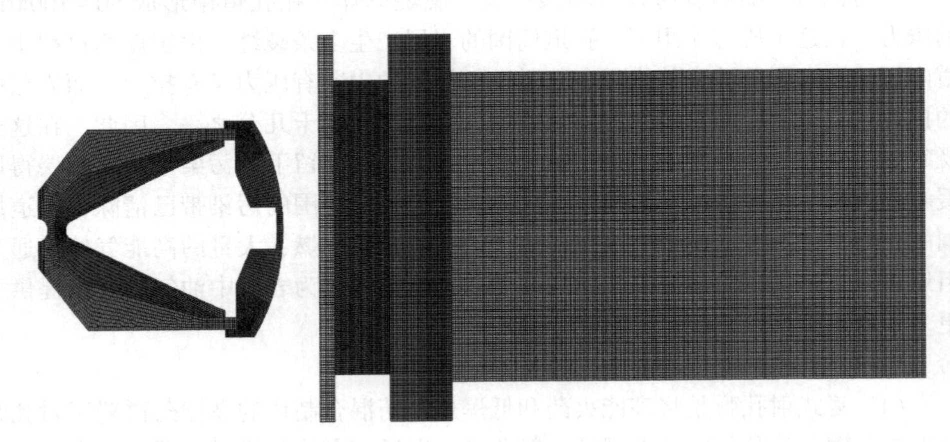

图 6-4　后效体射孔的网格模型

3. 材料模型的本构关系和状态方程

模拟采用 LS-DYNA 非线性动力学结构数值计算程序，用于进行真实射孔模拟及有限元分析，需要准备包含材料模型的本构关系和状态方程的关键字文件。

选择合适的材料模型的本构关系和状态方程是至关重要的，这将直接影响后效体数值模拟的结果。后效体数值模拟所选用材料模型的本构关系和状态方程如表 6-1 所示。

表 6-1　材料模型及状态方程汇总

序号	模型	材料模型	状态方程
1	炸药 1	* MAT_HIGH_EXPLOSIVE_BURN	* EOS_JWL
2	药型罩	* MAT_JOHNSON_COOK	* EOS_GRUNEISEN

续表

序号	模型	材料模型	状态方程
3	空气域	* MAT_NULL	* EOS_LINERA_POLYNOMLAN
4	射孔液	* MAT_NULL	* EOS_LINERA_POLYNOMLAN
5	弹壳	* MAT_JOHNSON_COOK	* EOS_GRUNEISEN
6	射孔弹壳体	* MAT_PLASTIC_KINEMATIC	—
7	套管	* MAT_PLASTIC_KINEMATIC	—
8	水泥环	* MAT_JOHNSON_HOLMQUIST_CONCRETE	—
9	储层	* MAT_RHT	—
		* MAT_ADD_EROSION	* EOS_JWL
10	负压空气域	* MAT_NULL	* EOS_LINERA_POLYNOMLAN
11	炸药 2	* MAT_HIGH_EXPLOSIVE_BURN	* EOS_JWL

二、射流形成及射孔过程

建立的后效体射孔仿真模型中射流形成演化过程如图 6-5 所示。

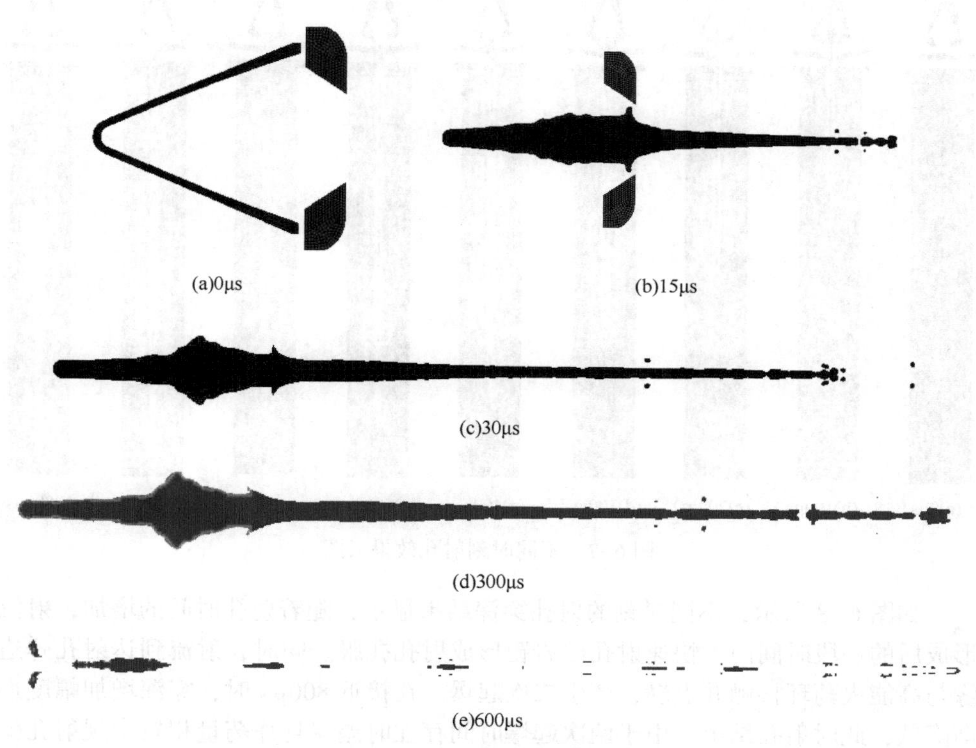

(a)0μs (b)15μs

(c)30μs

(d)300μs

(e)600μs

图 6-5 不同时刻射流速度云图

采用定义失效单元为 1 并以颜色标识失效状态，能够直观观察到射孔动态效果，如图 6-6 所示。

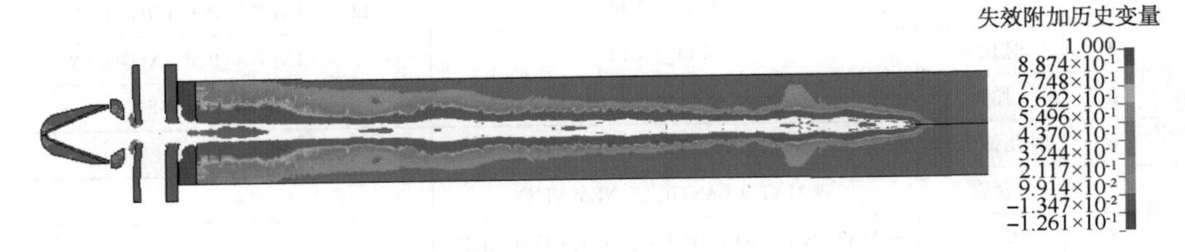

图 6-6　射孔效果云图

以 DP46HMX45 后效体射孔弹模型为例，基础参数设定如下：围压 30MPa、孔隙度 15%、抗压强度 20MPa、弹性模量 7. 3GPa、负压值 7MPa。当射孔模拟时间为 0μs、100μs、200μs、300μs、400μs、500μs、600μs、700μs、800μs 时，射孔效果云图如图 6-7 所示。

考虑到药量、射孔弹类型、药型罩直径对穿深的直接影响，并结合模拟计算时间及精度要求，此处设定砂岩靶长度为 550mm。

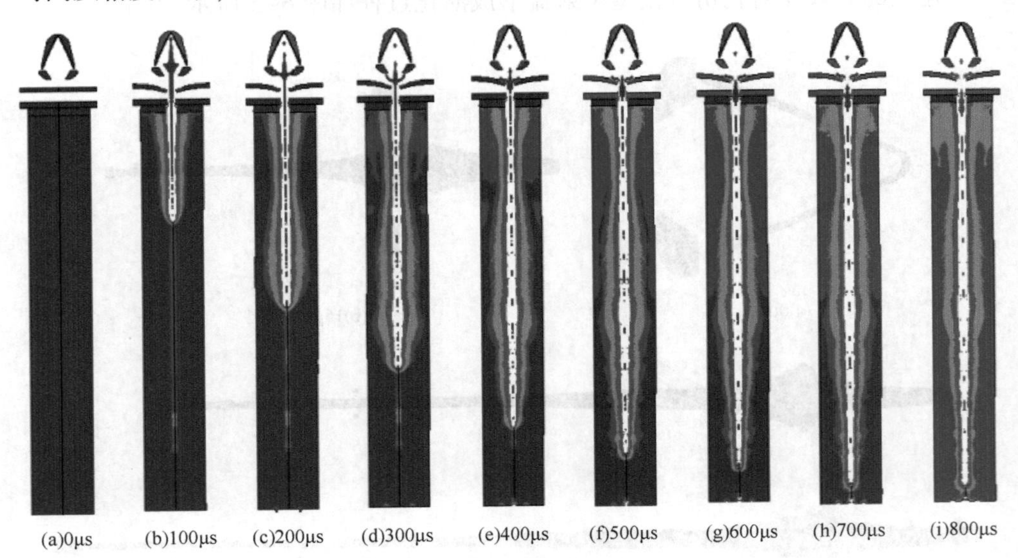

图 6-7　不同时刻射孔效果云图

如图 6-8 所示，不同时刻的射孔穿深结果显示，随着射孔时间的增加，射流形成后的一段时间内，快速射孔砂岩靶形成射孔孔眼。同时，射流到达射孔弹边缘与高能火药环接触并点燃，产生二次起爆。在接近 800μs 时，穿深增加幅度逐渐降低，此时射孔结束。由于两次起爆时间存在时差，且炸药量相较常规射孔弹有所上升，故射孔效能充分发挥的时间更长。在射孔模拟过程中，后效体射孔的穿深增长幅度在 700～800μs 时整体趋于平稳，在此时设定模拟结束时间是合理的。

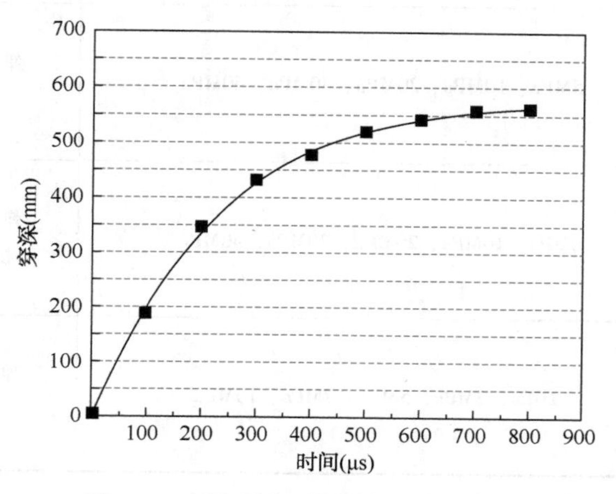

图 6-8　射孔弹在不同时间的射孔深度

第 2 节　后效体射孔技术对储层物性与岩石力学参数的敏感性

一、动态射孔数值模拟方案

设定套管片厚度为 10.36mm，水泥环厚度为 20.64mm，制定后效体射孔技术 5 种弹药类型（DP34HMX20、DP40HMX25、DP43HMX32、DP45HMX40、DP46HMX45）、4 种储层参数（孔隙度、弹性模量、抗压强度、负压值）+1 个工况参数（围压）、5 个变量值，共计 125 组的动态射孔数值模拟仿真方案如表 6-2 所示。

表 6-2　射孔数值模拟参数取值

参数	储层参数取值范围	其余参数取值
孔隙度	5%、10%、15%、20%、25%	弹性模量：7.25GPa 抗压强度：20MPa 围压：30MPa 负压值：7MPa
弹性模量	1.208GPa、2.417GPa、3.625GPa、7.25GPa、14.5GPa	孔隙度：15% 抗压强度：20MPa 围压：30MPa 负压值：7MPa

续表

参数	储层参数取值范围	其余参数取值
抗压强度	5MPa、10MPa、20MPa、30MPa、60MPa	孔隙度：15% 弹性模量：7.25GPa 围压：30MPa 负压值：7MPa
围压	0MPa、10MPa、20MPa、30MPa、40MPa	孔隙度：15% 弹性模量：7.25GPa 抗压强度：20MPa 负压值：7MPa
负压值	0MPa、2MPa、5MPa、7MPa、10MPa	孔隙度：15% 弹性模量：7.25GPa 抗压强度：20MPa 围压：30MPa

二、不同射孔弹对射孔效果敏感性

基于上述所建射孔动态模型，设定基础参数如下：围压 30MPa、孔隙度 15%、抗压强度 20MPa、弹性模量 7.3GPa、负压值 7MPa。通过模拟不同储层条件（孔隙度、围压、负压、抗压强度、弹性模量）对后效体射孔技术射孔效果的影响，总结分析影响规律。

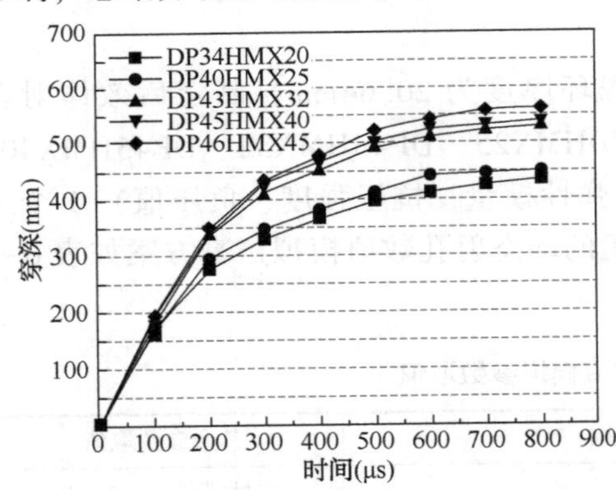

图 6-9　不同射孔弹在不同时间的射孔深度

后效体射孔技术的五种射孔弹在不同时间的射孔深度如图 6-9 所示。

将距靶口不同位置的孔径射孔效果（见图 6-10）与射孔效果云图（见图 6-7）结合分析，可以发现，后效体射孔孔眼直径均值为 10.73mm，最大值为 17.18mm，最小值为 4.47mm，差值为 12.71mm。后效体射孔弹形成的孔眼整体呈圆锥形，孔眼周围存在压实带。射孔入口段最先受到冲击，随着时间的推移，破坏程度也随之增大，较射孔孔眼整体而言，该段有较大影响。后效体作用在云图中较为显著，射孔孔道出现两段及以上的孔径扩径区，尤其是在孔道入口段扩径效果较好。整体上，射孔入口段孔眼较大，随着穿深的增加，孔径逐渐缩小。后效体炸药二次爆炸在入口段有明显的扩孔效应，随后孔眼缩小，孔道整体呈锥形，扩孔效果明显。

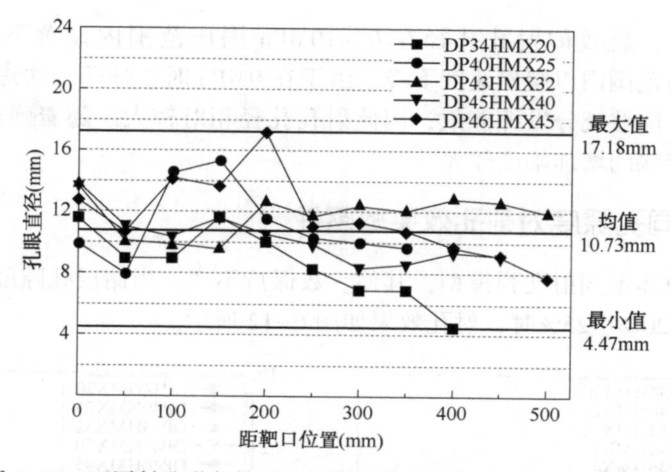

图 6-10　不同射孔弹条件下后效体射孔弹距靶口不同位置孔眼直径

三、不同围压对射孔效果敏感性

基于后效体不同射孔弹模型，其他参数保持不变，当围压分别为 0MPa、10MPa、20MPa、30MPa、40MPa 时，射孔效果如图 6-11 所示。

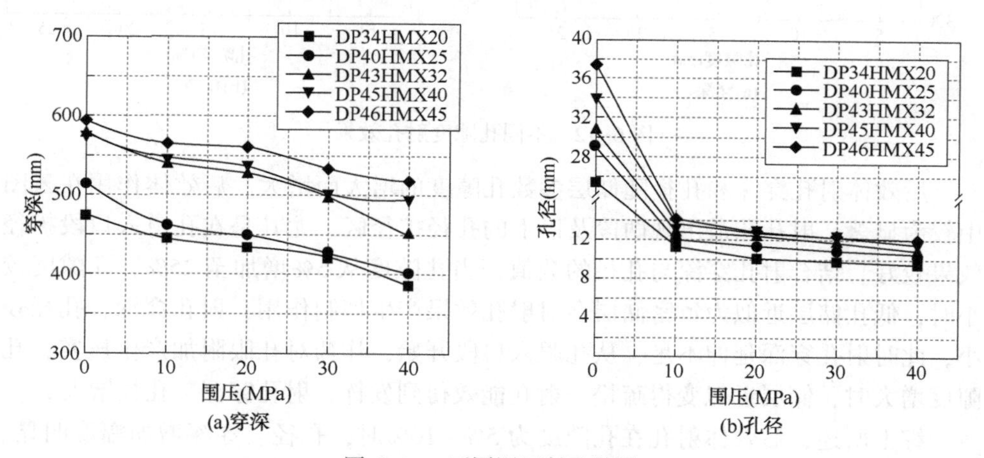

图 6-11　不同围压射孔效果

后效体射孔穿深和孔径随储层参数围压的增大而减小。结合图 6-11 中射孔穿深与孔径的数值可以看出，当围压为 0MPa 时，射孔弹射孔时受到限制大幅减少，射孔能效得到充分发挥，此时的射孔穿深与孔径达到最大。当围压从 10MPa 增加至 40MPa，围压较小时，射孔穿深、孔径较大，射孔后孔眼附近延伸扩展的应力，存在沟通储层天然裂缝的倾向，此时射孔效果较好；当围压增大时，从孔眼入口段开始，围压及射孔对储层具有的双向压迫逐渐增大，可以近似理解为储层受到了压实作用，射孔能效发挥受到限制，射孔穿深、孔径减小。

综上所述，后效体射孔孔径在 0～10MPa 围压范围内显著下降，在 10～40MPa 的围压范围内以缓慢速度下降。由于在 0MPa 时，炸药二次爆炸受其他因素影响较小，能够充分发挥能效，因此射孔孔径相对较大。随着弹药量的增加，后效体射孔穿深的增加幅度较大。

四、不同孔隙度对射孔效果敏感性

基于后效体不同射孔弹模型，其他参数保持不变，当储层孔隙度分别为 5%、10%、15%、20%、25%时，射孔效果如图 6-12 所示。

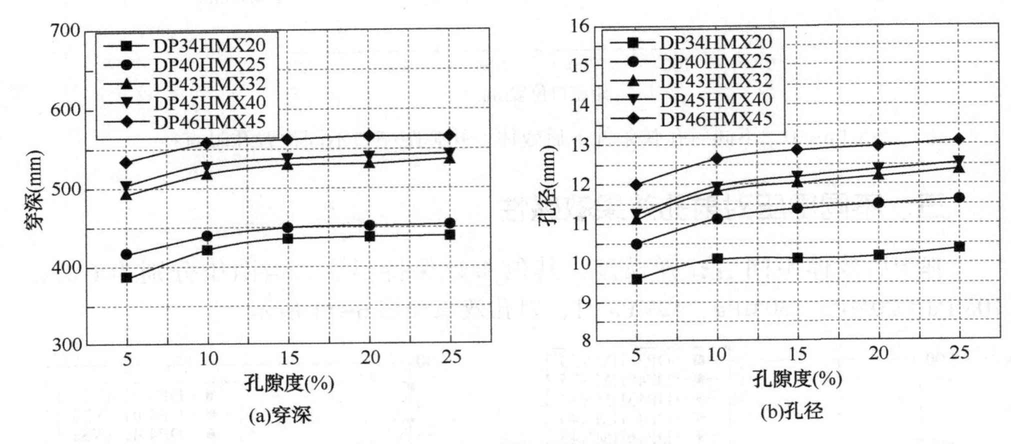

图 6-12　不同孔隙度射孔效果

后效体射孔穿深和孔径随储层参数孔隙度的增大而增大。后效体作用在云图中较为显著，射孔孔道出现两段及以上的孔径扩径区，尤其是在孔道入口段扩径效果较好。结合射孔穿深与孔径的数值，当孔隙度从 5%增加至 25%，孔隙度较小时，低孔储层近似为致密储层会对射孔效果产生抑制作用，射孔穿深、孔径较小，此时射孔穿深延伸不足，从孔眼入口段开始，炸药对孔眼附加产生压实；孔隙度增大时，储层近似变得疏松，射孔能效得到发挥，射孔穿深、孔径增大。

综上所述，后效体射孔在孔隙度为 5%～10%时，孔径、穿深增加幅度明显。随着弹药量的增加，后效体射孔孔径增加幅度较大。

五、不同抗压强度对射孔效果敏感性

基于后效体不同射孔弹模型，其他参数保持不变，当抗压强度分别为 5MPa、10MPa、20MPa、30MPa、60MPa 时，射孔效果如图 6-13 所示。

后效体射孔的穿深和孔径随储层参数抗压强度的增大而减小。后效体作用在云图中较为显著，射孔孔道出现两段及以上的孔径扩径区，尤其是在孔道入口段扩径效果较好。结合射孔穿深与孔径的数值，当抗压强度从 5MPa 增加至 60MPa，抗压强度较小时，储层在射孔施加时所能承受的强度极限较小，射孔能效得到发挥，射孔穿深、孔径较大；在抗压强度较大时，储层会对射孔效果产生抑制作用，射孔穿深、孔径较小，此时射孔穿深延伸不足，从孔眼入口段开始，炸药对孔眼附加产生明显压实。随着抗压强度的增大，该压实作用逐渐集中，射孔效果有所变化。

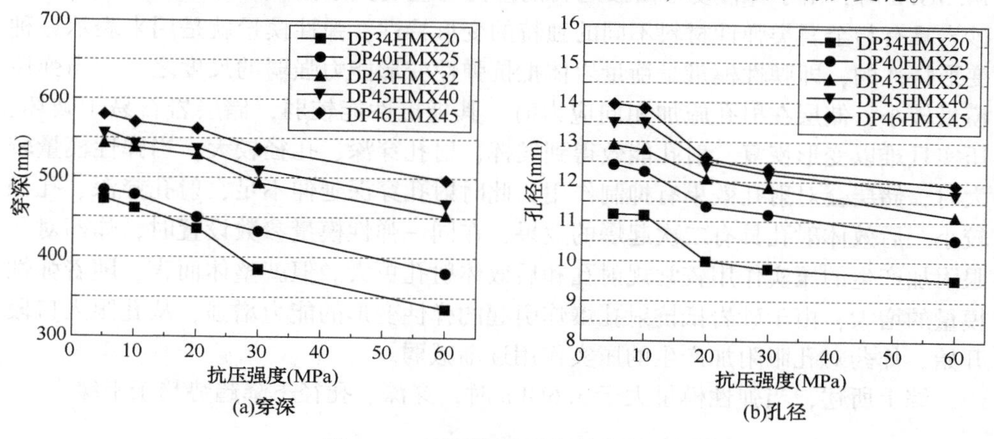

图 6-13 不同抗压强度射孔穿深

综上所述，随着弹药量的增加，抗压强度对射孔穿深的影响变小，当弹药量较小时，后效体的穿深下降幅度较大，随着弹药量的增加，穿深下降幅度变缓。后效体射孔在抗压强度为 10~20MPa 时孔径损失较大。随着弹药量的增加，后效体射孔孔径增加幅度较为明显。

六、不同弹性模量对射孔效果敏感性

基于后效体不同射孔弹模型，其他参数保持不变，当弹性模量分别为 1. 208GPa、2. 417GPa、3. 625GPa、7. 25GPa、14. 5GPa 时，射孔效果如图 6-14 所示。

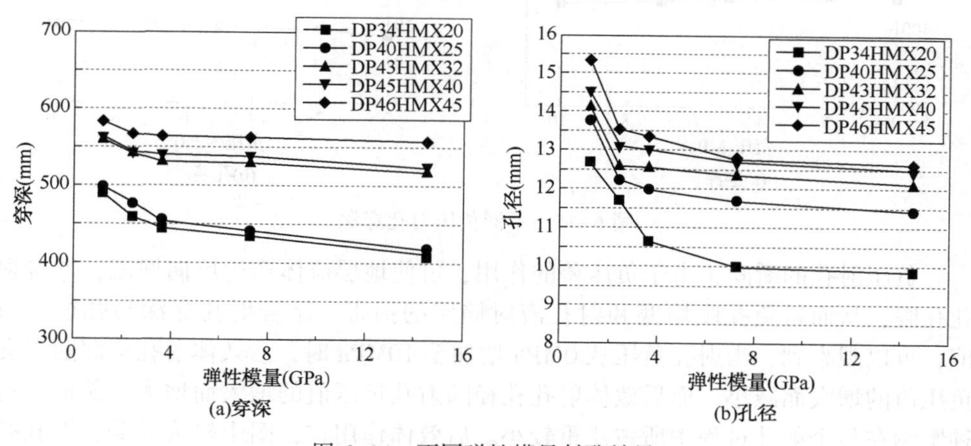

图 6-14 不同弹性模量射孔效果

后效体射孔穿深和孔径随储层参数弹性模量的增大而减小。后效体作用在云图中较为显著，射孔孔道出现两段及以上的孔径扩径区，尤其是在孔道入口段扩径效果较好。结合射孔穿深与孔径的数值，弹性模量从 1.208GPa 增加至 14.5GPa 时，由于弹性变形阶段岩石的应力与应变关系曲线并非线性，因此储层砂岩具有与金属类弹性材料不同的独特的变形特性，弹性模量就是用来表示这种变形特性的，即弹性模量是衡量岩体抵抗弹性变形能力强弱的尺度之一。当弹性模量较小，储层在射孔施加相同应力时，其抵抗性能较弱，储层岩石易于破坏、压实且难以变形恢复，射孔能效得到发挥，射孔穿深、孔径较大；当弹性模量较大时，储层会对射孔效果有抑制作用，此时射孔穿深延伸不足，射孔穿深、孔径较小。后效体射孔具有二次起爆的效果，在同一弹性模量参数设置时，炸药对孔眼附加产生的压实作用较常规射孔和后效体射孔更大。但就整体而言，随着弹性模量的增大，由于砂岩抵抗射孔爆炸引起的弹性变形的能力增强，从孔眼入口段开始，炸药对孔眼附加产生的压实作用逐渐减弱。

综上所述，当弹性模量大于 3.6GPa 时，穿深、孔径下降趋势趋于平缓。

七、不同负压对射孔效果敏感性

基于后效体不同射孔弹模型，其他参数保持不变，当负压分别为 0MPa、2MPa、5MPa、7MPa、10MPa 时，射孔效果如图 6-15 所示。

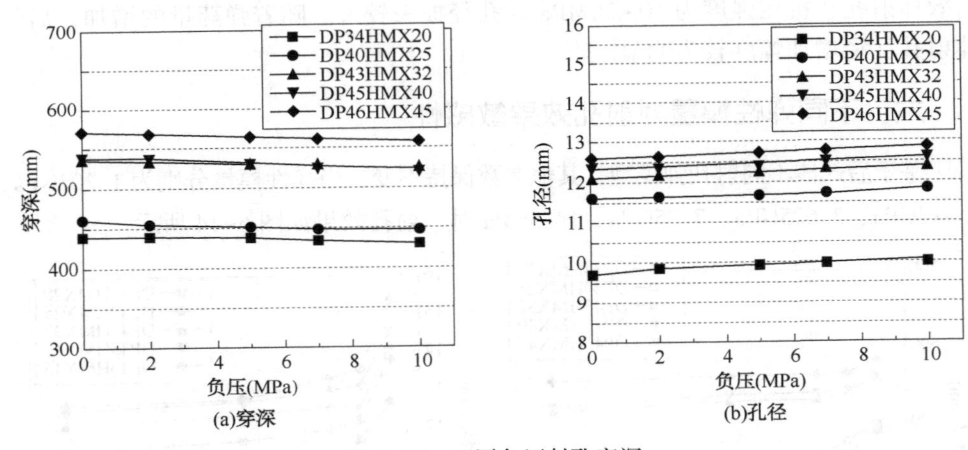

图 6-15　不同负压射孔穿深

负压射孔的瞬间，由于负压差的作用，可使地层流体产生反向回流，冲洗射孔孔眼，从而避免孔眼堵塞和射孔液对储层的损害。结合射孔穿深与孔径的数值，可以观察到，当射孔负压从 0MPa 增加至 10MPa 时，后效体射孔穿深随射孔负压值的增大而减小，而后效体射孔孔径随射孔负压值的增大而增大。然而，这种影响在整个射孔过程中所占比重较小。后效体作用在云图中较为显著，射孔孔道出现两段及以上的孔径扩径区，尤其是在孔道入口段扩径效果更为明显。负压射孔的瞬间，负压差的存在使地层流体产生反向回流，冲洗射孔孔眼，从而避免孔眼堵塞和射孔液对储层的损害。后效体射孔具有二次起爆的效果，在同一负压参数设置下，炸药对孔眼附加产生的压实作用较大。

综上所述，负压对射孔效果的影响相对较小，负压取值由地层及实际工况决定。

第3节　后效体射孔技术动态射孔室内试验仿真模拟

一、单靶射孔模拟试验方案

1. 试验目的

本试验者在模拟储层条件下，选用SDP46RDX45后效体射孔弹，对其进行模拟装枪穿柱状红砂岩靶性能测试。

2. 试验设备

本次测试对象为SDP46RDX45后效体射孔弹，具体如图6-16所示。

(a)后效体射孔弹

(b)模拟装枪

(c)枪体、接头装配

图6-16　SDP46RDX45后效体射孔弹装配

3. 试验方案

采用SDP46RDX45后效体射孔弹，枪管靶片厚度为5mm，套管靶片厚度为10.36mm，内层水泥环厚度为20.64mm，砂岩靶尺寸为$\phi178\times700$mm，围压压力为35MPa，孔隙压力为0MPa，井筒压力为0MPa，在以上条件下开展射孔弹打靶试验。

针对试验需求，均选用柱状红砂岩靶作为试验目标靶，按照《应力条件下贝雷砂岩靶射孔试验》条件要求，对目标岩心靶进行处理，后效体射孔弹进行两次测试，以确保试验结果的可靠性，具体试验靶如图6-17所示，试验靶原始数据如表6-3所示。

图 6-17　目标红砂岩靶

表 6-3　试验靶原始数据

砂岩靶编号	渗透率(10^{-3} μm^2)	孔隙度(%)	岩石强度(MPa)
后效 1#	3.12	9.42	45
后效 2#	2.35	8.17	50

4. 射孔弹性能对比

SDP46RDX45 后效体射孔弹在模拟储层条件下穿红砂岩靶试验结果如表 6-4 和图 6-18 所示。

表 6-4　SDP46RDX45 后效体射孔弹测试结果　　（单位：mm）

序号	红砂岩靶穿深	套片平均孔径	枪片平均孔径
1	421	11.75	8.97
2	406	10.85	9.20
平均	413.5	11.3	9.09

(a)后效体试验后靶体示意图

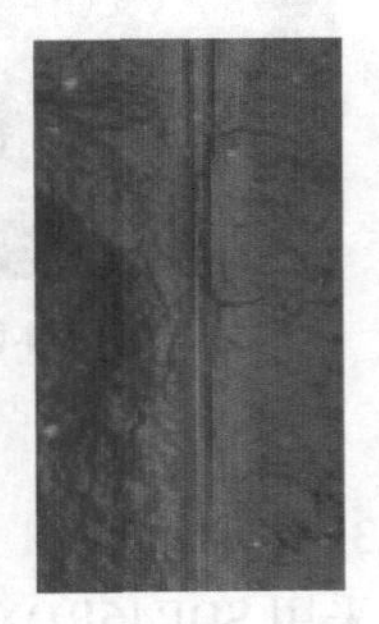

(b)后效体试验后孔眼放大图

图 6-18　SDP46RDX45 后效体射孔弹试验后靶体示意图

5. 孔道形态对比

SDP46RDX45 后效体射孔弹在模拟储层条件下穿红砂岩靶试验后，其冲刷后孔道形态及不同位置孔道尺寸如表 6-5、图 6-19 至图 6-20 所示。可以看出，随着测量点距离靶口位置增大，后效体孔径均呈现下降趋势。

表 6-5　不同孔道处尺寸数据　（单位：mm）

编号	距靶口不同位置处孔道尺寸						
	0	50	100	150	200	250	300
后效体 1#	14. 98	13. 38	12. 34	11. 79	10. 84	10. 02	9. 02
后效体 2#	14. 76	12. 69	11. 61	11. 44	10. 35	9. 53	7. 99

(a)后效体1#孔道冲刷后示意图

(b)后效体2#孔道冲刷后示意图

图 6-19　SDP46RDX45 射孔弹孔道冲刷后示意图

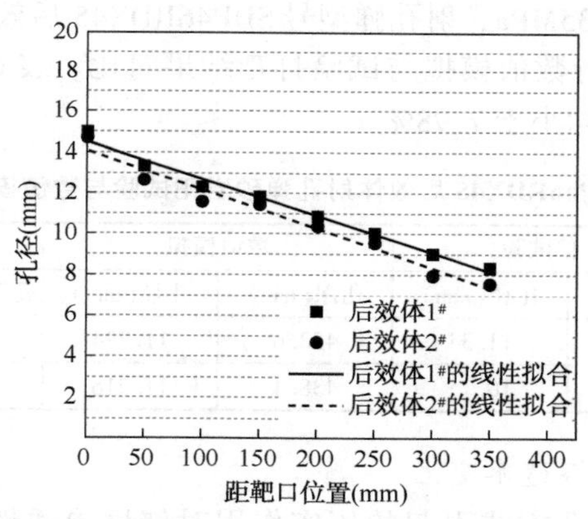

图 6-20　SDP46RDX45 射孔弹试验后靶体孔径对比图

6. 数模与试验对比

选取试验所用砂岩靶的抗压强度进行后效体射孔数值仿真模拟，后效体射孔工艺在不同抗压强度下的云图如图 6-21 所示。

如图 6-22、图 6-23 所示，为砂岩靶试验与数值模拟孔深、孔径对比。

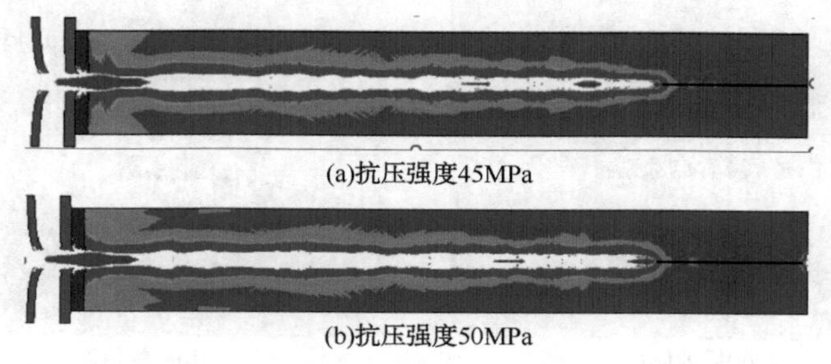
(a)抗压强度45MPa

(b)抗压强度50MPa

图 6-21　数值模拟下射孔技术在不同抗压强度下的云图

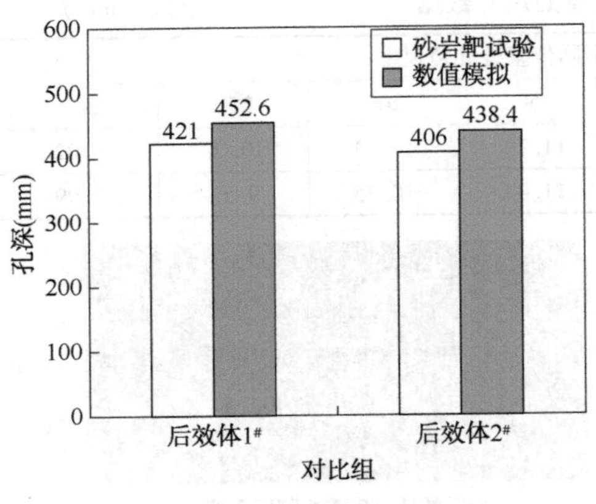

图 6-22　砂岩靶试验与数值模拟孔深对比

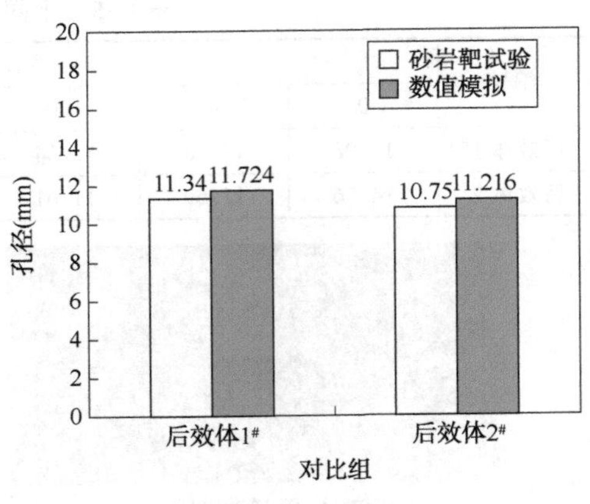

图 6-23　砂岩靶试验与数值模拟孔径对比

试验条件：围压 35MPa，射孔弹型号 SDP46RDX45 后效体射孔弹，岩石靶密度为 2.38g/cm^3，进行数值模拟与试验打靶结果对比。表 6-6 数值模拟结果显示：孔深、孔径误差均小于 7.98%。

表 6-6　SDP46RDX45 后效体射孔弹砂岩靶试验与数值模拟对比数据

试验方案	砂岩靶试验		数值模拟		误差	
	孔深(mm)	孔径(mm)	孔深(mm)	孔径(mm)	孔深误差(%)	孔径误差(%)
1#	421	11.34	452.6	11.724	7.51	3.39
2#	406	10.75	438.4	11.216	7.98	4.33

7. 射孔前后岩心渗透率变化

为了探究不同射孔方式引起的压实作用对储层渗透性的影响，依据 GB/T 29172—2012《岩心分析方法》标准，开展了气体流动试验，对砂岩靶进行渗透率测定。

选择两块岩石柱塞平行样进行试验，待射孔结束后，在各柱塞上面沿射孔弹入射方向依次均匀钻取 3 块岩心样品，钻取的试验岩心如图 6-24 所示。

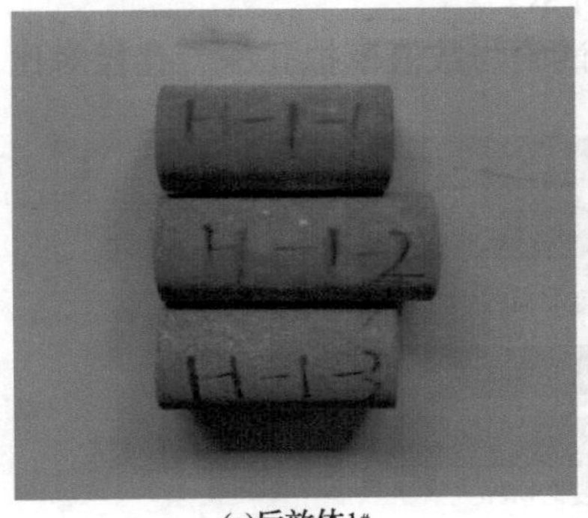

(a)后效体1#

(b)后效体2#

图 6-24　气测试验岩心

结合表6-7、图6-25可知，后效体射孔后砂岩靶渗透率为原始渗透率的24.6%~28.0%。

表6-7　气测试验数据

岩样编号	射孔方式	长度(cm)	直径(cm)	气测渗透率($10^{-3}\mu m^2$)
H-1-1	后效	3.552	2.492	0.8064
H-1-2	后效	4.158	2.484	0.8219
H-1-3	后效	3.714	2.488	0.678
H-2-1	后效	4.756	2.500	0.7923
H-2-2	后效	3.612	2.494	0.5429
H-2-3	后效	6.108	2.492	0.636

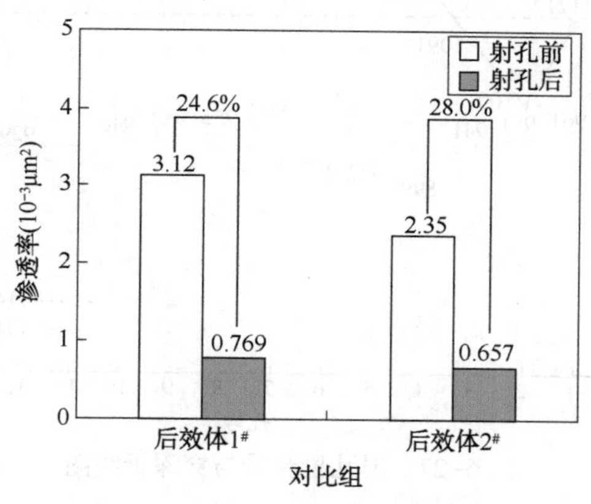

图6-25　射孔前后平均渗透率对比

二、地面全尺寸射孔模拟试验

1. 试验目的

为研究后效体射孔弹地面穿环形混凝土靶的性能，进行地面全尺寸模拟试验研究。

2. 试验准备

考虑地面射孔模拟试验条件，按GB/T 20488—2006《油气井聚能射孔器材性能试验方法》中第3.1.2条规定制作API标准全尺寸混凝土靶。

射孔器从枪头至枪尾分别为6发后效体射孔弹(213SD-114H-3HRL)，114型射孔枪对应射孔参数18孔/m、相位角60°、相位6；178型射孔枪对应射孔参数40孔/m、相位角45°/135°、相位6。

3. 试验结果分析

测量114型射孔枪、178型射孔枪装后效体射孔弹时，环形靶穿深、环形靶孔径、射孔枪孔径、套管孔径、枪体孔径等的试验结果。

后效体射孔后孔道形态如图 6-26 所示，入口孔眼扩大，扩孔效果明显。

114 型、178 型射孔枪孔号与穿深折线图对比如图 6-27 所示。

(a)114型射孔枪

(b)178型射孔枪

图 6-26　后效体射孔后孔道形态

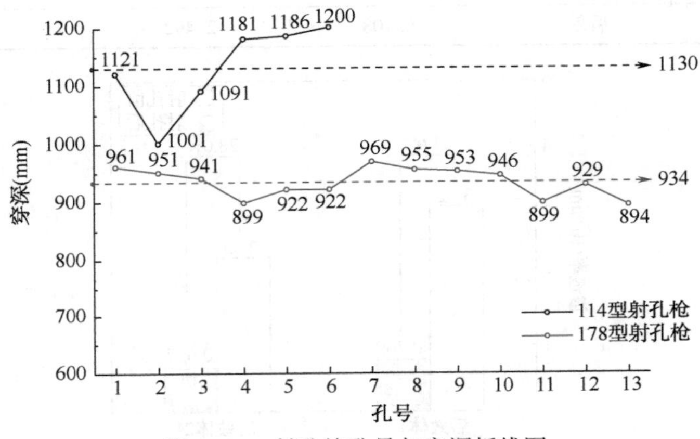

图 6-27　射孔枪孔号与穿深折线图

114 型、178 型射孔枪后效体射孔孔径与靶口位置折线图对比如图 6-28、图 6-29 所示。

后效体射孔孔径也有部分增大，主要在端口处有较大提升。

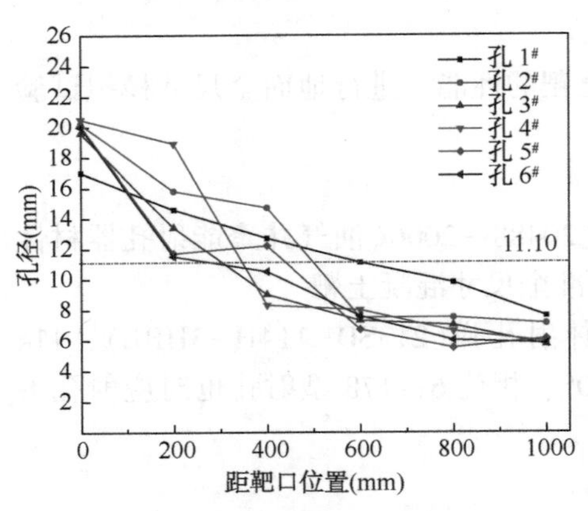

图 6-28　114 型射孔枪后效体射孔孔径与距靶口位置折线图

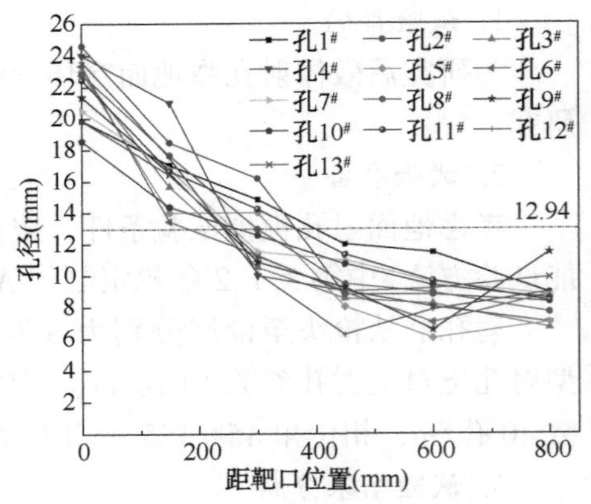

图 6-29　178 型射孔枪后效体射孔孔径与距靶口位置折线图

4. 数模与试验对比

后效体孔深孔径数模研究对比如图 6-30 所示，射孔枪混凝土靶试验与数值模拟孔深、孔径对比如图 6-31 所示。

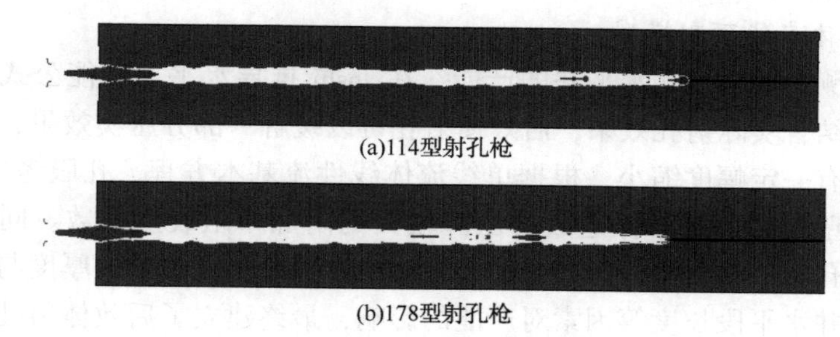

图 6-30　后效体孔深、孔径数模研究对比

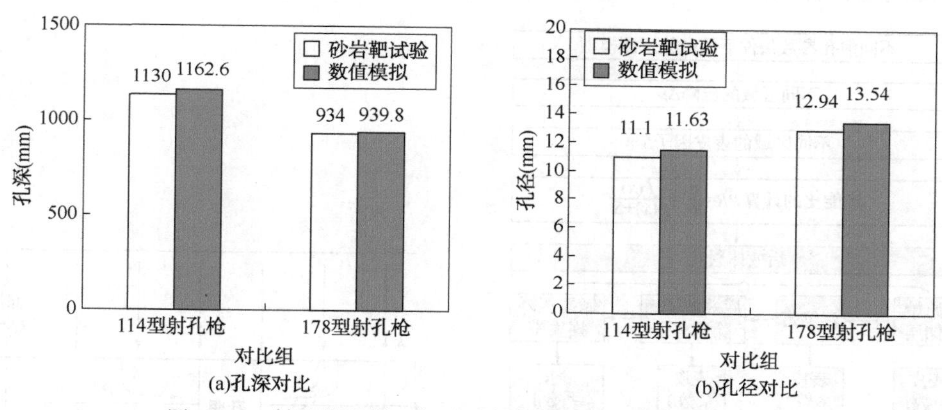

图 6-31　射孔枪混凝土靶试验与数值模拟孔深、孔径对比

对比分析：不同射孔枪穿环形混凝土靶，数值模拟与试验打靶结果对比。结果显示：孔深、孔径误差均小于 4.77%，如表 6-8 所示。

表 6-8　射孔枪装后效体射孔弹穿混凝土靶试验数据表

射孔方案		114 型射孔枪	178 型射孔枪
误差	孔深误差(%)	2.88	0.62
	孔径误差(%)	4.77	4.64

第 4 节　后效体射孔技术对储层物性与岩石力学参数适用性关系

一、参数适用性关系分析理论基础

基于对不同储层特征与不同射孔技术适用性关系评价分析的需求，建立了后效体射孔完井条件下的油气井产能预测模型，并以产能比为结果因子，采用正交试验方案，应用方差分析法对储层物性与岩石力学参数进行分析，得出各因素对产能的影响程度，从而确定后效体射孔优化条件或射孔参数最优组合。

1. 后效体产能预测模型

为了预测后效体射孔水平井的产能，在 Joshi 推导水平井产能公式所用模型的基础上，结合实际射孔效果，后效体射孔可以缓解一部分压实效果，但其孔眼粗糙且孔径有一定幅度缩小，根据单线流体线性流基本方程，孔眼考虑摩擦相，计算孔眼内壁粗糙、有摩擦造成的压降损失的附加摩阻表皮系数。同时考虑孔深、孔径、孔密、相位角、污染带的半径与污染程度、压实带的厚度与压实损害程度、水平井水平段长度等因素对产能的影响，最终建立了后效体射孔完井产能预测模型，分别如图 6-32 和图 6-33 所示。

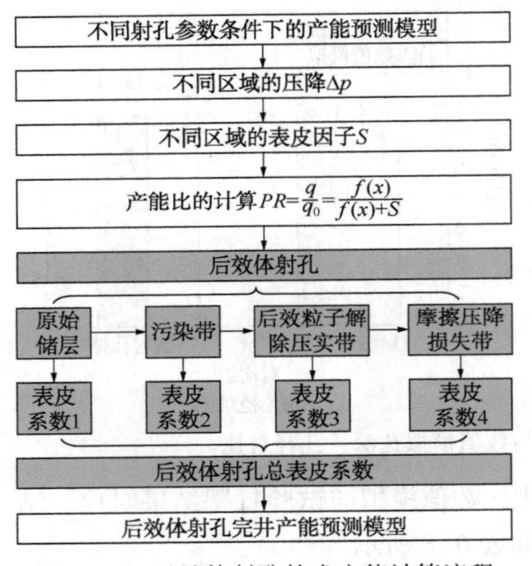

图 6-32 后效体射孔技术产能计算流程

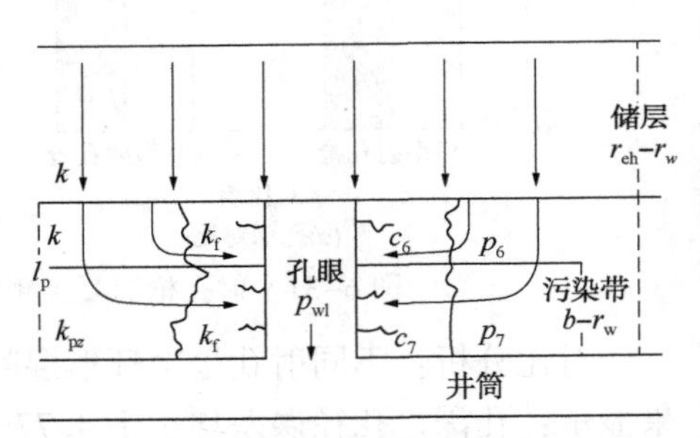

图 6-33 后效体射孔技术产能模型

以单线流体线性流的基本方程推导：

质量守恒方程为：

$$\frac{\partial p}{\partial t}+\frac{\partial(\rho v)}{\partial L}=0 \tag{6-1}$$

动量守恒方程：

$$\frac{\partial(\rho v)}{\partial t}+\frac{\partial(\rho v^2)}{\partial L}=-\frac{\partial p}{\partial L}-\tau\frac{\pi d}{A}-\rho g\sin\theta \tag{6-2}$$

进行化简，得到压力梯度方程：

$$\frac{\partial p}{\partial L}=\left(\frac{\partial p}{\partial L}\right)_{\mathrm{f}}+\left(\frac{\partial p}{\partial L}\right)_{\mathrm{t}}+\left(\frac{\partial p}{\partial L}\right)_{\mathrm{acc}} \tag{6-3}$$

井筒一般考虑重力项；管线考虑摩擦相，以此进行研究：

$$\left(\frac{\partial p}{\partial L}\right)_{\mathrm{f}}=-\tau\ \frac{\pi d}{A}=-\frac{\lambda\rho v^{2}}{2d} \tag{6-4}$$

单一管流流量为：

$$v=\frac{qB}{\pi r_{\mathrm{p}}^{2}Ln_{\mathrm{s}}} \tag{6-5}$$

摩阻系数 λ，在实际油气开采过程中，井筒中流体处于紊流状态，$Re>2300$。根据流体力学可知，紊流状态摩阻系数是反映流动状态的雷诺数 Re 与管道粗糙度$\triangle$相关的函数。管壁粗糙度对流体在管道流动过程中产生摩阻压降，通过摩阻系数 λ 反映其影响程度。

圆管内紊流状态的流体，其摩阻系数，雷诺数：

$$\lambda=(Re,\ \varepsilon) \tag{6-6}$$

$$Re=\frac{\rho v d}{\mu} \tag{6-7}$$

据此查 Moody 图线或根据经验公式计算，以 Jain 的公式为例：

$$\frac{1}{\sqrt{\lambda}}=1.14-2\lg\left(\frac{\varepsilon}{d}+\frac{21.25}{Re^{0.9}}\right) \tag{6-8}$$

以 Colebrook 隐式公式为例：

$$\frac{1}{\sqrt{\lambda}}=1.74-2\lg\left(\frac{2\varepsilon}{d}+\frac{18.7}{Re\sqrt{\lambda}}\right) \tag{6-9}$$

以适合紊流完全粗糙的 Niuradse 为例：

$$\frac{1}{\sqrt{\lambda}}=1.74-2\lg\left(\frac{2\varepsilon}{d}\right) \tag{6-10}$$

管壁相对摩阻系数的计算通常以试验数据为基础，通过查 Moody 图线或利用经验公式进行计算。

根据流体力学可知，流动过程中流体与管壁产生摩阻压降。计算圆管中流体沿程摩阻产生压力损失的达西公式为：

$$\Delta p_{4}=\lambda\ \frac{L}{d}\frac{v^{2}\rho}{2}=\lambda\ \frac{l_{\mathrm{p}}}{r_{\mathrm{p}}}\frac{v^{2}\rho}{2}=\frac{\lambda l_{\mathrm{p}}q^{2}B^{2}\rho}{2\pi^{2}r_{\mathrm{p}}^{4}L^{2}n_{\mathrm{s}}^{2}}=\frac{q\mu B}{2\pi kh}\left(\frac{\lambda l_{\mathrm{p}}qB\rho kh}{\mu\pi r_{\mathrm{p}}^{4}L^{2}n_{\mathrm{s}}^{2}}\right) \tag{6-11}$$

式中，Δp_4 为管壁摩阻引起的压力降，Pa；L 为管长，m；v 为流速，m/s；ρ 为流体密度，$\mathrm{kg/m^3}$。

代入得射孔孔眼粗糙造成的附加压降表皮系数：

$$S_{1}=\frac{\lambda l_{\mathrm{p}}qB\rho kh}{\mu\pi r_{\mathrm{p}}^{4}L^{2}n_{\mathrm{s}}^{2}} \tag{6-12}$$

式中，r_p为孔眼半径，m；n_s为孔密，孔/m；l_p为孔眼深度，m；L为管长，m；λ为摩阻系数。

其他部分的拟合表皮系数为：

$$S_{p6}=\frac{h}{(l_p+r_w-b)}\left(\ln\frac{h_p}{r_f}\right)+\frac{U\rho qBkh}{2\pi\mu\ (l_p+r_w-b)^3}\left(\frac{1}{r_f}-\frac{1}{h_p}\right) \tag{6-13}$$

$$S_{p7}=\frac{h}{(b-r_w)}\frac{k}{k_{pz}}\left(\ln\frac{h_p}{r_f}\right)+\frac{U\rho qBkh}{2\pi\mu\ (b-r_w)^3}\left(\frac{1}{r_f}-\frac{1}{h_p}\right) \tag{6-14}$$

$$S_{c6}=\frac{h}{(l_p+r_w-b)}\frac{k}{k_f}\left(\ln\frac{L_f}{r_p}\right)+\frac{U_f\rho qBkh}{2\pi\mu\ (l_p+r_w-b)^3}\left(\frac{1}{r_p}-\frac{1}{L_f}\right) \tag{6-15}$$

$$S_{c7}=\frac{h}{(b-r_w)}\frac{k}{k_f}\left(\ln\frac{L_f}{r_p}\right)+\frac{U_f\rho qBkh}{2\pi\mu\ (b-r_w)^3}\left(\frac{1}{r_p}-\frac{1}{L_f}\right) \tag{6-16}$$

$$q_4=\frac{542.8kh\Delta p}{\mu B\left[M+N+\frac{1}{n_sL}\left(\frac{1}{S_{p6}+S_{c6}}+\frac{1}{S_{p7}+S_{c7}}\right)^{-1}+S_1\right]} \tag{6-17}$$

式中，r_p为孔眼半径，m；k_{pz}为污染区的渗透率，μm^2；n_s为孔密，孔/m；l_p为孔眼深度，m；r_f为后效体裂缝高渗层半径，cm；S_1为裂缝部分的附加压降表皮系数；k_f为后效体裂缝高渗层的渗透率，μm^2。

2. *数值模拟正交试验过程*

根据射孔参数变量及正交试验因素和水平数设计要求，在可控制的参数中，筛选出 4 种影响参数进行分析，包括孔隙度、剪切模量、抗压强度、围压。选用并制作 $L^{25}(5^4)$正交试验设计表，进行数值模拟正交试验，射孔效果云图如图 6-34 所示。

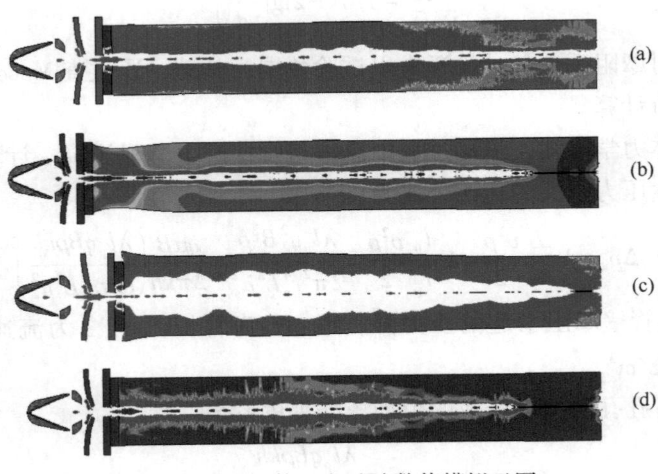

图 6-34　后效体正交试验数值模拟云图

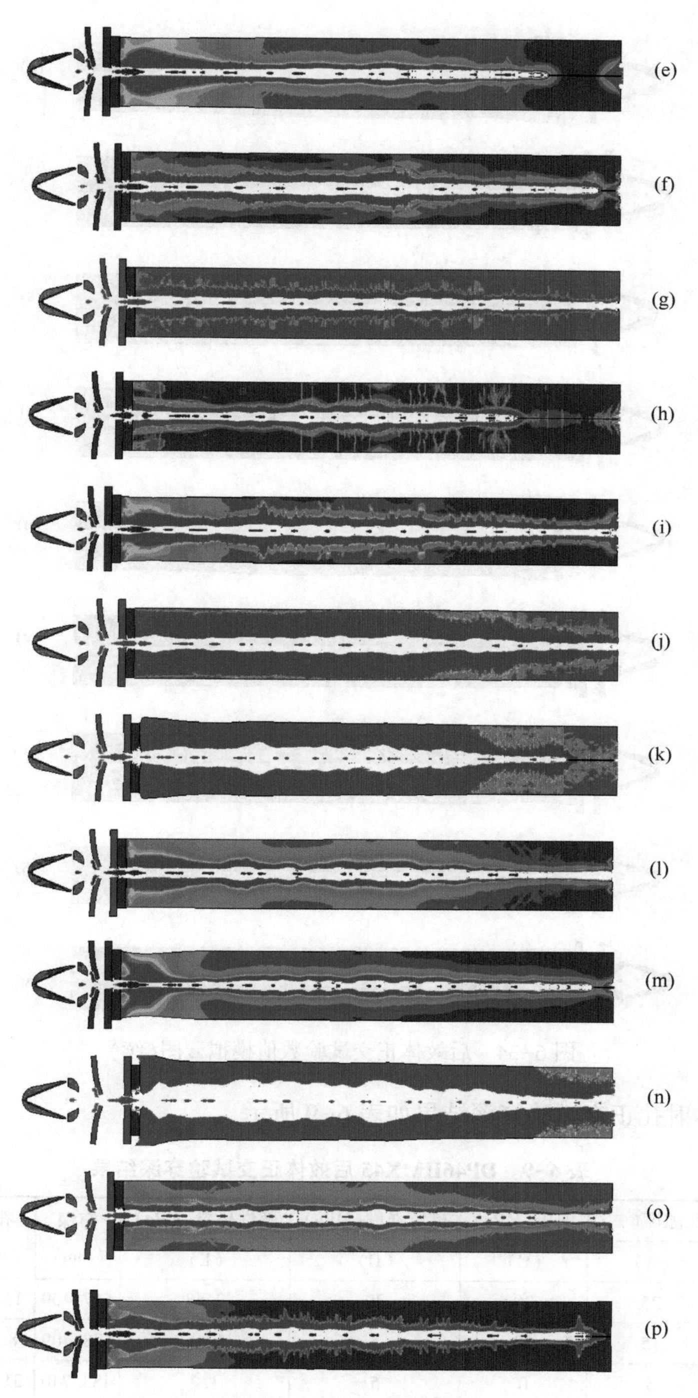

图 6-34　后效体正交试验数值模拟云图(续)

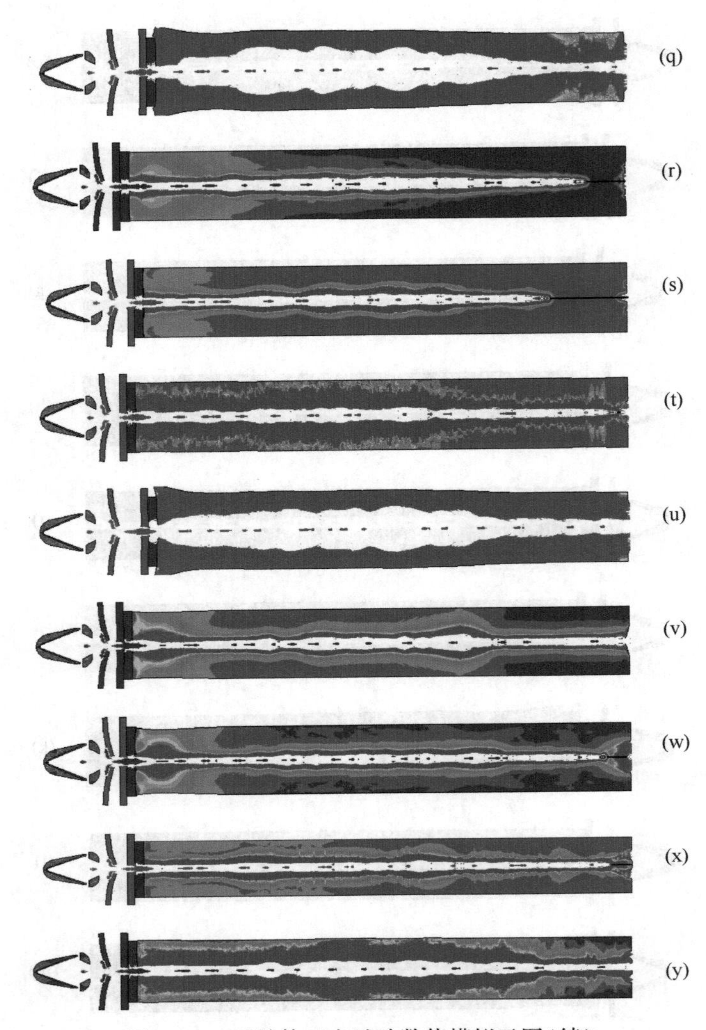

图 6-34　后效体正交试验数值模拟云图(续)

后效体射孔正交试验穿深结果如表 6-9 所示。

表 6-9　DP46HMX45 后效体正交试验穿深结果

序号	孔隙度(%)	围压(MPa)	抗压强度(MPa)	弹性模量(GPa)	穿深	孔径	产能比
	(A)	(C)	(D)	(E)	(mm)	(mm)	
1	25	30	30	3. 63	517. 409	13. 987	1. 01922
2	15	30	5	14. 5	628. 409	8. 304	1. 02225
3	5	0	5	1. 2	483. 740	31. 951	1. 02489
4	5	10	60	3. 63	501. 059	10. 223	1. 02122

续表

序号	孔隙度(%)	围压(MPa)	抗压强度(MPa)	弹性模量(GPa)	穿深	孔径	产能比
	(A)	(C)	(D)	(E)	(mm)	(mm)	
5	10	20	20	7.25	554.855	9.592	1.02276
6	5	30	20	2.4	650.164	12.687	1.02029
7	25	20	60	1.2	461.218	12.782	1.02124
8	25	40	20	14.5	622.909	10.773	1.02318
9	10	30	10	1.2	636.407	11.869	1.02019
10	15	10	20	1.2	559.180	14.453	1.02114
11	10	0	60	14.5	607.183	24.692	1.02165
12	20	10	10	14.5	561.576	11.629	1.01977
13	25	10	5	7.25	626.220	11.442	1.02049
14	15	0	30	7.25	597.274	24.716	1.0204
15	15	20	10	3.63	564.015	11.324	1.02449
16	20	40	30	1.2	617.833	13.061	1.02195
17	20	0	20	3.63	535.156	25.834	1.02408
18	15	40	60	2.4	486.156	11.732	1.01936
19	5	20	30	14.5	537.707	12.383	1.018
20	20	30	60	7.25	592.268	13.364	1.02039
21	25	0	10	2.4	595.466	26.800	1.02191
22	10	40	5	3.63	600.733	11.437	1.01983
23	5	40	10	7.25	548.902	9.972	1.02179
24	20	20	5	2.4	587.540	17.992	1.01908
K1	5.12055	5.1099	5.0945	5.11335			
K2	5.1182	5.10925	5.1088	5.12485			
K3	5.1246	5.12365	5.1077	5.1265			
K4	5.12145	5.12045	5.1076	5.1165			
K5	5.1192	5.11785	5.11695	5.12175			
k1	1.02411	1.02198	1.0189	1.02267			
k2	1.02364	1.02185	1.02176	1.02497			
k3	1.02492	1.02473	1.02154	1.0253			
k4	1.02429	1.02409	1.02152	1.0233			
k5	1.02384	1.02357	1.02339	1.02435			

注：(A)(C)(D)(E)对应 *R*/级差依次为 0.00298、0.00288、0.00449、0.00263，对应较优水平依次为 A3、C3、D5、E3，对应较优参数依次为 15、20、60、3.63，对应因子主次依次为 2、3、1、4。

进行正交试验后，对结果进行分析，使用方差分析法（也称极差分析法）研究后效体射孔技术对储层物性与岩石力学参数射孔适用性关系情况。

二、参数适用性关系

1. 后效体射孔孔隙度适用性关系

依据正交试验特性，后效体射孔在不同孔隙度下试验的条件完全相同，可直接进行比较。图 6-35 中以产能比作为结果因子计算所得的水平 k 值波动幅度大，这表明孔隙度因素的水平变动对产能比有影响。后效体在孔隙度为 5%～15%时，射孔 k 值最大，此时该孔隙度对产能比的正向反馈最佳，即为此条件下的最优参数。

2. 后效体射孔围压适用性关系

依据正交试验特性，后效体射孔在不同围压下试验的条件完全相同，可直接进行比较。图 6-36 中以产能比作为结果因子计算所得的水平 k 值波动幅度大，这表明围压因素的水平变动对产能比有较大的影响。后效体射孔在围压为 20～40MPa 时，射孔 k 值最大，此时该围压对产能比的正向反馈最佳，即为此条件下的最优参数。

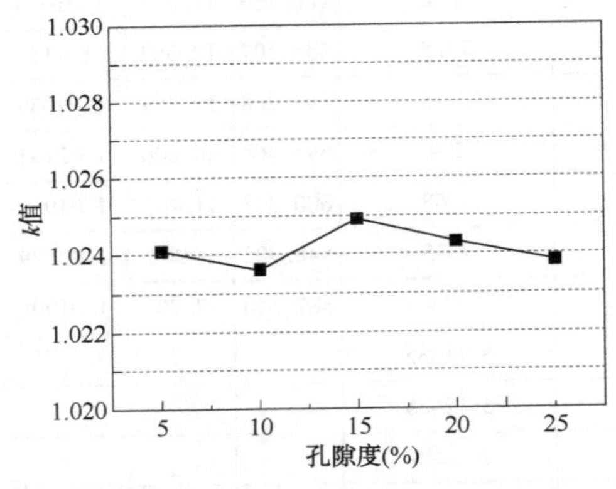

图 6-35　以产能比作为评分结果的孔隙度 k 值

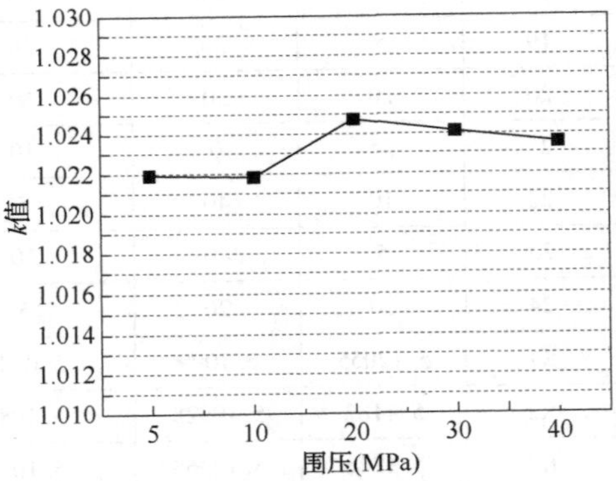

图 6-36　以产能比作为评分结果的围压 k 值

3. 后效体射孔抗压强度适用性关系

依据正交试验特性，后效体射孔在不同抗压强度下试验的条件完全相同，可直接进行比较。图 6-37 中以产能比作为结果因子计算所得的水平 k 值存在波动，这表明抗压强度因素的水平变动对产能比有影响。后效体射孔在抗压强度为 20～60MPa 时，射孔 k 值明显提升，此时该抗压强度对产能比的正向反馈较好，即为此条件下的最优参数。

4. 后效体射孔弹性模量适用性关系

依据正交试验特性，后效体射孔在不同弹性模量下试验的条件完全相同，可直接进行比较。图 6-38 中以产能比作为结果因子计算所得的水平 k 值存在波动，这表明弹性模量因素的水平变动对产能比有影响。后效体射孔在弹性模量为 3.6~14.5GPa 时，射孔 k 值最大，此时该弹性模量对产能比的正向反馈最佳，即为此条件下的最优参数。

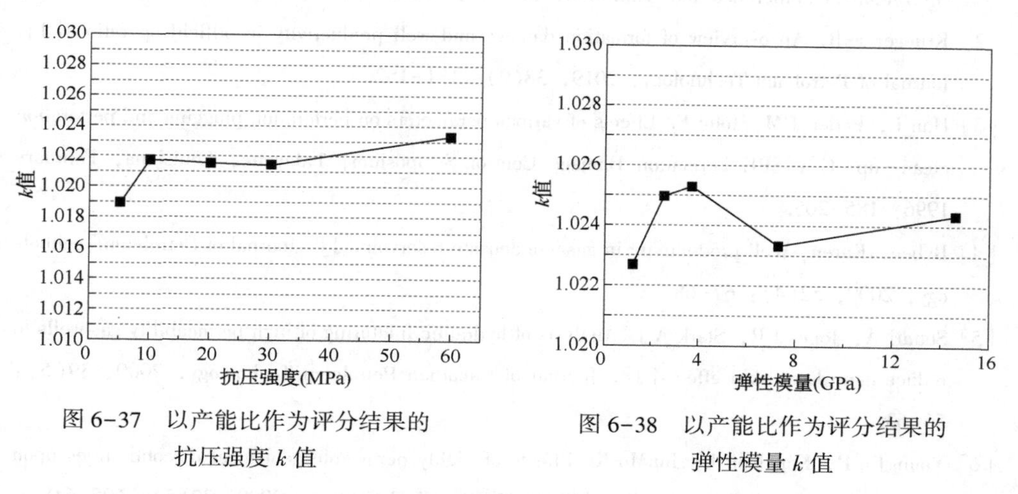

图 6-37　以产能比作为评分结果的抗压强度 k 值

图 6-38　以产能比作为评分结果的弹性模量 k 值

结合因子排序及射孔 k 值大小对参数范围进行优化，优化范围结果如表 6-10 所示。

表 6-10　后效体射孔技术与储层物性参数的适用性关系

射孔技术	孔隙度(%)	渗透率($10^{-3}\mu m^2$)	围压(MPa)	抗压强度(MPa)	弹性模量(GPa)
后效体	5~15	0.1~40	20~40	20~60	3.6~14.5

参 考 文 献

[1] Giger F M. Horizontal wells production techniques in heterogeneous reservoirs[C]. Middle East Oil Technical Conference and Exhibition, Bahrain, March 1985.

[2] Krueger F R. An overview of formation damage and well productivity in oilfield operations[J]. Journal of Petroleum Technology, 2019, 38(2): 131-152.

[3] Han L, Peden J M, John F. Effects of various parameters on perforation plugging and perforation clean-up[C]. SPE Formation Damage Control Symposium, Lafayette, Louisiana, February 1996: 185-205.

[4] Bybee, Karen. Well productivity in gas/condensate reservoirs[J]. Journal of Petroleum Technology, 2000, 52(4): 67-68.

[5] Settari A, Jones J R, Stark A J. Analysis of hydraulic fracturing of high permeability gas wells to reduce non-darcy skin effects[J]. Journal of Canadian Petroleum Technology, 2000, 39(5): 56-63.

[6] YoungJin P, KangKun L, JunMo K. Effects of highly permeable geological discontinuities upon groundwater productivity and well yield[J]. Mathematical Geology, 2000, 32(5): 605-618.

[7] Potapieff I, Lallemant F, Rusly A, et al. Case study: maximizing productivity with extreme underbalance perforation[C]. SPE Asia Pacific Improved Oil Recovery Conference, Kuala Lumpur, Malaysia, October 2001.

[8] Joseph A, Mark A, Proett M Y. Soliman advances in well completion design: a new 3d finite-element wellbore inflow model for optimizing performance of perforated completions [C]. SPE73760, 2002: 4-6.

[9] Bourenane M, Tiab D, Recham R. Optimization of perforated completions for horizontal wells in a high-permeability, thin oil zone-case study: hassi r'mel oil rim, algeria[C]. Canadian International Petroleum Conference, Calgary, Alberta, June 2004: 447-460.

[10] Hagoort J. An analytical model for predicting the productivity of perforated wells[J]. Journal of Petroleum Science and Engineering, 2006, 56(4): 199-218.

[11] Group T P O J. Effect of non-darcy flow on well productivity of a hydraulically fractured gas-condensate well[J]. Journal of Petroleum Technology, 2007, 59(3): 70-73.

[12] Hagoort J. Stabilized well productivity in double-porosity reservoirs[J]. SPE Reservoir Evaluation Engineering, 2008, 11(5): 940-947.

[13] Rolc, S, Buchar J, Akstein, Z, et al. Numerical and experimental study of the defeating the RPG-7[C]. 24th International Symposium of Ballistics, New Orleans, Louisiana, 2008, 2: 814-821.

[14] Shijun H, Linsong C, Fenglan Z, et al. An integrated model coupling percolation with variable mass pipe flow of the multilateral well[J]. Petroleum Science and Technology, 2010, 28(7): 677-689.

[15] Lee S G, Baek Y H, Lee I H, et al. Numerical simulation of 2D sloshing by using ALE2D technique of LS-DYNA and CCUP methods[C]. The Twentieth International Offshore and Polar Engineering Conference. Beijing, China, June 2010, 3: 193-199.

[16] Friehauf K E, Suri A, Sharma M M. A simple and accurate model for well productivity for hydraulically fractured wells[J]. SPE Production Operations, 2010, 25(4): 453-460.

[17] Eitan H, Meir M. Penetration of Porous Jets[J]. Journal of applied mechanics, 2010, 77(5): 1-7.

[18] Cheng S L, Luo Y Y, Ding P Z. Fuzzy comprehensive evaluation model for estimating casing damage in heavy oil reservoir[J]. Petroleum Science and Technology, 2013, 31(10): 1092-1098.

[19] Bi S, Lian Z, Liu G. New finite element model for perforation well completion[J]. Chemistry and Technology of Fuels and Oils, 2013, 49(5): 439-443.

[20] Stegent N A, Ferguson K, Spencer J. Comparison of fracture valves vs. plug-and-perforation completion in the oil segment of the eagle ford shale: a case study[J]. SPE Production Operations, 2013, 28(2): 201-209.

[21] Ping T C, Jie Y W, Qiang H S. Reserch on flow field around the eyeholes of perforating completion based on ANSYS[J]. Advanced Materials Research, 2013, 868: 503-509.

[22] Sun D, Li B Y, Gladkikh M, et al. Comparison of skin factors for perforated completions calculated with computational-fluid-dynamics software and the karakas-tariq semianalytical model [J]. SPE Drilling Completion, 2013, 28(1): 21-33.

[23] Ping Y, Zhimin D, Xiaofan C, et al. The pressure drop model of liquid flow with wall mass transfer in horizontal wellbore with perforated completion[J]. Mathematical Problems in Engineering, 2014: 1-8.

[24] Wei L, Bin Y, Sitong C. Finite element analysis of perforated casing high stress area compressed volume coefficient[J]. Advances in Petroleum Exploration and Development, 2014, 8(2): 69-72.

[25] Du J, Liu H, Ma D, et al. Discussion on effective development techniques for continental tight oil in China[J]. Petroleum Exploration and Development Online, 2014, 41(2): 217-224.

[26] Kai K, Feng M, Haifeng Z, et al. Study on Dynamic Numerical Simulation of String Damage Rules in Oil-gas Well Perforating Job[J]. Procedia Engineering, 2014, 84(C): 898-905.

[27] Luo X, Jiang L, Su Y, et al. The productivity calculation model of perforated horizontal well

and optimization of inflow profile[J]. Petroleum, 2015, 1(2): 154-157.

[28] Xuesong L, Xuemei L, Yuanyuan M, et al. The experimental and model study on variable mass flow for horizontal wells with perforated completion[J]. Journal of Energy Resources Technology, 2016, 139(6): 062901.

[29] He Q, Xie Z, Xuan H, et al. Ballistic testing and theoretical analysis for perforation mechanism of the fan casing and fragmentation of the released blade[J]. International Journal of Impact Engineering, 2016, 91: 80-93.

[30] Gao S, Chen C, Wang W. Experimental study of perforation parameters impact on oil shale hydraulic fracturing[J]. International Journal of Earth Sciences and Engineering, 2016, 9(5): 2026-2030.

[31] Hu J, Zhang C, Rui Z, et al. Fractured horizontal well productivity prediction in tight oil reservoirs[J]. Journal of Petroleum Science and Engineering, 2017, 151: 159-168.

[32] Du D, Wang Y, Zhao Y, et al. A new mathematical model for horizontal wells with variable density perforation completion in bottom water reservoirs[J]. Petroleum Science, 2017, 14(2): 383-394.

[33] Zhang Q B, Braithwaite C H, Zhao J. Hugoniot equation of state of rock materials under shock compression[C]. Philosophical transactions. Series A, Mathematical, physical, and engineering sciences, 2017, 375(2085): 20160169.

[34] Ahammad M, Rahman M, Zheng L, et al. Numerical investigation of two-phase fluid flow in a perforation tunnel[J]. Journal of Natural Gas Science and Engineering, 2018, 55: 606-611.

[35] Liu J, Guo X, Liu Z, et al. Pressure field investigation into oilgas wellbore during perforating shaped charge explosion[J]. Journal of Petroleum Science and Engineering, 2018, 172: 1235-1247.

[36] Deng Q, Zhang H, Li J, et al. Study of downhole shock loads for ultra-deep well perforation and optimization measures[J]. Energies, 2019, 12(14): 2743.

[37] Jia X, Lei G, Sun Z, et al. A new formula for predicting productivity of horizontal wells in three-dimensional anisotropic reservoirs[J]. Petroleum Geology and Recovery Efficiency, 2019, 26(2): 113-119.

[38] Yi J, Wang Z, Yin J, et al. Simulation study on expansive jet formation characteristics of polymer liner[J]. Materials, 2019, 12(5): 744.

[39] Hongbin Yang, Shuo Shao, Tongyu Zhu, et al. Shear resistance performance of low elastic polymer microspheres used for conformance control treatment[J]. Journal of Industrial and Engineering Chemistry, 2019, 79.

[40] Patent Application; "Methods and means For casing, perforation and sand-screen evaluation u-

sing backscattered X-ray radiation in A wellbore environment" in patent application approval process (USPTO 20200123890)[J]. Politics & Government Week, 2020.

[41] Yang Y, Ren X, Zhou L, et al. Numerical study on competitive propagation of multi-perforation fractures considering full hydro-mechanical coupling in fracture-pore dual systems[J]. Journal of Petroleum Science and Engineering, 2020, 191(prepublish): 107109.

[42] Yan Y, Guan Z, Yan W, et al. Mechanical response and damage mechanism of cement sheath during perforation in oil and gas well[J]. Journal of Petroleum Science and Engineering, 2020, 188: 106924.

[43] Sophie Y, Hsiang C W, Mukul M S. Optimization of plug-and-perforate completions for balanced treatment distribution and improved reservoir contact[J]. SPE JOURNAL, 2020, 25(2): 558-572.

[44] Sirirattanachatchawan T, Chaiwan P, Ut-ang, P, et al. Extending temperature limit of HMX: a case study for perforation in the Gulf of Thailand[J]. IADC/SPE Asia Pacific Drilling Technology Conference, Virtual, June 2021.

[45] Zhang F, Wang X, Tang M, et al. Numerical investigation on hydraulic fracturing of extreme limited entry perforating in plug-and-perforation completion of shale oil reservoir in Changqing Oilfield, China[J]. Rock Mechanics and Rock Engineering, 2021, 54(6): 1-17.

[46] Hao Z, Haifu W, Qingbo Y, et al. Perforation of double-spaced aluminum plates by reactive projectiles with different densities[J]. Materials, 2021, 14(5): 1229.

[47] Dong K, Li Q, Liu W, et al. Optimization of perforation parameters for horizontal wells in shale reservoir[J]. Energy Reports, 2021, 7(S7): 1121-1130.

[48] Zhang Z, Guo J, Liang H, et al. Numerical simulation of skin factors for perforated wells with crushed zone and drilling-fluid damage in tight gas reservoirs[J]. Journal of Natural Gas Science and Engineering, 2021, 90: 103907.

[49] Liao W, Jiang J, Men J, et al. Effect of the end cap on the fragment velocity distribution of a cylindrical cased charge[J]. Defence Technology, 2021, 17(3): 1052-1061.

[50] Abobaker E, Elsanoose A, Khan F, et al. Quantifying the partial penetration skin factor for evaluating the completion efficiency of vertical oil wells[J]. Journal of Petroleum Exploration and Production Technology, 2021, 11(7): 1-13.

[51] Rena R, Robb E, Maulana I, et al. Deployment of downhole hydraulic lubricator valve enables safe and efficient perforating and production testing strategy——case study in Jambaran High Rate Gas Field, Indonesia[J]. SPE Annual Technical Conference and Exhibition, Dubai, UAE, September 2021.

[52] Tatsipie Nelson R K, Sheng James J. Deep learning-based sensitivity analysis of the effect of

completion parameters on oil production[J]. Journal of Petroleum Science and Engineering, 2022, 209: 109906.

[53] Wang X, Tang M, Du Xi, et al. Three-dimensional experimental and numerical investigations on fracture initiation and propagation for oriented limited-entry perforation and helical perforation [J]. Rock Mechanics and Rock Engineering, 2022, 56(1): 437-462.

[54] Xianbo L, Jun L, Hongwei Y, et al. A new investigation on optimization of perforation key parameters based on physical experiment and numerical simulation[J]. Energy Reports, 2022, 8: 13997-14008.

[55] Zhiyong T, Xiaodong H, Fujian Z, et al. A new multi-fracture geometry inversion model based on hydraulic-fracture treatment pressure falloff data[J]. Journal of Petroleum Science and Engineering, 2022, 215(PB): 110724.

[56] Zhang B, Mi O, Zheng Y, et al. Study on rock stress sensitivity of fractured tight sandstone gas reservoir and analysis of productivity anomaly[J]. Geomechanics and Geophysics for Geo-Energy and Geo-Resources, 2022, 8(5): 151.

[57] Churchwell P, McQueen B A, Paul M W. Optimization of perforation efficiency in the Delaware Basin through XLE perforating and innovative perforating charge——a case study[J]. SPE Hydraulic Fracturing Technology Conference and Exhibition, The Woodlands, Texas, USA, January 2023.

[58] Yize H, Xizhe L, Xiaohua L, et al. Review of the productivity evaluation methods for shale gas wells[J]. Journal of Petroleum Exploration and Production Technology, 2023, 14(1): 25-39.

[59] Shamsiev M N, Khairullin M K, Morozov P E, et al. Nonisothermal fluid filtration to a vertical well in naturally fractured reservoir[J]. Lobachevskii Journal of Mathematics, 2024, 44(10): 4478-4482.

[60] Jia D, Jiujiu H, Li G. Productivity model for multi-fractured horizontal wells accounting for cross-scale flow of gas and total factor characteristics of fractures[J]. Fuel, 2024, 360: 130581.

[61] 程林松，郎兆新. 水平井油-水两相渗流的有限元方法[J]. 水动力学研究与进展(A辑), 1995(3): 309-315.

[62] 周竹眉，郎兆新. 水平井油藏数值模拟的有限元方法[J]. 水动力学研究与进展(A辑), 1996(3): 261-271.

[63] 王媛，速宝玉，徐志英. 裂隙岩体渗流模型综述[J]. 水科学进展, 1996, 7(3): 276-282.

[64] 仵彦卿. 岩体水力学参数的确定方法[J]. 水文地质工程地质, 1998, 25(2): 42-48.

[65] 陈长春，魏俊之. 水平井产能公式精度电模拟试验评价[J]. 石油勘探与开发, 1998, 25

(5)：62-64.
[66] 程林松，李春兰，郎兆新. 裂缝性底水油藏水平井三维油水两相有限元数值模拟方法[J]. 石油勘探与开发，1998(2)：57-61.
[67] 刘建军，刘先贵，胡雅初，等. 裂缝性砂岩油藏渗流的等效连续介质模型[J]. 重庆大学学报(自然科学版)，2000，23(增刊)：158-160.
[68] 韩国庆，李相方，吴晓东. 多分支井电模拟试验研究[J]. 天然气工业，2004，24(10)：99-101.
[69] 范白涛，邓建明. 海上油田完井技术及理念[J]. 石油钻采工艺，2004，26(3)：23-26.
[70] 岳大力，林承焰，吴胜和，等. 储层非均质定量表征方法在礁灰岩油田开发中的应用[J]. 石油学报，2004(5)：75-79. 1
[71] 李中锋，何顺利. 模糊数学在长庆气田碳酸盐岩储层评价中的应用[J]. 天然气工业，2005(3)：55-57+197-198.
[72] 冯金德，程林松，李春兰. 裂缝性低渗透油藏稳态渗流理论模型[J]. 新疆石油地质，2006，27(3)：316-318.
[73] 晏宁平，张宗林，何亚宁，等. 靖边气田马五(1+2)气藏储层非均质性评价[J]. 天然气工业，2007(5)：102-103+157.
[74] 陈刚，陈小伟，陈忠富，等. A3 钢钝头弹撞击 45 钢板破坏模式的数值分析[J]. 爆炸与冲击，2007(5)：390-397.
[75] 冯金德，程林松，李春兰. 裂缝性油藏单井渗流规律研究[J]. 石油钻探技术，2007，35(3)：76-78.
[76] 吴木旺. 复合射孔与 DST 联作技术在海上探井测试中的应用[J]. 石油钻采工艺，2007，29(6)：102-104.
[77] 郭迎春，黄世军. 多分支井近井油藏地带渗流的电模拟试验研究[J]. 油气地质与采收率，2009，16(5)：95-96+99+116-117.
[78] 唐汝众，王同涛，闫相祯，等. 射孔参数对套管强度影响的有限元分析[J]. 石油机械，2010，38(1)：32-34.
[79] 邵先杰. 储层渗透率非均质性表征新参数——渗透率参差系数计算方法及意义[J]. 石油试验地质，2010，32(4)：397-399+404.
[80] 何辉，宋新民，蒋有伟，等. 砂砾岩储层非均质性及其对剩余油分布的影响——以克拉玛依油田二中西区八道湾组为例[J]. 岩性油气藏，2012，24(2)：117-123.
[81] 张雄，廉艳平，刘岩，等. 物质点法[M]. 北京：清华大学出版社，2013.
[82] 王守君，谭忠健，胡小江，等. 海上复合射孔与地层测试联作工艺技术研究及应用[J]. 中国海上油气，2013，25(3)：8-12.
[83] 周思宏，王向东，王辉，等. 负压射孔与防漏失一体化工艺在海上油田的应用[J]. 石油

机械，2014，42(4)：49-52.

[84] 王欢，廖新维，赵晓亮，等. 超低渗透油藏分段多簇压裂水平井产能影响因素与渗流规律——以鄂尔多斯盆地长 8 超低渗透油藏为例[J]. 油气地质与采收率，2014，21(6)：107-110+118.

[85] 李晓杰，张程娇，王小红，等. 水的状态方程对水下爆炸影响的研究[J]. 工程力学，2014，31(8)：46-52.

[86] 糜利栋，姜汉桥，李俊键. 页岩气离散裂缝网络模型数值模拟方法研究[J]. 天然气地球科学，2014，25(11)：1795-1803.

[87] 李龙龙，姚军，李阳，等. 分段多簇压裂水平井产能计算及其分布规律[J]. 石油勘探与开发，2014，41(4)：457-461.

[88] 王珂，戴俊生，张宏国，等. 裂缝性储层应力敏感性数值模拟——以库车坳陷克深气田为例[J]. 石油学报，2014，35(1)：123-133.

[89] 段成灏. 动态负压射孔的数值模拟[D]. 太原：太原理工大学，2014.

[90] 徐立坤，韩国庆，张睿，等. 多分支井三维势分布试验新方法[J]. 西南石油大学学报(自然科学版)，2015，37(1)：116-122.

[91] 李安豪，张俊斌，段永刚，等. 近平衡正压射孔与负压返涌联作技术在海上油田的应用[J]. 科学技术与工程，2015，15(17)：137-140.

[92] 吴奇，梁兴，鲜成钢，等. 地质—工程一体化高效开发中国南方海相页岩气[J]. 中国石油勘探，2015，20(4)：1-23.

[93] 王珂，张惠良，张荣虎，等. 塔里木盆地克深 2 气田储层构造裂缝多方法综合评价[J]. 石油学报，2015，36(6)：673-687.

[94] 聂仁仕，王苏冉，贾永禄，等. 多段压裂水平井负表皮压力动态特征[J]. 中国科技论文，2015，10(9)：1027-1032.

[95] 李洪超. 岩石 RHT 模型理论及主要参数确定方法研究[D]. 北京：中国矿业大学(北京)，2016.

[96] 郭旭升，胡东风，魏祥峰，等. 四川盆地焦石坝地区页岩裂缝发育主控因素及对产能的影响[J]. 石油与天然气地质，2016，37(6)：799-808.

[97] 吕帅. 多分支井产能评价研究[D]. 西安：西安石油大学，2017.

[98] 吴攀. 陶瓷面板爆炸反应装甲抗射流性能研究[D]. 太原：中北大学，2017.

[99] 郑子君，余成. 重复射孔对套管强度的影响[J]. 石油机械，2017，45(12)：100-105.

[100] 涂乙，刘伟新，戴宗，等. 基于熵权法的储层非均质性定量评价——以珠江口盆地 A 油田为例[J]. 油气地质与采收率，2017，24(5)：27-33.

[101] 吴鹏. 掠飞攻顶状态下聚能战斗部射孔机理及仿真研究[D]. 太原：中北大学，2018.

[102] 雷方超. 新型药型罩结构下射孔弹聚能射流及射孔深度研究[D]. 西安：西安理工大

学，2019.
[103] 李明飞，窦益华，曹银萍，等. 射流速度及套管应力的 ALE 三维仿真分析[J]. 力学季刊，2019，40(2)：362-372.
[104] 贾晓飞，雷光伦，孙召勃，等. 三维各向异性油藏水平井产能新公式[J]. 油气地质与采收率，2019，26(2)：113-119.
[105] 陈培元，王峙博，郭丽娜，等. 基于地质成因的多参数碳酸盐岩储层定量评价[J]. 西南石油大学学报(自然科学版)，2019，41(4)：55-64.
[106] 张晓诚，李进，韩耀图，等. 渤海油田水淹层控水射孔技术[J]. 断块油气田，2020，27(6)：812-816.
[107] 赵春艳，王波，罗垚，等. 页岩油套管变形水平井暂堵分段压裂工艺[J]. 断块油气田，2020，27(6)：715-718.
[108] 吴焕龙，唐凯，彭科普，等. 聚能射孔弹射孔应力砂岩穿深预测[J]. 钻采工艺，2020，43(2)：135-138.
[109] 文敏，邱浩，毕刚，等. 海上油气田双层套管射孔穿透性能研究[J]. 西安石油大学学报(自然科学版)，2021，36(6)：37-43.
[110] 尚墨翰，赵向原，曾大乾，等. 深层海相碳酸盐岩储层非均质性研究进展[J]. 油气地质与采收率，2021，28(5)：32-49.
[111] 刘明明，马收，丛颜，等. 页岩气水平井泵送射孔压裂液使用效率评价[J]. 西安石油大学学报(自然科学版)，2021，36(2)：89-95+102.
[112] 张鑫，李军，张慧，等. 威荣区块深层页岩气井套管变形失效分析[J]. 钻采工艺，2021，44(1)：23-27.
[113] 王瑞. 低渗透油藏油水两相流动压裂井产能研究[J]. 油气藏评价与开发，2021，11(5)：760-765.
[114] 雷洋洋，王辉，武鑫，等. 砾岩致密油藏直井重复压裂裂缝形态分析[J]. 油气藏评价与开发，2021，11(5)：782-792.
[115] 李皋，李泽，蒋祖军，等. 页岩-液体作用对套管变形的影响研究[J]. 西南石油大学学报(自然科学版)，2021，43(1)：103-110.
[116] 赵国忠，王青振，刘勇，等. 松辽盆地古龙页岩油人工油藏的动态模拟及预测[J]. 大庆石油地质与开发，2021，40(5)：170-180.
[117] 汤延帅，汪洋，高建武，等. 地质约束条件下的致密储层地质建模研究——以七里村油田柴上塬区长 6 油层组为例[J]. 西安石油大学学报(自然科学版)，2021，36(5)：46-54+63.
[118] 王旭林，王鹏，李勇根，等. 裂缝体积密度与页岩气产能关系探究[J]. 石油物探，2021，60(5)：826-833.

[119] 付永红，蒋裕强，董大忠，等. 渝西区块页岩气储集层微观孔-缝配置类型及其地质意义[J]. 石油勘探与开发，2021，48(5)：916-927.
[120] 崔明月，梁冲，邹春梅，等. 高含硫气藏非稳态水平井产量预测模型研究[J]. 地质与勘探，2021，57(5)：1173-1181.
[121] 夏东领，伍岳，夏冬冬，等. 鄂尔多斯盆地南缘红河油田长 8 致密油藏非均质性表征方法[J]. 石油试验地质，2021，43(4)：704-712.
[122] 王永亮，张辛，朱天赐，等. 水力压裂解析模型裂缝扩展参数敏感性分析[J]. 力学季刊，2021，42(2)：263-271.
[123] 焦方正. 鄂尔多斯盆地页岩油缝网波及研究及其在体积开发中的应用[J]. 石油与天然气地质，2021，42(5)：1181-1188.
[124] 窦益华，徐浩，李明飞. 超深井下射孔弹射孔超强砂岩的 ALE 仿真[J]. 应用力学学报，2022，39(5)：901-907.
[125] 董鹏，陈志明，于伟. 压裂后页岩油藏多裂缝直井产能模型——以鄂尔多斯盆地页岩油井为例[J]. 大庆石油地质与开发，2022，41(1)：155-165.
[126] 赵国翔，姚约东，王链，等. 基于三维嵌入式离散裂缝模型的致密油藏体积压裂水平井数值模拟[J]. 大庆石油地质与开发，2022，41(6)：143-152.
[127] 杜旭林，程林松，牛烺昱，等. 考虑水力压裂缝和天然裂缝动态闭合的三维离散缝网数值模拟[J]. 计算物理，2022，39(4)：453-464.
[128] 宋毅，林然，黄浩勇，等. 深层页岩气水平井压裂异步起裂裂缝延伸模拟与调控[J]. 大庆石油地质与开发，2022，41(5)：145-152.
[129] 闫炎，管志川，阎卫军，等. 射孔过程中井筒力学响应与完整性失效研究[J]. 石油机械，2022，50(7)：1-9.
[130] 李中，文敏，邱浩，等. 海上油气田双层套管射孔动力学响应规律分析[J]. 石油机械，2022，50(9)：93-99.
[131] 林海春，魏丛达，邹信波，等. 海上油田水平井二次完井防砂产能预测模型[J]. 石油机械，2022，50(4)：111-117.